高等职业教育建筑工程技术专业规划教材

总主编 /李 辉
执行总主编 /吴明军

建设工程监理

主 编 袁景翔 肖 波
副主编 陈山冰 向世臣
参 编 袁宏发 米宗元 杜 清
　　　 高长岭 张兴亮
主 审 吴 泽

U0379604

重庆大学出版社

内容提要

本书以国家标准《建设工程监理规范》(GB/T 50319—2013)为基础,系统介绍了建设工程监理的相关知识,全面讲述了"三控两管一协调"的基本内容。在内容编排上,本书按照《国务院关于加快发展现代职业教育的决定》的要求,突出了"建立健全课程衔接体系""建立专业教学标准和职业标准联动开发机制",推进"专业课程内容与职业标准相衔接,全面实施素质教育,科学合理设置课程,将职业道德、人文素养教育贯穿培养全过程";在能力训练上,强调了对监理技能的培养。

本书共分9章,主要内容包括:建设工程监理基本知识、建设工程招投标、建设工程质量控制、工程造价控制、建设工程进度控制、建设工程安全生产管理的监理工作、建设工程合同管理、建设工程监理资料文件管理、设备与相关服务监理。

本书主要作为高职高专土建类专业的监理课程教材,还可作为工程监理单位、建设单位、勘察设计单位、施工单位相关专业人员的参考书。

图书在版编目(CIP)数据

建设工程监理 / 袁景翔,肖波主编. 一重庆:重庆
大学出版社,2015.8
高等职业教育建筑工程技术专业规划教材
ISBN 978-7-5624-9378-5

Ⅰ.①建⋯　Ⅱ.①袁⋯②肖⋯　Ⅲ.①建筑工程一监
理工作一高等职业教育一教材　Ⅳ.①TU712

中国版本图书馆 CIP 数据核字(2015)第 184415 号

高等职业教育建筑工程技术专业规划教材
建设工程监理
主　编　袁景翔　肖　波
副主编　陈山冰　向世臣
主　审　吴　泽
策划编辑:范春青　刘颖果
责任编辑:文　鹏　　版式设计:范春青
责任校对:关德强　　责任印制:赵　晟
*
重庆大学出版社出版发行
出版人:邓晓益
社址:重庆市沙坪坝区大学城西路21号
邮编:401331
电话:(023)88617190　88617185(中小学)
传真:(023)88617186　88617166
网址:http://www.cquup.com.cn
邮箱:fxk@cquup.com.cn(营销中心)
全国新华书店经销
自贡兴华印务有限公司印刷
*
开本:787×1092　1/16　印张:18　字数:416千
2015年8月第1版　　2015年8月第1次印刷
印数:1—3 000
ISBN 978-7-5624-9378-5　定价:34.00元

编审委员会

序　言

进入 21 世纪,高等职业教育建筑工程技术专业办学在全国呈现出点多面广的格局。截止到 2013 年,我国已有 600 多所院校开设了高职建筑工程技术专业,在校生达到 28 万余人。如何培养面向企业、面向社会的建筑工程技术技能型人才,是广大建筑工程技术专业教育工作者一直在思考的问题。建筑工程技术专业作为教育部、住房和城乡建设部确定的国家技能型紧缺人才培养专业,也被许多示范高职院校选为探索构建"工作过程系统化的行动导向教学模式"课程体系建设的专业,这些都促进了该专业的教学改革和发展,其教育背景以及理念都发生了很大变化。

为了满足建筑工程技术专业职业教育改革和发展的需要,重庆大学出版社在历经多年深入高职高专院校调研基础上,组织编写了这套《高等职业教育建筑工程技术专业规划教材》。该系列教材由住房和城乡建设职业教育教学指导委员会副主任委员吴泽教授担任顾问,四川建筑职业技术学院李辉教授、吴明军教授分别担任总主编和执行总主编,以国家级示范高职院校,或建筑工程技术专业为国家级特色专业、省级特色专业的院校为编著主体,全国共 20 多所高职高专院校建筑工程技术专业骨干教师参与完成,极大地保障了教材的品质。

系列教材精心设计该专业课程体系,共包含两大模块:通用的"公共模块"和各具特色的"体系方向模块"。公共模块包含专业基础课程、公共专业课程、实训课程三个小模块;体系方向模块包括传统体系专业课程、教改体系专业课程两个小模块。各院校可根据自身教改和教学条件实际情况,选择组合各具特色的教学体系,即传统教学体系(公共模块+传统体系专业课)和教改教学体系(公共模块+教改体系专业课)。

课程体系及参考学时

模块类型	课程类型	课程名称	参考学时	备　注
公共模块	专业基础课程	建筑力学	220	
		建筑材料与检测	60	
		建筑识图与房屋构造	80	
		建筑结构	180	含结构施工图识读
		建筑 CAD	45	
		建筑设备工程	40	含水、电施工图识读
		建筑工程测量	60	
		建设工程监理	45	
		建设工程法规	30	
		合　计		760
	公共专业课程	建筑抗震概论	45	
		建筑工程施工组织	60	
		建筑工程计量与计价	70	
		建设工程项目管理	60	
		工程招投标与合同管理	50	
		工程经济学	35	
		合　计		320
	实训课程（10周）	施工测量综合实训	2 周	含地形测绘、施工放线
		建筑制图综合实训	1 周	含建筑物测绘
		建筑施工综合实训	5 周	含施工方案设计、预算、施工实操
		施工管理综合实训	1 周	含造价确定，投标书编制，计算和审核工程进度、产值
		建筑工程资料管理综合实训	1 周	含建筑工程资料填写、整理、归档，建筑工程资料软件应用
		合　计		10 周
体系方向模块（二选一）	传统体系专业课程	建筑工程质量与安全管理	60	
		土力学与地基基础	60	
		建筑施工技术	240	含高层建筑施工技术
		合　计		360

续表

模块类型	课程类型	课程名称	参考学时	备 注
体系方向模块（二选一）	教改体系专业课程	混凝土结构工程施工	80	含高层混凝土结构施工
		砌体结构工程施工	50	
		地基与基础工程施工	60	
		钢结构工程施工	70	含高层钢结构施工
		装饰装修工程施工	60	
		屋面与防水工程施工	40	
合 计				360

本系列教材在编写过程中,力求突出以下特色:

(1)依据《高等职业学校专业教学标准(试行)》中"高等职业学校建筑工程技术专业教学标准"和"实训导则"编写,紧贴当前高职教育的教学改革要求。

(2)教材编写以项目教学为主导,以职业能力培养为核心,适应高等职业教育教学改革的发展方向。

(3)教改教材的编写以实际工程项目或专门设计的教学项目为载体展开,突出"职业工作的真实过程和职业能力的形成过程",强调"理实"一体化。

(4)实训教材的编写突出职业教育实践性操作技能训练,强化本专业的基本技能的实训力度,培养职业岗位需求的实际操作能力,为停课进行的实训专周教学服务。

(5)每本教材都有企业专家参与大纲审定、教材编写以及审稿等工作,确保教学内容更贴近建筑工程实际。

我们相信,本系列教材的出版将为高等职业教育建筑工程技术专业的教学改革和健康发展起到积极的促进作用!

2013 年 9 月

前　言

　　我国工程建设活动的市场化,结束了计划经济体制下建设项目"自建自管"的监督管理制度。1988 年,国家开始在基本建设领域推行工程监理制度,30 年的工程监理实践活动取得了显著成就,积累了丰富的工程监理实践经验,为建立完全符合我国社会主义市场经济发展需要的工程监理理论体系打下了基础。

　　随着我国建设工程相关法规体系的不断完善以及建设工程技术标准的颁布和修订,建设工程市场的监督管理逐步得到了完善,特别是《建设工程监理规范》(GB/T 50328—2013)的实施,使得原来出版的《建设工程监理》教材部分内容已不能适应新形势的要求,需要对建设监理课程章节和内容进行全面重新编写。

　　为了培养适应工程监理企业发展需求的监理人才,满足高等职业教育教学的需要,我们组织高等学校、监理企业、科研院所、工程施工单位等有着丰富的教学和生产实践经验的人员组成教材编写组。本教材编写组人员通过认真研读《建设工程监理规范》,从实际出发,密切跟踪建设工程项目管理服务及国际上与工程监理相关的最新监督管理动态。为使教材涵盖的知识范围能够让广大学习者学以致用,教材在内容上充分体现了新规范对建设工程监理的定位和对监理人员职责的明确要求。本教材对基本知识进行了更新,各章节增加了相关法规及标准,体现了依法开展监理服务活动的时代主题,明确了工程监理的定位和法律责任;教材大幅缩减、删除了原理性阐述,特别强化了工程监理的实际操作内容;按照《建设工程监理规范》调整了章节结构,各章节清晰地反映了《监理合同》对监理服务的要求,在强化工程监理实践的同时兼顾了相关服务。

　　综上所述,本书有以下主要特点:一是重视监理法规政策及标准的介绍,有选择性地阐述了与工程监理相关的法规、政策,系统反映了工程监理相关规范及合同;二是关注监理工作内容的实用性,以工程监理实际应用为核心内容,重点阐述工程监理工作程序、内容、方法和手段,以提高监理岗位人员实际工作能力;三是按照《建设工程监理规范》内容的主要框架,注重各部分内容的相互衔接和协调;四是兼顾了工程监理业务范围的前瞻性。

全书共 9 章,由袁景翔、肖波担任主编,陈山冰、向世臣担任副主编。具体编写分工如下:第 1 章由重庆工商职业学院袁景翔编写、第 2 章由重庆大学向世臣编写、第 3 章由重庆大学肖波编写、第 4 章由重庆中咨工程造价咨询有限责任公司黄厚金编写、第 5 章由中国五冶集团有限公司高长岭编写、第 6 章由重庆市建筑科学研究院陈山冰编写、第 7 章由重庆亚太工程建设监理有限公司杜清编写、第 8 章由重庆市建筑科学研究院张兴亮编写、第 9 章由重庆栩宽房地产开发有限公司袁宏发编写。

四川建筑职业技术学院吴泽教授对书稿进行了全面审读,并提出了许多修改意见,在此表示衷心的感谢。

本书在编写过程中,参考了大量的相关教材、文献、论著和资料,吸纳了国内外众多同行专家最新研究成果,在此谨向相关作者表示衷心的感谢!

由于编者水平有限,虽经反复推敲核证,仍难免有不妥之处,诚望广大读者提出宝贵意见。

编　者

2015 年 5 月于重庆

目　录

第 1 章
绪　论

本章导读

● **学习目标**　学习建设工程监理,不单是从事监理工作的需要,也是从事建设管理、勘察设计、施工工作的必需知识。通过本章的学习,要求学生对监理制度及其监理工作、课程的基本框架有一个系统的了解。

　　本章要求学生掌握工程监理制度、工程监理准则、建设工程相关法规等;熟悉建设工程监理、监理工程师的基本概念、建设工程监理规划和实施细则。了解建设工程监理的管理理论,设备监造、建设监理相关服务。

● **本章重点**　建设工程监理概念、性质,建设工程监理的依据,建设工程监理的基本原则,建设工程监理的依据,建设工程监理的工作内容,建设工程监理的中心任务及建设工程监理的工作方法。

● **本章难点**　建设工程监理的基本原则、建设工程监理的依据;建设工程监理的中心任务及建设工程监理的工作方法。

1.1　建设工程监理概述

1.1.1　建设工程监理制度的形成和演变

1)建设工程监理制度产生的背景

在我国,建设工程监督管理制度在古代就已经存在,商朝的甲骨文卜辞中,已经有"工"字记载。历史上的各个朝代都设置有"将作监""少府""工部"等官职,掌管皇家宫室、庙坛、城堡以及水利工程的设计施工,成为国家机器中不可缺少的政务部门之一。中国古代在建筑设计、施工规范、工程技术方面有很高的管理水平,如北宋有《营造法式》、明朝有《营造正式》、清朝有《工部工程作法则例》等古代最完整的建筑技术书籍,标志着中国古代建筑已经发展到了较高阶段。

在国际上,产业革命前的16世纪,西方国家开始由建筑师负责设计、购买材料、雇佣工匠并对工程施工进行组织管理。19世纪初,建设领域商品经济关系日趋复杂,促进了建设工程监理制度的发展。自20世纪50年代末开始,科学技术飞速发展,工业和国防大量的大型、特大型工程项目的开发建设,如航天工程等投资巨大、技术复杂的工程建设项目,催生了专门从事项目管理的咨询公司,自此,西方国家建设工程监理制度走向了制度化、法律化、规范化的发展轨道。

我国现代建设工程监理制度形成和变革:

从监理行业演变角度来看,新中国监理制度大体上分为三个时期:

①20世纪50—80年代"自建自管"的项目监督管理。计划经济体制下,建设投资和项目均属于国家,建筑产品不是商品,各级政府直接按生产计划投资并进行建设管理。对于一般的建设工程,由建设单位根据需要组成机构自行管理;对于重大建设工程项目,由工程项目的有关单位抽调人员组成工程建设指挥部进行管理,工程建设竣工之后,管理机构随之撤销,管理人员各回原单位,一旦有新的建设工程时重新组建管理机构。

②自20世纪80年代开始引进国际惯例进行项目管理的探索。我国进入改革开放时期,工程建设活动逐步市场化,国家在基本建设领域进行了"拨改贷""招投标"等多项改革,在引进外资的过程中,国际金融组织把按照国际惯例进行项目管理作为贷款的必要条件,加速了我国推行监理制度的步伐。当初,在实行建设工程监理方面有三个著名案例:一是1982年的"鲁布革"水电站引水隧洞工程;二是1986年西安至三原公路工程;三是京津塘高速公路项目。在上述工程项目监督管理过程中,各建设项目按照国际惯例组建了多国家、多层次、多专业的咨询专家监督管理队伍,在工程质量、工期、投资控制等各项管理目标上取得了非常好的绩效,他们的咨询服务对我国推行工程监理制度起到了非常重要的作用。

③20世纪80年代后期,我国开始创建具有中国特色的建设工程监理制度。1988年7月25日,建设部发布《关于开展建设监理工作的通知》,这是我国开始推行现代工程监理制度的标志。该《通知》阐述了我国建立工程监理制度的必要性,明确了监理的范围、对象以及监理工作的内容,对监理方法和监理组织提出了具体的要求,开始推行工程监理制度。从监理制度开始创建到日臻成熟主要经历了三个阶段:

a. 试点创建(1988—1996年)阶段。1988年8月和10月,国家行政主管部门确定了在北京、上海、天津和能源、交通部系统等"八市两部"进行监理试点。1992年,先后出台了《建设工程监理单位资质管理试行办法》《监理工程师资格考试和注册试行办法》,联合物价局发布了监理取费标准,成立了中国建设监理协会,这标志着我国建设监理行业的初步形成。

1993—1995年《建设工程监理规定》《建设工程监理合同示范文本》等建设监理制度出台,这标志着我国建设工程监理单位市场地位的最终确立,建设监理工作进入全新的阶段。

创立阶段监理定位:一是"高智能的技术服务";二是全过程的工程管理;三是"监理单位是建设单位和施工单位之间矛盾的裁决者"。

b. 规范调整(1996—2001年)阶段。全国范围内实行监理工程师注册执业资格上岗制度,将监理工作上升到执业规范化水平,而且逐渐与国际建设工程监理惯例接轨,在建的大中型建设项目普遍实行了监理制度。《中华人民共和国建筑法》《建设工程监理范围和规模标准规定》《注册监理工程师管理规定》《建设工程监理规范》等有关建设工程监理的法律法规体系对监理制度的执行起到了强有力的保障作用。规范调整阶段监理定位:一是"高智能的技术服务";二是"三控两管一协调";三是公正第三方。

c. 稳步发展(2002年至今)阶段。2000年,建设部增设了招标代理资质和造价咨询资质;2005年国家发展与改革委员会又增设了专门从事建设前期工作的工程咨询资质。随着专业资质的细化,建设工程前期咨询、招投标管理及投资控制等服务内容不再属于监理服务范畴。2007年,国家发展与改革委员会和建设部联合发布了《建设工程监理与相关服务收费管理规定》,将建设工程勘察、设计、保修等阶段的服务活动列入相关服务范畴,工程监理的服务内容明确地被固化在施工阶段。2012年,确定《建设工程监理合同(示范文本)》按照(GF—2012—0202)执行。2013年,住房城乡建设部发布国家标准,批准编号为 GB/T 50319—2013 的《建设工程监理规范》为国家标准,自2014年3月1日起实施。该阶段监理定位:一是在施工阶段进行"三控两管一协调";二是履行建设工程安全生产管理的法定职责;三是按照建设工程监理合同约定,在建设工程勘察、设计保修等阶段提供相关服务。

2)建设工程监理发展趋势

我国自推行工程监理制以来,建设工程监理行业得到了快速发展,2012年住房和城乡建设纳入统计范围的监理企业共有6 605个,工程监理单位在保证工程项目建设质量和进度、有效控制建设项目投资等方面发挥了巨大的作用。当前,工程监理制度在建筑各专业全面展开,房屋建筑工程监理、铁路工程监理、公路工程监理、市政工程监理等14大类别监理工程业务逐步得到了规范。党的十八大提出了"两个一百年"的奋斗目标,为了实现这一目标,我国正处于工业化发展的加速阶段,预测未来10年城镇化建设和农村居住条件改善以及生活环境建设将会快速发展,各行业的建设需求依然巨大,我国工程监理行业市场,尤其是以环境治理为主要目标的监理任务将随着工业化转型升级呈现发展潜力大,前景广阔的局面。

1.1.2 建设工程监理概念

1)建设工程监理的概念

建设工程监理,是指工程监理单位受建设单位委托,根据法律法规、工程建设标准、勘察设计文件及合同,在施工阶段对建设工程质量、造价、进度进行控制,对合同、信息进行管理,对工程建设相关方的关系进行协调,并履行建设工程安全生产管理法定职责的服务活动。

工程监理单位是指依法成立并取得建设主管部门颁发的工程监理企业资质证书,从事建设工程监理与相关服务活动的服务机构。

工程监理服务机构属于咨询服务业。工程监理单位只是为建设单位提供管理和技术服务,不是建筑产品的生产经营单位,既不直接进行工程设计和施工生产,也不参与施工单位的利润分成。因此,工程监理单位不对建筑产品质量、生产安全承担直接责任。

建设单位也称为业主单位或项目业主,指建设工程项目的投资主体或投资者,它也是建设项目管理的主体。主要履行提出建设规划、提供建设用地和建设资金的责任。

在一般施工中,地产开发商、业主、甲方都是指建设单位。它们的区别就是地产开发商的建筑产品是要出售的,它只是暂时性的业主,而建筑产品所有权人才是业主。甲方只是合同中双方平等主体的代称。

2)建设工程监理概念的内涵

(1)建设工程监理的行为主体是监理单位

建设工程监理的行为主体是明确的,即监理单位。监理单位是具有独立性、社会化、专业化特点的专门从事建设工程监理和相关服务活动的服务机构。只有工程监理单位才能按照独立、自主的原则,以"公正的第三方"的身份开展建设工程监理活动,非监理单位所进行的监督管理活动一律不能称为建设工程监理。例如,政府有关部门所实施的监督管理活动、项目业主的"自行监理"以及其他不具备监理资格的单位进行的"监理"活动都不能纳入建设工程监理范畴。

(2)实施工程监理需要业主委托和授权

这是由建设工程监理特点决定的,是市场经济的必然结果,也是建设监理制的规定。通过业主委托和授权方式来实施建设工程监理是工程监理活动与政府对工程建设所进行的行政性监督管理的重要区别。这种方式也决定了在实施建设工程监理的项目中,业主与监理单位的关系是合同关系,是需求与供给关系,是一种委托与服务的关系,也是授权与被授权的关系。这种委托和授权方式说明:在实施建设工程监理的过程中,监理工程师的权力主要是由建设单位通过授权而转移过来的。在工程项目建设过程中,业主始终是以建设项目管理主体身份掌握着工程项目建设的决策权,并承担着主要风险。

(3)建设工程监理是针对工程项目所实施服务活动

建设工程监理活动是围绕工程项目来进行的,并以此来界定建设工程监理范围,直接为建设项目提供管理服务。监理单位是建设项目管理服务的主体,而非建设项目管理主体。

(4)建设工程监理的依据是国家的法律法规、工程建设标准、勘察设计文件及合同

①法律法规及工程建设标准:包括国家法律、法规和部门规章,以及地方性法规;政府批准的建设项目可行性研究报告、规划、计划和设计文件等。

②工程建设标准:包括有关工程技术标准、规范、规程等。

③建设工程勘察设计文件:包括批准的初步设计文件、施工图设计文件,它既是工程监理的依据,也是工程施工的重要依据。

④合同文件:包括建设工程监理最直接的依据是工程监理合同,另外建设单位与其他相关单位签订的合同等也是工程监理的重要依据。

(5)建设工程监理主要行为是在项目建设的实施阶段

建设工程监理是"第三方"的监督管理行为,只有在项目实施阶段才会出现监理与被监

理关系。同时,建设工程监理的目的是协助业主在预定的投资、进度、质量目标内建成项目,它的主要内容是进行投资、进度、质量控制,合同管理,信息管理,组织协调,这些活动也主要发生在项目建设的实施阶段。

3)建设工程监理的性质

建设工程监理是市场经济的产物,是一种由工程监理单位实施的工程建设咨询服务活动。它具有以下性质:

(1)服务性

建设工程监理是一种智能性、技术性有偿服务活动。在工程建设中,工程监理人员以自己掌握的知识、技能和经验以及必要的试验、检测手段为建设单位提供管理和技术服务。在服务过程中注意以下问题:

①不得向建设单位承包工程,参与施工单位的利润分成。

②按照建设单位委托开展服务活动,不能完全取代建设单位的管理活动。

③工程监理单位不具有工程建设重大问题的决策权,只能在建设单位授权范围内采用规划、控制、协调等方法,协助建设单位在计划目标内完成工程建设任务。

(2)科学性

科学性是由建设工程监理的基本任务决定的。工程监理单位以协助建设单位实现其投资目的为己任,力求在计划目标内完成工程建设任务。由于工程建设规模日趋庞大,建设环境日益复杂,功能需求及建设标准越来越高,新技术、新工艺、新材料、新设备不断涌现,只有具备科学的管理方法和手段,才能驾驭工程建设。

工程监理单位要从建设工程项目实际工作需求出发,配备个人素质高、工程管理经验丰富、应变能力强的项目班子;健全科学的管理制度、装备先进的设备;创造性地开展工作。

(3)独立性

监理单位依照建设单位的委托和相关法规开展工作,是直接参与工程项目建设的"三方当事人"之一,它与项目建设单位、承建商之间的关系是一种平等主体关系。《建设工程监理规范》(GB/T 50319—2013)明确要求,工程监理单位应公平、独立、诚信、科学地开展建设工程监理与相关服务活动。独立是工程监理单位公平地实施监理的基本前提。

按照独立性要求,在建设工程监理工作过程中,工程监理单位按照自己的工作计划和程序,根据自己的判断,采用科学的方法和手段,独立地行使职权和开展工作。

(4)公平性

国际咨询工程师联合会《土木工程施工合同条件》(红皮书)自 1957 年第一版发布以来,一直都保持着一个重要原则:(咨询)工程师"公正"。该原则也成为我国建设工程监理制度建立初期的一个重要性质。公平性是建设工程监理行业能够长期生存和发展的基本职业道德准则,特别是当建设单位与施工单位发生利益冲突或者矛盾时,工程监理单位应以事实为依据,以法律法规和有关合同为准绳;在维护建设单位合法权益的同时,不能损害施工单位的合法权益。例如,在调解建设单位与施工单位之间争议,处理费用索赔和工程延期、进行工程款支付控制及结算时,应客观、公平地对待建设单位和施工单位。

1.1.3　建设工程监理及相关服务的基本准则

①监理工作以委托监理合同为依据。实施监理前必须依法签订书面工程监理合同,工程监理人员应对建设工程监理合同的含义进行系统理解。

②建设工程监理应实行总监理工程师负责制。在项目监理中,总监理工程师全权负责项目监理对外协调和对内管理。项目监理机构的其他监理工程师具体履行监理职责,并向总监理工程师负责。

③坚持"公平、独立、诚信、科学"原则,维护业主与施工单位的合法权益。监理单位和监理人员应"严格监理、热情服务、秉公办事、一丝不苟、廉洁自律",根据国家相关法规行使监督管理权力。

④《建设工程监理规范》(GB/T 50319—2013)对工程监理单位的地位和作用也作出了明确规定,建设单位与施工单位之间涉及施工合同有关的联系活动,应通过监理单位进行。

⑤工程项目监理实行有偿服务的原则。监理工程师的服务属于专业技术咨询服务类,监理单位与业主协商确定的监理酬金,应在监理委托合同中加以明确。

⑥坚持依法监理、竭诚为各方服务。监理工程师要严格执行实行"政府监督、社会监理、企业自检"的质量保证体系,认真开展"三控两管一协调";要运用工程监理技术技能,按照合同规定为项目业主提供满意的服务。

1.1.4　建设工程监理的工作方法

建设工程监理的基本方法是一个系统,它由不可分割的若干个子系统组成。它们相互联系,相互支持,共同运行,形成一个完整的方法体系。这就是目标规划、动态控制、组织协调、信息管理、合同管理。

(1)目标规划

这里所说的目标规划是以实现目标控制为目的的规划和计划,它是围绕工程项目投资、进度和质量目标进行研究确定、分解综合、安排计划、风险管理、制定措施等各项工作的集合。目标规划是目标控制的基础和前提,只有做好目标规划的各项工作才能有效实施目标控制。目标规划得越好,目标控制的基础就越牢靠,目标控制的前提条件也就越充分。

目标规划工作包括以下几个方面:

①确定投资、进度、质量目标或对已经初步确定的目标进行论证;按照目标控制的需要将各目标进行分解,使每个目标者形成一个既能分解又能综合地满足控制要求的目标划分系统,以便实施控制。

②把工程项目实施的过程、目标和活动编制成计划,用动态的计划系统来协调和规范工程项目的实施,为实现预期目标构筑一座桥梁,使项目协调有序地达到预期目标。

③对计划目标的实现进行风险分析和管理,以便采取有针对性的有效措施,实施主动控制。

④制定各项目标的综合控制措施,力保项目目标的实现。

（2）动态控制

动态控制的基础是目标规划,针对各级分目标实施的控制,其控制过程都是按事先安排的计划来进行的。

所谓动态控制,就是在完成工程项目的过程当中,通过过程、目标和活动的跟踪,全面、及时、准确地掌握工程建设信息,将实际目标值和工程建设状况与计划目标和状况进行对比,如果偏离了计划和标准的要求,就采取措施加以纠正,以便达到计划总目标的实现。这是一个不断循环的过程,直至项目建成交付使用。

控制是一个动态的过程。过程在不同的空间展开,控制就要针对不同的空间来实施。工程项目的实施分不同的阶段,控制也就分成不同阶段的控制。工程项目的实现总要受到外部环境和内部因素的各种干扰,因此,必须采取应变性的控制措施。计划的不变是相对的,计划总是在调整中运行,控制就要不断地适应计划的变化,从而达到有效的控制。监理工程师只有把握住工程项目运动的脉搏才能做好目标控制工作。

（3）组织协调

组织协调与目标控制是密不可分的。协调的目的就是为了实现项目目标。在监理过程中,当设计概算超过投资估算时,监理工程师要与设计单位进行协调,使设计与投资限额之间达成协调,既要满足建设单位对项目的功能和使用要求,又要力求使费用不超过限定的投资额度;当施工进度影响到项目动用时间时,监理工程师就要与施工单位进行协调,或改变投入,或修改计划,或调整目标,直到制订出一个最优化方案为止;当发现承包商的管理人员不称职有可能对工程质量造成影响时,监理工程师要与承包单位进行协调,确保工程质量。

组织协调包括项目监理组织内部人与人、机构与机构之间的协调。例如,项目总监理工程师与各专业监理工程师、各专业监理工程师之间的人际关系,以及纵向监理部门与横向监理部门之间关系的协调。组织协调还存在于项目监理组织与外部环境组织之间,其中主要是与项目建设单位、设计单位、施工单位、材料和设备供应单位,以及与政府有关部门、社会团体、咨询单位、科学研究、工程毗邻单位之间的协调。

（4）信息管理

在实施监理过程中,监理工程师要对所需要的信息进行收集、整理、处理、存储、传递、应用等一系列工作,这些工作总称为信息管理。

信息管理对建设工程监理是十分重要的。监理工程师在开展监理工作当中要不断预测或发现问题,要不断地进行规划、决策、执行和检查,而做好这每项工作都离不开相应的信息。监理工程师在监理过程中主要的任务是进行目标控制,而控制的基础是信息。任何控制只有在信息的支持下才能有效地进行,对大数据时代,我们不但可以收集地区范围内的管理信息,同时,更为我们借鉴广阔领域的信息提供了可能。

（5）合同管理

监理单位在建设工程监理过程中的合同管理主要是根据监理合同的要求对工程承包合同的签订、履行、变更和解除进行监督和检查,对合同双方争议进行调解和处理,以保证合同的依法签订和全面履行。

合同管理对于监理单位完成监理任务是非常重要的。根据国外经验,合同管理产生的经济效益往往大于技术优化所产生的经济效益。一项工程合同,应当对参与建设项目的各方的建设行为起控制作用,同时具体指导一项工程如何操作完成。所以,从这个意义上讲,合同管理起着控制整个项目实施的作用。例如,按照 FIDIC《土木工程施工合同条件》实施的工程,通过 72 条、194 项条款,详细地列出了在项目实施过程中所遇到的各方面的问题,并规定了合同各方在遇到这些问题时的权利和义务,同时还规定了监理工程师在处理各种问题时的权限和职责。在工程实施过程中经常发生的有关设备、材料、开工、停工、延误、变更、风险、索赔、支付、争议、违约等问题,以及财务管理、工程进度管理、工程质量管理等诸方面工作,这些合同条件都涉及合同管理的有关内容。

1.2　建设工程监理企业

1.2.1　企业的组织形式

1)企业及其组织资本构成形式

企业是从事经营活动的组织。企业组织形式是指企业财产及其社会化大生产的组织状态,它表明一个企业的财产构成、内部分工协作与外部社会经济联系的方式。

企业组织资本构成形式通常有三种,即个人独资企业、个人合伙企业和公司企业。这是国际上通行的企业组织形式。

2)企业组织结构的基本模式

企业组织结构是企业组织内部资源和权力分配的载体,通过人的能动行为信息传递,承载企业的业务流动,为实现企业制定的目标,各个有机构成要素相互作用的联系方式或形式,或是一个组织内部各要素的排列组合方式,并且用组织图和职位说明加以表示。

(1)直线式

直线式组织也称军队式组织,是组织发展初期的一种最早、最简单的结构模式。这种组织结构的基本特点是:权力自上而下按垂直系统直线排列,一级服从一级,下一级只对顶头上司负责,组织结构呈金字塔形。

(2)职能式

这种组织是在总监理工程师下设置一些职能机构,分别从职能的角度对高层监理组进行业务管理,职能机构通过总监理工程师的授权,在授权范围内对主管的业务下达指令。

职能式监理组织的目标控制分工明确,各职能机构通过发挥专业管理水平,提高管理效率,总监理工程师负担减少,但容易出现多头领导,职能协调易混乱,主要适用于工程项目地理位置相对集中的工程项目。

(3)直线职能式

这是吸收了直线式组织模式和职能式组织模式的优点而构成的一种组织模式。这种形式的特点是设有两套系统:一套是按命令统一原则设置的组织指挥系统,它们可以对下级发号施令;一套是按专业化原则设置的组织职能系统,它们是直线指挥人员的参谋,只能对下一级机构进行业务指导,不能对下级发号施令。

这种模式综合了直线式和职能式的优点:集中领导、统一指挥,便于人、财、物的调配,分工合理、任务明确、办事效率高,能较好地发挥组织的整体效率。这种组织结构的缺点:信息系统差,各部门之间、职能人员与指挥人员之间目标不易统一,易产生矛盾。

(4)矩阵式

矩阵结构是现代大型项目管理中应用最为广泛的新型组织形式。这种组织形式将专业职能和项目职能有机结合起来,发挥专业职能部门横向优势和项目组织的纵向优势,形成了一种横向职能机构和纵向项目机构相交叉的"矩阵"型组织形式。矩阵式组织结构模式的最大优点在于:它是一种弹性组织结构,能够充分适应项目资源在时间、空间上投入的不均衡性这一特点,根据不同情况和要求,随时灵活地按时、按量、按比例投入或调出必要的人力、材料、设备、资金等资源;加强了各职能部门的横向联系,具有较大的机动性和适应性;把上下左右集权与分权实行最优的结合,有利于解决复杂难题;每个管理人员同时受纵、横两方面管理部门的领导,容易沟通信息,强化协调、提高效率。

(5)事业部制

事业部制也称分权制结构,是一种在直线职能制基础上演变而成的现代组织结构形式。事业部制结构遵循"集中决策,分散经营"的原则。优点:权力下放,有利于高层管理集中精力于战略发展;有助于事业部主管自主处理日常工作,提高企业经营者适应能力;有利于高度专业化;各事业部经营责任和权限明确。缺点:组织结构重叠,管理人员膨胀;各事业部独立性强,容易忽视整体利益。它适用于经营规模大、生产经营业务多样化、市场环境差异大、要求具有较强适应性的企业。

(6)分公司与子公司

①分公司:母公司的分支机构或附属机构,没有独立的章程或董事会,其全部资产是母公司资产的一部分。

②子公司:虽受集团或母公司控制但在法律上是独立的企业法人。特点是:有自己的公司名称和董事会,并以此承担有限责任,可以以自己的名义从事各种业务活动和民事诉讼活动。

(7)新型组织的结构模式

①多维立体组织结构:是矩阵组织与事业部式的有机结合;产品利润中心、专业成本中心与地区利润中心组成产品事业委员会。

②模拟分权组织结构:是大型联合企业中相对独立的部门;拥有生产经营自主权;模拟性的盈亏责任。

③企业集团:企业集团的职能机构。

1.2.2　建设工程监理企业

工程监理企业是依法成立并取得建设主管部门颁发的工程监理企业资质证书,从事建设工程监理与相关服务活动的服务机构。根据《中华人民共和国公司法》《工程监理企业资质管理规定》的规定,工程监理企业属于法人,它是实行独立核算、从事营利性经营和服务活动的经济组织。

1）监理企业分类

不同的企业有不同的性质和特点,可以将工程监理企业按不同的标准划分成不同的类别。

（1）按所有制性质分类

①全民所有制监理企业。全民所有制企业是依法自主经营、自负盈亏、独立核算的国有生产和经营单位。我国目前监理企业的大多数属于这一类。

②集体所有制监理企业。集体所有制监理企业是以生产资料的劳动群众集体所有制为基础的独立的经济组织,可分为城镇集体所有制企业和乡镇集体所有制企业两种。

③私营监理企业。私营监理企业是企业资产归私人所有、雇工8人以上的营利性经济组织。私营企业又可分为独资企业、合伙企业和有限责任公司。现阶段我国的私营监理单位比较少见。

④混合监理企业。混合监理企业是资产由不同所有制成分构成的企业。

（2）按组建方式分类

①独资监理企业。独资监理企业是一家投资经营的企业,可分为国内独资企业和国外独资企业。

②合营监理企业。合营监理企业是两家或两家以上共同投资、共同经营、共负盈亏合作式的企业,可以分为合资企业和合作企业两类。

a. 合资企业。合资各方按照投资人资金的多少或者按照投资约定、投资章程的规定对企业承担一定的责任,享有相应的权利。合资企业包括国内合资企业和国外合资企业。合资方一般为两家或多家。

b. 合作企业。两家或多家企业以独立法人的方式按照约定的合作章程组成,且需经工商行政管理局注册。合作各方以独立法人的资格享有民事权利,承担民事责任,两家或多家监理单位仅合作监理而不注册者不构成合作监理企业。

③公司制企业。公司是依照《公司法》设立的营利性社团法人。我国监理公司可以分为监理有限责任公司和监理股份有限公司两类。

有限责任公司是指由2个以上,50个以下的股东共同出资,股东以其所认缴的出资额对公司行为承担有限责任,公司以其全部资产对公司债务承担责任的企业法人。

股份有限公司是指全部资本由等额股份构成,并通过发行股票筹集资本,股东以其所认购股份对公司承担责任,公司以其全部资产对公司债务承担责任的企业法人。

我国公司制监理企业具有以下特点:

a. 必须是依照《中华人民共和国公司法》的规定设立的社会经济组织;

b. 必须是以盈利为目的的独立企业法人;

c. 自负盈亏,独立承担民事责任;

d. 是完整纳税的经济实体;

e. 采用规范的成本会计和财务会计制度。

（3）按专业的类别分类

监理企业按照专业划分，体现了监理企业的业务范围，但不表明企业的性质。目前我国的工程类别按照大专业分为14种，按照小专业分为50多种。我国的监理企业一般是按照大专业进行分类的，即包括房屋建筑工程、冶炼工程、矿山工程、化工石油工程、水利水电工程、电力工程、农林工程、铁路工程、公路工程、港口与航道工程、航天航空工程、通信工程、市政公用工程、机电安装工程等14大类。

2）工程监理企业资质等级标准

工程监理企业资质分为综合资质、专业资质和事务所资质三个等级。其中，专业资质按照工程性质和技术特点又划分为14个工程类别。

综合资质、事务所资质不分级别。专业资质分为甲级、乙级；其中，房屋建筑、水利水电、公路和市政公用专业资质可设立丙级。

（1）工程监理企业综合资质标准

①具有独立法人资格且注册资本不少于600万元。

②企业技术负责人应为注册监理工程师，并具有15年以上从事工程建设工作的经历或者具有工程类高级职称。

③具有5个以上工程类别的专业甲级工程监理资质。

④注册监理工程师不少于60人，注册造价工程师不少于5人，一级注册建造师、一级注册建筑师、一级注册结构工程师或者其他勘察设计注册工程师合计不少于15人次。

⑤企业具有完善的组织结构和质量管理体系，有健全的技术、档案等管理制度。

⑥企业具有必要的工程试验检测设备。

⑦申请工程监理资质之日前一年内没有规定禁止的行为。

⑧申请工程监理资质之日前一年内没有因本企业监理责任造成重大质量事故。

⑨申请工程监理资质之日前一年内没有因本企业监理责任发生生产安全事故。

（2）甲级

①具有独立法人资格且注册资本不少于300万元；由取得监理工程师资格证书且具有15年以上从事工程建设工作经历的在职高级工程师、高级建筑师或者高级经济师作单位负责人，或由上述人员作技术负责人。

②取得监理工程师资格证书的工程技术与管理人员不少于25人，且专业配套，其中高级工程技术人员不少于10人，高级经济师不少于3人。

③注册资金不少于100万元。

④乙级资质升甲级资质，近三年内监理过5个以上二等房屋建筑工程项目或者3个以上二等专业工程项目。

（3）乙级

①具有独立法人资格且注册资本不少于100万元；由取得监理工程师资格证书且具有10年以上从事工程建设经历的在职高级工程师、高级建筑师或者高级经济师作单位负责人，或者由取得监理工程师资格证书的在职高级工程师、高级建筑师作技术负责人。

②取得监理工程师资格证书的工程技术与管理人员不少于15人,且专业配套,其中高级工程技术人员不少于5人,高级经济师不少于2人。

③注册资金不少于50万元。

④丙级资质升乙级资质,近三年内监理过5个以上三等房屋建筑工程项目或者3个以上三等专业工程项目。

（4）丙级

①具有独立法人资格且注册资本不少于100万元;由取得监理工程师资格证书且具有8年以上从事工程建设经历的在职高级工程师,高级建筑师或者高级经济师作单位负责人,或者由取得监理工程师资格证书且具有8年以上从事工程建设经历的在职高级工程师、高级建筑师作技术负责人。

②取得监理工程师资格证书的工程技术与管理人员不少于5人,且专业配套,其中高级工程技术人员不少于2人,高级经济师不少于1人。

③注册资金不少于10万元。

④一般应当监理过2个以上一般工业与民用建设项目或者1个以上工业、交通建设项目。

表1.1 专业资质注册监理工程师人数配备

序号	工程类别	甲级/人	乙级/人	丙级/人
1	房屋建筑工程	15	10	5
2	冶炼工程	15	10	
3	矿山工程	20	12	
4	化工石油工程	15	10	
5	水利水电工程	20	12	5
6	电力工程	15	10	
7	农林工程	15	10	
8	铁路工程	23	14	
9	公路工程	20	12	5
10	港口与航道工程	20	12	
11	航天航空工程	20	12	
12	通信工程	20	12	
13	市政公用工程	15	10	5
14	机电安装工程	15	10	

注:表中各专业资质注册监理工程师人数配备是指企业取得本专业工程类别注册的注册监理工程师人数。

（5）事务所资质标准

①取得合伙企业营业执照,具有书面合作协议书。

②合伙人中有 3 名以上注册监理工程师,合伙人均有 5 年以上从事建设工程监理的工作经历。

③有固定的工作场所。

④有必要的质量管理体系和规章制度。

⑤有必要的工程试验检测设备。

3）业务范围

建设部令第 158 号《工程监理企业资质管理规定》第八条明确的工程监理企业资质相应许可的监理业务范围如下:

（1）综合资质企业

综合资质企业可承担所有专业工程类别建设工程项目的工程监理业务。

（2）专业资质企业

①专业甲级资质企业可承担相应专业工程类别建设工程项目的工程监理业务。

②专业乙级资质企业可承担相应专业工程类别二级以下（含二级）建设工程项目的工程监理业务。

③专业丙级资质企业可承担相应专业工程类别三级建设工程项目的工程监理业务。

（3）事务所资质企业

事务所资质企业可承担三级建设工程项目的工程监理业务,但国家规定必须实行强制监理的工程除外。

此外,工程监理企业可以开展相应类别建设工程的项目管理、技术咨询等业务。

4）监理单位资质定级实行分级审批

监理单位的资质,主要体现在监理能力及其监理的效果上。资质构成由以下因素构成:监理人员要具备较高的工程技术能力或经济专业知识、专业配套能力、技术装备、管理水平、监理经历和业绩。

①综合资质、专业甲级资质的审批。省、自治区、直辖市人民政府建设主管部门应当自受理申请之日起 20 日内初审完毕,并将初审意见和申请材料报国务院建设主管部门。国务院建设主管部门应当自省、自治区、直辖市人民政府建设主管部门受理申请材料之日起 60 日内完成审查,公示审查意见,公示时间为 10 日。其中,涉及铁路、交通、水利、通信、民航等专业工程监理资质的,由国务院建设主管部门送国务院有关部门审核。国务院有关部门应当在 20 日内审核完毕,并将审核意见报国务院建设主管部门。国务院建设主管部门根据初审意见审批。

②专业乙级、丙级资质和事务所资质由企业所在地省、自治区、直辖市人民政府建设主管部门审批。

③国务院工业、交通部门负责本部门直属乙、丙级监理单位的定级审批。

工程监理企业资质证书的有效期为 5 年。资质有效期届满,工程监理企业需要继续从事工程监理活动的,应当在资质证书有效期届满 60 日前,向企业所在地省级资质许可机关申请办理延续手续。对在资质有效期内遵守有关法律、法规、规章、技术标准,信用档案中无不良记录,且专业技术人员满足资质标准要求的企业,经资质许可机关同意,有效期延续5年。

1.2.3 工程项目监理机构

1)项目监理机构的设立

项目监理机构是工程监理单位派驻工程项目负责履行建设工程监理合同的组织机构;工程项目监理机构是临时性工作组织,没有法人资格,不能独立地享有民事权利和承担民事责任。组建工程项目监理机构是工程监理单位实施工程监理的法定程序,工程监理单位应根据所承担的监理任务组建工程项目监理机构。工程项目监理机构一般由总监理工程师、监理工程师和其他监理人员组成。设立项目监理机构的基本要求:

①设立项目监理机构的形式和规模可根据建设工程监理合同约定的服务内容、服务期限,以及工程特点、规模、技术复杂程度、环境等因素设定。

要有利于建设工程监理目标控制和合同管理,有利于建设工程监理职责的划分和监理人员的分工协作,有利于建设工程监理的科学决策和信息沟通。

②项目监理机构的监理人员应由一名总监理工程师、若干名专业监理工程师和监理员组成,且专业配套,数量应满足监理工作和建设工程监理合同对监理工作深度及建设工程监理目标控制的要求,必要时可设总监理工程师代表。

③一名注册监理工程师可担任 1 项建设工程监理合同的总监理工程师。当需要同时担任多项建设工程监理合同的总监理工程师时,应经建设单位书面同意,且最多不得超过 3 项。

④工程监理单位更换和调整项目监理机构监理人员,应做好交接工作,保持建设工程监理工作的连续性。工程监理单位调换总监理工程师,应征得建设单位书面同意;调换专业监理工程师时,总监理工程师应书面通知建设单位。

⑤建设单位应按建设监理合同约定提供监理工作需要的办公、交通、通信、生活设施等。监理单位应按合同规定配备满足监理工作需要的检测设备和工、器具。

2)项目监理机构开展工程监理的程序

为了提高工程建设监理的水平,规范工程建设的监理行为,监理工作必须执行《建设工程监理规范》,还应在符合国家现行的有关强制性标准的前提下,遵循工程建设监理程序。工程项目实施监理的基本程序分为 4 个阶段。

(1)监理委托前的工作

①制订监理大纲。监理大纲是在投标前由监理单位编制的项目监理方案性文件,它是投标书的重要组成部分,起着承揽监理任务和保证监理中标的作用。

②签订监理合同。建设监理的委托与被委托实质上是一种商业性行为,是为委托双方的共同利益服务的。

依法订立的合同对双方都有法律约束力。在监理委托合同中,必须确认签约双方对所讨论问题的认识,以及在执行合同过程中由于认识上的分歧而导致的各种合同纠纷,或者因为理解和认识上的不一致而出现争议时的解决方式,更换工作人员或者发生了其他不可预见事件的处理方法等。

（2）监理委托后的准备工作

①决定项目总监理工程师，组建项目监理组织。在工程监理准备阶段，监理单位就应根据工程项目的规模、性质、业主对监理的要求，委托具有相应职称和能力的总监理工程师全面负责该项目的监理工作。总监理工程师对内向监理单位负责，对外向建设单位负责。

在总监理工程师的具体领导下，组建项目的监理班子，根据签订的监理合同制定监理规划和具体的实施计划，开展监理工作。

②熟悉工程情况，收集有关资料。反映工程项目特征的资料主要有：工程项目的批文，规划部门关于规划红线范围和设计条件的通知，土地管理部门关于准予用地的批文，批准的工程项目可行性研究报告或设计任务书，工程项目地形图，工程项目勘测，设计图纸及有关说明；反映当地工程建设政策、法规的有关资料有：关于工程建设报建程序的有关规定，当地关于拆迁工作的有关规定，当地关于工程建设应交纳有关税费的规定，当地关于工程项目建设管理机构资质管理的有关规定，当地关于工程项目建设实行建设监理的有关规定，当地关于工程建设招标制的有关规定，当地关于工程造价管理的有关规定等。反映工程所在地区技术经济状况等建设条件的资料有：气象资料，工程地质及水文地质资料，交通运输（包括铁路、公路、航运）有关的可提供的能力、时间及价格等的资料，供水、供电、供热、供燃气、电信有关的可提供的容（用）量、价格等的资料，勘测设计单位状况，土建、安装施工单位状况，建筑材料、构件、半成品的生产及供应情况，进口设备及材料的有关到货口岸、运输方式的情况等。

（3）施工阶段的监理工作

①编制监理规划。监理规划是依据监理大纲，由总监主持编写的指导监理工作的纲领性文件，由它统领施工阶段的监理工作。

②编制监理实施细则。监理实施细则是依据监理规划，由专业监理工程师编写的监理工作操作性文件。

③施工阶段具体监理工作的实施。通过召开会议、下达监理通知、开复工令、监理巡查、旁站监理、审批承包商报告等方法开展对建设工程投资、质量、进度、安全的控制，实现监理控制目标。

④参与竣工验收，并整理监理资料。

（4）保修阶段的监理工作

①定期对工程回访，发现问题、确定缺陷责任并督促维修。

②责任期结束时全面检查。

③协助建设单位与施工单位办理合同终止手续。

3）工程监理单位经营活动的基本准则

工程监理活动应当遵循"守法、诚信、公正、科学"的基本准则。

（1）守法

守法是监理单位必须遵守的起码的行为准则。对于工程监理单位来说，守法就是要依法开展监理工作，主要体现在以下几个方面：

①监理单位只能在核定的监理业务范围和核定资质等级内开展经营活动。

②监理单位不得伪造、涂改、出租、出借、转让、出卖《监理资质证书》。

③监理单位应认真履行监理合同和有关的义务,不损害建设单位和施工单位的合法利益,不得无故或故意违背自己的承诺。

④监理单位应遵守国家关于企业法人的其他法律、法规,包括行政的、经济的和技术的规定。

⑤监理单位在从事工程监理活动中,应自觉接受政府主管部门的监督。

⑥监理单位不得从事或变相地从事工程承建活动,也不得开展建筑材料等经销业务。

（2）诚信

诚信是道德规范在市场经济中的体现,也是监理单位从事活动的基本要求。诚信原则要求监理单位在承揽监理业务时,不得夸大自己的能力,不得擅自分包或转让加强企业信用管理、提高企业信用水平。诚信原则是完善我国工程监理制度的重要保证。

监理单位应当建立健全的信用管理制度主要有:

①建立健全合同管理制度。

②建立健全与建设单位的合作制度,及时进行信息沟通,增强相互间的信任感。

③建立健全监理服务需求调查制度。

④建立健全监理单位内部信用管理责任制度。

⑤建立健全信用信息报告制度,向资质许可机关提供真实、准确、完整的企业信用档案信息。

（3）公正

公正是社会公认的职业准则,也是从事工程监理活动应当遵循的重要准则。公正是指监理单位在监理活动中既要维护建设单位的利益,又不能损害施工单位的合法权益,并依据合同公平合理地处理建设单位与施工单位之间的矛盾和纠纷。一个公正的监理单位,必须做到以下几点:

①培养监理工程师良好的职业道德;

②坚持实事求是的原则,不唯上级或建设单位的意见是从,不偏袒任何一方;

③提高监理工程师综合分析和判断问题的能力;

④不断提高监理工程师的专业技术能力和合同意识,尤其要提高综合理解、熟练运用工程项目合同条款的能力,以便以合同为依据,恰当地协调、处理问题。

（4）科学

"科学"行为是反映监理单位水平、树立监理单位形象的重要方面。科学是指监理单位开展监理活动要依据科学的方案,运用科学的手段,采取科学的方法。工程项目监理结束后,进行科学的总结。科学的方案主要体现在具有预控功能的规划和计划上,如监理计划和监理细则。科学的手段体现在借助先进的科学仪器和设备实施监理工作上,如各种检测、试验、化验仪器、摄录像设备及计算机等。科学的方法主要体现在监理人员在掌握大量确凿的有关监理对象及其外部环境信息的基础上,适时、妥当、高效地处理实际问题,解决问题要用事实说话、用书面文字说话、用数据说话;充分开发和利用计算机软件辅助工程监理。

1.3 建设工程监理工程师

1.3.1 监理工程师资格

1）监理工程师

监理工程师是指经全国统一考试合格，又经政府主管部门注册取得监理工程师岗位证书的建设工程监理人员。

监理工程师应当具有较高的学历和工程技术、工程经济、企业管理、法律法规等方面的综合性的知识结构；应具有设计、招投标和施工等工程建设经验；应具有廉洁、正直、公道的品质和科学的工作态度以及良好的合作精神。

2）注册监理工程师

注册监理工程师是取得国务院建设主管部门颁发的《中华人民共和国注册监理工程师注册执业证书》和执业印章，从事建设工程监理与相关服务等活动的人员。

从事建设工程监理与相关服务等工程管理活动的人员取得注册监理工程师执业资格，应参加国务院人事和建设主管部门组织的全国统一考试或考核认定，获得《中华人民共和国监理工程师执业资格证书》，并经国务院建设主管部门注册，获得《中华人民共和国注册监理工程师注册执业证书》和执业印章。规范明确了注册监理工程师的执业资格。

3）监理人员岗位

监理人员应包括总监理工程师、专业监理工程师和监理员，必要时，项目监理机构可配备总监理工程师代表。总监理工程师、专业监理工程师应是取得注册的监理工程师，监理员应具备监理员上岗证书。

（1）总监理工程师

总监理工程师是由工程监理单位法定代表人书面任命，负责履行建设工程监理合同、主持项目监理机构工作的注册监理工程师。总监理工程师是项目监理机构的主要负责人，一名总监理工程师宜只担任 1 项委托监理合同的项目总监理工程师工作。如果同时担任多项委托监理合同的项目总监理工程师工作时，须经建设单位同意，且最多不得超过 3 项。

（2）总监理工程师代表

总监理工程师代表是经工程监理单位法定代表人同意，由总监理工程师书面授权，代表总监理工程师行使其部分职责和权力，具有工程类注册执业资格或具有中级及以上专业技术职称、3 年及以上工程实践经验并经监理业务培训的人员。《建设工程监理规范》（GB/T 50319—2013）规范明确了总监理工程师代表的任职条件。考虑工程监理实践需求，总监理工程师代表可由非注册监理工程师担任。

工程类执业资格人员是指注册监理工程师、注册造价工程师、注册建造师、注册工程师、注册建筑师等。

项目监理机构可设置总监理工程师代表的情形：工程规模较大，专业较复杂。总监理工程师难以处理多个专业工程时,可按专业设总监理工程师代表;一个建设工程监理合同中包含多个相对独立的施工合同时,可按施工合同段设总监理工程师代表;工程规模较大、地域比较分散时,可按工程地域设置总监理工程师代表。

(3)专业监理工程师

专业监理工程师是由总监理工程师授权,负责实施某一专业或某一岗位的监理工作,有相应监理文件签发权,具有工程类注册执业资格或具有中级及以上专业技术职称、2年及以上工程实践经验并经监理业务培训的人员。

专业监理工程师是项目监理机构中按专业或岗位设置的专业监理人员。当工程规模较大时,在某一专业或岗位宜设置若干名专业监理工程师。建设工程涉及特殊行业(如爆破工程)的,从事此类工程的专业监理工程师还应符合国家对有关专业人员资格的规定。

(4)监理员

监理员指从事具体监理工作,具有中专及以上学历并经过监理业务培训的人员。监理员是从事具体监理工作的人员,不同于项目监理机构中其他行政辅助人员。监理员应具有中专及以上学历,并经过监理业务培训。

1.3.2 监理人员岗位职责

1)总监理工程师应履行的职责

①确定项目监理机构人员及其岗位职责。

②组织编制监理规划,审批监理实施细则。

③根据工程进展及监理工作情况调配监理人员,检查监理人员工作。

④组织召开监理例会。

⑤组织审核分包单位资格。

⑥组织审查施工组织设计、(专项)施工方案。

⑦审查工程开(复)工报审表,签发工程开工令、暂停令和复工令。

⑧组织检查施工单位现场质量、安全生产管理体系的建立及运行情况。

⑨组织审核施工单位的付款申请,签发工程款支付证书,组织审核竣工结算。

⑩组织审查和处理工程变更。

⑪调解建设单位与施工单位的合同争议,处理工程索赔。

⑫组织验收分部工程,组织审查单位工程质量检验资料。

⑬审查施工单位的竣工申请,组织工程竣工预验收,组织编写工程质量评估报告,参与工程竣工验收。

⑭参与或配合工程质量安全事故的调查和处理。

⑮组织编写监理月报、监理工作总结,组织整理监理文件资料。

2)总监理工程师不得委托给总监理工程师代表的工作

①组织编制监理规划,审批监理实施细则。

②根据工程进展及监理工作情况调配监理人员。

③组织审查施工组织设计、(专项)施工方案。

④签发工程开工令、暂停令和复工令。

⑤签发工程款支付证书,组织审核竣工结算。

⑥调解建设单位与施工单位的合同争议,处理工程索赔。

⑦审查施工单位的竣工申请,组织工程竣工预验收,组织编写工程质量评估报告,参与工程竣工验收。

⑧参与或配合工程质量安全事故的调查和处理。

3)专业监理工程师应履行的职责

①参与编制监理规划,负责编制监理实施细则。

②审查施工单位提交的涉及本专业的报审文件,并向总监理工程师报告。

③参与审核分包单位资格。

④指导、检查监理员工作,定期向总监理工程师报告本专业监理工作实施情况。

⑤检查进场的工程材料、构配件、设备的质量。

⑥验收检验批、隐蔽工程、分项工程,参与验收分部工程。

⑦处置发现的质量问题和安全事故隐患。

⑧进行工程计量。

⑨参与工程变更的审查和处理。

⑩组织编写监理日志,参与编写监理月报。

⑪收集、汇总、参与整理监理文件资料。

⑫参与工程竣工预验收和竣工验收。

4)监理员应履行的职责

①检查施工单位投入工程的人力、主要设备的使用及运行状况。

②进行见证取样。

③复核工程计量有关数据。

④检查工序施工结果。

⑤发现施工作业中的问题,及时指出并向专业监理工程师报告。

1.3.3 监理工程师的职业道德和工作原则

1)监理工程师的职业道德

在守法的基本前提之下,监理工程师应遵守下列职业行为规范:

(1)责任担当

①监理工程师应承担社会对其职业提出的公益责任,若工作与公益责任发生冲突,监理工程师应优先服从社会公益责任。

②监理工程师应维护其职业的尊严、名誉和信誉,不参与可能损害职业信誉的活动。

③监理工程师应采用科学的、与社会及技术发展水平相适应的方法解决工程中遇到的实际问题。

④监理工程师应使自己的知识和技能适应监理技术与相关法规的发展需要,不夸大自己的能力,不以不实的证据获取监理委托授权。

(2)正直勤勉

①监理工程师不得接受任何可能导致其行为不公正的利益,不参与可能与工程利益相冲突的活动。

②监理工程师应为工程利益行使其职责,以应有的谨慎和勤勉,忠实地提供职业服务。

③监理工程师应明确地表达其意见,并对自己的意见负责。

④监理工程师应以真实、科学、专业、独立的精神提供服务。

⑤监理工程师在知道建设单位的决定可能损害其合法利益时,无论是否得到授权,均应告知建设单位。

⑥当监理工程师自身的利益与工程利益相冲突时,监理工程师应服从工程利益。

⑦监理工程师不应为得到监理业绩而弄虚作假。

(3)尊重他人

①监理工程师不应随意取代其他获得委托的监理(咨询)工程师的工作。

②监理工程师不应做出损害其他监理(咨询)工程师名誉的事情。

③在被要求对其他监理(咨询)工程师的工作进行评审时,应以适当的行为实事求是地进行。

④监理工程师对已掌握的涉及任何机密的资料,在没有得到相应许可的情况下不得向外公开。

2)监理工程师的工作原则

①监理工程师在履行监理委托合同中约定的义务时,应在业主授权的范围内,运用合理的技能,以正常的检查、监督、确认或评审的方式,谨慎、勤勉地工作,为建设单位提供技术和管理服务。

②监理工程师要按照有关法律法规、技术规范、合同文件以及监理工作文件规定的内容、方法及程序对建设工程监理项目进行检查、监督、确认或评审。

③监理工程师对其他设计、咨询人员的工作作出的任何判断或意见,均应以专业建议的方式提出,不应对其应承担的义务实施任何程度的替代。

④监理工程师在对承包商的工作进行正常的检查、监督、确认或评审时,不应对其应承担的义务实施任何程度的替代,但是,这不应妨碍监理工程师对承包商的工作目标发出指令。

监理工程师不应代替承包商或其工作人员的工作职责或义务,因此,也不应该干涉承包商为了履行承包合同而采取的实施方式。当监理工程师认为承包商的作业方式在技术上和管理上不适当时,可以对其进行否决,但监理工程师不应将自己的观点强加于承包商。

3)项目监理机构在施工阶段各方面监理的职责

(1)施工安全监理方面的职责

①审查施工单位的安全保证体系和安全管理规章制度。

②审查施工单位的施工组织设计、施工安全方案及安全技术措施。

③审查各类有关安全生产的文件、各分包单位的安全资质和有关证明文件、施工安全组织体系及安全管理人员的资格。

④审核新材料、新技术、新工艺、新结构的使用安全技术方案及安全措施。

⑤对施工单位执行施工安全法律、法规和工程建设强制性标准的情况进行监督检查。对安全保证体系运转和安全技术措施落实情况进行检查。

⑥审核施工单位提交的工序交接检查和分部、分项工程安全检查报告。

⑦施工中发现不安全因素和安全事故隐患时,应指示施工单位采取措施予以整改,否则有权下令暂停施工;当发现存在重大安全隐患时,应立即下令施工单位暂停施工,并及时报告建设单位,如有必要,应向有关主管部门报告。

⑧根据工程进度情况,对各工序、主要结构、关键部位的安全情况进行旁站、巡视,并作记录。

⑨建立施工安全监理台账,按照法律、法规和工程建设强制性标准实施监理,并对建设工程安全生产承担监理责任。当发生施工安全事故时,应立即报告建设单位,并协助建设单位进行安全事故的调查处理工作。

（2）施工环境保护监理方面的职责

①审查施工单位编制的施工环境保护方案和技术措施、环保管理的组织体系及管理人员的资格,审查施工单位新材料、新工艺、新技术、新结构使用的环保措施。

②对施工单位执行环境保护法律、法规的情况以及环保体系运转情况和环保措施落实情况进行检查。

③检查施工单位提交的工序交接及分部、分项工程环保报告。

④监督施工单位严格按批准的弃渣规划有序地堆放、处理和利用废渣,防止随意弃渣。

⑤监督施工单位严格执行规定,加强对噪声、粉尘、废气、废水等的控制以及按合同约定进行处理。

⑥要求施工单位保持施工区和生活区的环境卫生,施工中出现违反有关环保规定、未按合同要求落实环保措施的情况时,应书面指令施工单位整改;情况严重时,应立即下令施工单位暂停施工,并及时报告建设单位。

⑦根据施工安排及工程进度情况,对施工现场的环保情况进行巡视检查,并作好记录。

⑧若监理合同约定了环境监测事项,应依据合同进行相应的环境监测,对于监测结果超标的情况,应要求并监督施工单位认真分析原因,有针对性地调整施工行为,或调整环境保护措施。

⑨工程完工后,应监督施工单位按合同约定拆除施工临时设施,清理场地,做好环境恢复工作。

（3）工程进度监理方面的职责

①审批施工单位在开工前提交的施工进度总计划。

②审批施工单位根据总体施工进度计划编制的年度或月进度计划。

③在收到施工单位提交的合同工程开工申请后,应对合同工程的开工条件进行核查。

具备条件的,应签发合同工程开工令,并报建设单位备案。

④在施工过程中监督进度计划的执行情况,检查工程实际进度,分析计划进度与实际进度偏差及产生原因。对每月的工程进度进行分析和评价,并作好进度记录。

⑤当总体工程进度起控制作用的分项工程的实际工程进度明显滞后于计划进度且施工单位未获得延期批准时,应签发监理指令,要求施工单位采取措施加快工程进度;需要调整进度计划的,应要求施工单位调整进度计划并审批调整后的工程进度计划。

⑥由于施工单位原因造成工程进度延误,在收到监理指令后施工单位未有明显改进,致使合同工程在合同工期内难以完成时,应及时向建设单位提交书面报告,并按合同规定处理。

⑦定期向建设单位报告工程进度情况,及时提交监理月报。

(4)工程费用监理方面的职责

①在施工单位提交了开工预付款担保后,按合同规定的金额签发开工预付款支付证书,并报建设单位审批。

②依据合同规定的计量原则对工程量清单进行审核。审核无误后,及时对施工单位提交的工程量清单复核结果予以签认。

③在施工单位提交了计量申请后,按合同规定应及时地计量核实合同工程量清单规定的任何已完工程的数量;对复杂、有争议需要现场确认的项目,应会同建设、设计、施工等单位现场计量。

④对施工单位提交的工程支付申请进行审核,确认无误后应在合同规定的时间内签发中期支付证书及最后支付证书,并报建设单位审批。

⑤应建立计量与支付台账,将计量与支付随时发生的变化登账记录,实行动态管理,当有较大差异时应报建设单位。

(5)合同及其他事项管理方面的职责

①参加由建设单位主持召开的第一次工地会议,整理会议纪要;主持施工阶段的工地例会及专题工地会议,并作好会议记录。

②按合同规定的变更范围,对工程或其任何部分的形式、质量、数量及任何工程施工程序作出变更的决定,按合同约定或合同双方协商的结果确定变更工程的单价和价格,经建设单位同意后下达变更令。

③在施工单位提出工程延期或费用索赔申请后,应对延期或索赔发生的原因、发展情况、结果测算等资料进行审核,并根据合同规定审定延期的时间或索赔的款项,经建设单位批准后发出通知。

④按合同规定审查施工单位的任何分包人的资格,分包工程的类型、数量,审查合格后报建设单位批准。

⑤按合同规定,对合同执行期间由于国家或省(自治区、直辖市)颁布的法律、法规、法令等致使工程费用发生的增减和人工、材料或影响工程费用的其他事项价格涨落而引起的工程费用的变化,应根据合同规定的价格调整方法及可调整的项目,计算确定新的合同价格或调价幅度,予以核定签认。

⑥根据合同规定,结合工程实际需要,批准或指令施工单位实施计日工,并按合同已确定的单价和费率,审核应支付的计日工费用。

⑦施工过程中发生质量事故和其他必须暂停施工的紧急事件或其他情况时,应按合同规定,经建设单位同意后,签发工程暂停令,并指令施工单位保护该部分或全部工程免遭损害,同时做好工程延期和费用索赔的预防。

⑧施工单位原因引起的工程暂停需复工时,应要求施工单位提出复工申请并签发复工指令。非施工单位原因引起的工程暂停,在暂停原因消失后具备复工条件时,应及时签发复工指令。

⑨根据合同规定对施工单位办理工程保险种类、数额、有效期、保险单及保险费收据等进行检查。

⑩在合同履行期间,应及时提示施工单位和建设单位采取措施,防止违约事件发生。违约事件发生后,应调查分析,掌握情况,以据合同规定和有关证据评估损失,提出处理意见。

⑪在收到合同一方或双方提出的争端协调申请后,应及时调查和收集相关资料,提出争议解决建议,对双方进行调解。在对争端进行仲裁或诉讼时,应向仲裁机关或法院提供有关证据。

1.4　建设工程监理法律体系及监理的法律责任

1.4.1　建设工程监理法律体系

我国建设工程法律法规体系是指根据《中华人民共和国立法法》的规定,制定和公布施行的有关建设工程的各项法律、行政法规、地方性法规、自治条例、单行条例、部门规章和地方政府规章的总称。目前,这个体系已经基本形成。建设工程法律是指由全国人民代表大会及其常务委员会通过的,规范工程建设活动的法律法规,由国家主席签署主席令予以公布;建设工程行政法规是指由国务院根据宪法和法律规定的,规范工程建设活动的各项法规,由总理签署国务院令予以公布;建设工程部门规章是指建设部按照国务院规定的职权范围,独立或同国务院有关部门联合,根据法律和国务院的行政法规、决定、命令,制定的规范工程建设活动的各项规章,由建设部部长签署建设部令予以公布。法律法规规章的效力是:法律的效力高于行政法规,行政法规的效力高于部门规章。

1)工程监理法规框架

监理工程师要熟悉我国建设工程法律、法规和规章体系,也应掌握其中与监理工作关系比较密切的法律、法规和规章,依法进行监理和规范自己的工程监理行为。

(1)法律 8 部

《中华人民共和国建筑法》《中华人民共和国合同法》《中华人民共和国招标投标法》《中华人民共和国土地管理法》《中华人民共和国城市规划法》《中华人民共和国城市房地产管理法》《中华人民共和国环境保护法》《中华人民共和国环境影响评价法》。

（2）行政法规4部

《建设工程质量管理条例》《建设工程勘察设计管理条例》《中华人民共和国土地管理法实施条例》《建筑工程安全生产管理条例》。

（3）部门规章15个

《工程监理企业资质管理规定》《监理工程师资格考试和注册试行办法》《建设工程监理范围和规模标准》《房屋建筑和市政基础设施工程施工招标投标办法》《评标委员会和评标方法暂行规定》《建设工程设计招标投标管理办法》《建筑工程施工许可管理办法》《实施工程建设强制性标准监督规定》《房屋建筑工程质量保修办法》《房屋建筑工程和市政基础设施工程竣工验收备案管理暂行办法》《建设工程施工现场管理规定》《建筑安全生产监督管理规定》《城市建设档案管理规定》《建筑工程施工发包与承包计价管理办法》《工程建设重大事故报告和调查程序规定》。

2）建设工程监理法规的概述

①《建筑法》是调整建筑活动的法律规范。全文分8章共计85条,是以建筑安全和质量为重点内容形成的。主要包括:建筑许可、建筑工程发包与承包、建筑工程监理、建筑安全生产管理和建筑工程质量管理等方面的内容。

②《招标投标法》围绕招标和投标活动的各个环节,明确了招标方式、招标投标程序及有关各方的职责和义务,主要包括招标、投标、开标、评标和中标等方面内容。任何单位和个人不得将依法必须进行招标的项目化整为零或者以其他任何方式规避招标。依法必须进行招标的项目,其招标投标活动不受地区或者部门的限制。任何单位和个人不得违法限制或者排斥本地区、本系统以外的法人或者其他组织参加投标,不得以任何方式非法干涉招标投标活动。

③《合同法》中的合同是指平等主体的自然人、法人、其他组织之间设立、变更、终止民事权利义务关系的协议。《合同法》中的合同分为15类,即买卖合同,供电、水、气、热力合同,赠予合同,借款合同,租赁合同,融资租赁合同,承揽合同,建设工程合同,运输合同,技术合同,保管合同,仓储合同,委托合同,行纪合同,居间合同。其中,建设工程合同包括工程勘察、设计、施工合同;建设工程监理合同、项目管理服务合同则属于委托合同。

④《建设工程质量管理条例》。为了加强对建设工程质量的管理,保证建设工程质量,《建设工程质量管理条例》明确了建设单位、勘察单位、设计单位、施工单位、工程监理单位的质量责任和义务,以及工程质量保修期限。

⑤《建设工程安全生产管理条例》。为了加强建设工程安全生产监督管理,《建设工程安全生产管理条例》明确了建设单位、勘察单位、设计单位、施工单位、工程监理单位及其他与建设工程安全生产有关单位的安全生产责任,以及生产安全事故应急救援和调查处理的相关事宜。

⑥《生产安全事故报告和调查处理条例》。为了规范生产安全事故的报告和调查处理,落实生产安全事故责任追究制度,防止和减少生产安全事故,《生产安全事故报告和调查处理条例》明确规定了生产安全事故的等级划分标准,事故报告的程序和内容及调查处理相关

事宜。

⑦《招标投标法实施条例》。为了规范招标投标活动,《招标投标法实施条例》进一步明确了招标、投标、开标、评标和中标以及投诉与处理等方面的内容,并鼓励利用信息网络进行电子招标投标。

3）建设工程监理的法律地位

①明确了强制实施监理的工程范围。《建筑法》第三十条规定:"国家推行建筑工程监理制度。国务院可以规定实行强制监理的建筑工程的范围。"《建设工程质量管理条例》第十二条规定,5 类工程必须实行监理,即国家重点建设工程,大中型公用事业工程,成片开发建设的住宅小区工程,利用外国政府或者国际组织贷款、援助资金的工程,国家规定必须实行监理的其他工程。

《建设工程监理范围和规模标准规定》(2001 年建设部令第 86 号)又进一步细化了必须实行监理的工程范围和规模标准。

②明确了建设单位委托工程监理单位的职责。《建筑法》第三十一条规定:"实行监理的建筑工程,由建设单位委托具有相应资质条件的工程监理单位监理。建设单位与其委托的工程监理单位,应当拟订书面委托监理合同。"

《建设工程质量管理条例》第十二条规定:"实行监理的建设工程,建设单位应当委托具有相应资质等级的工程监理单位进行监理,也可以委托具有工程监理相应资质等级并与被监理工程的施工承包单位没有隶属关系或者其他利害关系的该工程的设计单位进行监理。"

③明确了工程监理单位的职责。《建筑法》第三十四条规定:"工程监理单位应当在其资质等级许可的监理范围内,承担工程监理业务。"《建设工程质量管理条例》第三十七条规定:"工程监理单位应当选派具备相应资格的总监理工程师和监理工程师进驻施工现场。""未经监理工程师签字,建筑材料、建筑构配件和设备不得在工程上使用或者安装,施工单位不得进行下一道工序的施工。未经总监理工程师签字,建设单位不拨付工程款,不进行竣工验收。"

《建设工程安全生产管理条例》第十四条规定:"工程监理单位应当审查施工组织设计中的安全技术措施或者专项施工方案是否符合工程建设强制性标准。""工程监理单位在实施监理过程中,发现存在安全事故隐患的,应当要求施工单位整改;情况严重的,应当要求施工单位暂时停止施工,并及时报告建设单位。施工单位拒不整改或者不停止施工的,工程监理单位应当及时向有关主管部门报告。"

④明确了工程监理人员的职责。《建筑法》第三十二条规定:"工程监理人员认为工程施工不合工程设计要求、施工技术标准和合同约定的,有权要求建筑施工企业改正。""工程监理人员发现工程设计不符合建筑工程质量标准或者合同约定的质量要求的,应当报告建设单位要求设计单位更正。"

《建设工程质量管理条例》第三十八条规定:"监理工程师应当按照工程监理规范的要求,采取旁站、巡视和平行检验等形式,对建设工程实施监理。"

1.4.2　工程监理单位及监理工程师的法律责任

1）工程监理单位的法律责任

在工程监理中,工程监理单位应当依照法律、行政法规及有关的技术标准、设计文件和建筑工程承包合同,对承包单位在施工质量、建设工期和建设资金使用等方面,代表建设单位实施监督。《建筑法》第三十五条规定:"工程监理单位不按照委托监理合同的约定履行监理义务,对应当监督检查的项目不检查或者不按照规定检查,给建设单位造成损失的,应当承担相应的赔偿责任。"第六十九条规定:"工程监理单位与建设单位或者建筑施工企业串通,弄虚作假、降低工程质量的,责令改正,处以罚款,降低资质等级或者吊销资质证书;有违法所得的,予以没收;造成损失的,承担连带赔偿责任;构成犯罪的,依法追究刑事责任。""工程监理单位转让监理业务的,责令改正,没收违法所得,可以责令停业整顿,降低资质等级;情节严重的,吊销资质证书。"

《建设工程质量管理条例》第六十条和第六十一条规定:"工程监理单位超越本单位资质等级承揽工程的,责令停止违法行为或改正,处合同约定的监理酬金1倍以上2倍以下的罚款,可以责令停业整顿,降低资质等级;情节严重的,吊销资质证书;"第六十二条规定:"工程监理单位转让工程监理业务的,责令改正,没收违法所得,处合同约定的监理酬金25%以上50%以下的罚款;可以责令停业整顿,降低资质等级;情节严重的,吊销资质证书。"第六十七条规定:"工程监理单位有下列行为之一的,责令改正,处50万元以上100万元以下的罚款,降低资质等级或者吊销资质证书;有违法所得的,予以没收;造成损失的,承担连带赔偿责任:与建设单位或者施工单位串通,弄虚作假、降低工程质量的;将不合格的建设工程、建筑材料、建筑构配件和设备按照合格签字的。"第六十八条规定:"工程监理单位与被监理工程的施工承包单位以及建筑材料、建筑构配件和设备供应单位有隶属关系或者其他利害关系承担该项建设工程的监理业务的,责令改正,处5万元以上10万元以下的罚款,降低资质等级或者吊销资质证书;有违法所得的,予以没收。"

《建设工程安全生产管理条例》第五十七条规定:"违反本条例的规定工程监理单位有下列行为之一的,责令限期改正;逾期未改正的,责令停业整顿,并处10万元以上30万元以下的罚款;情节严重的,降低资质等级,直至吊销资质证书;造成重大安全事故,构成犯罪的,对直接责任人员,依照刑法有关规定追究刑事责任;造成损失的,依法承担赔偿责任。

(一)未对施工组织设计中的安全技术措施或专项施工方案进行审查的;

(二)发现安全隐患未及时要求施工单位整改或者暂时停止施工的;

(三)施工单位拒不整改或者不停止施工,未及时向有关部门报告的;

(四)未依照法律法规和工程建设强制性标准实施监理的。

《刑法》第一百三十七条规定:"工程监理单位违反国家规定,降低工程质量标准,造成重大安全事故的,对直接责任人员,处5年以下有期徒刑或者拘役,并处罚金;后果特别严重的,处5年以上10年以下有期徒刑,并处罚金。"

2）监理工程师的法律责任

工程监理单位是订立工程监理合同的当事人。监理工程师一般要受聘于工程监理单位,代表工程监理单位从事建设工程监理工作。监理工程师出现工作过错,其行为将被视为工程监理单位违约,应承担相应的违约责任。工程监理单位在承担违约赔偿责任后,有权在企业内部向有过错行为的监理工程师追偿损失。因此,由监理工程师个人过失引发的合同违约行为,监理工程师必然要与工程监理单位承担一定的连带责任。

《建设工程质量管理条例》第七十二条规定:"监理工程师因过错造成质量事故的,责令停止执业1年;造成重大质量事故的,吊销执业资格证书,5年以内不予注册;情节特别恶劣的,终身不予注册。"《建设工程质量管理条例》第七十四条规定:"工程监理单位违反国家规定,降低工程质量标准,造成重大安全事故,构成犯罪的,对直接责任人员依法追究刑事责任。"

《建设工程安全生产管理条例》第五十八条规定:"注册监理工程师未执行法律、法规和工程建设强制性标准的,责令停止执业3个月以上1年以下;情节严重的,吊销执业资格证书,5年内不予注册;造成重大安全事故的,终身不予注册;构成犯罪的,依照刑法有关规定追究刑事责任。"

1.5 监理目标控制基本原理

1.5.1 控制程序和基本工作

建设工程监理的核心工作是进行工程项目的目标控制,即对工程项目的造价、进度、质量三大目标实施控制。监理工程师必须认识到:项目投资、进度、质量三大目标是一个相互关联的整体。监理工程师控制的是由三大目标组成的项目目标系统。

现阶段,我国工程建设监理多数还是局限于对施工过程的管理,且大多数局限于对工程质量的管理。在工程建设监理制度推行的过程中,我国的监理现状还存在诸多弊端,就更有必要做好监理目标控制工作。

1)监理控制的程序

控制的程序如图1.1所示。

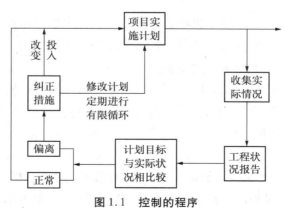

图1.1 控制的程序

从图中可以看出,控制是在事先制订的计划基础上进行的,将计划所需的人力、材料、设备、机具、方法等资源和信息进行投入,于是计划开始运行,工程开始实施。随着工程的实施和计划的执行,监理人员要随时收集工程实际建设情况和各项目标以及与工程有关的动态信息,将它们进行加工、整理、分类和综合,提出工程状态报告。项目监理机构各部门根据工程状态报告将项目实际的投资、进度、质量目标状况与相应的计划目标进行比较,确定实际目标是否偏离了计划目标。如果未偏离,则按原计划继续运行;反之,就需要采取纠正措施,或改变投入,或修改计划,或采取其他纠正措施,使计划呈现一种新状态,使工程能够在新的计划状态下进行。

2)监理控制的基本工作

控制过程要经过投入、变换、反馈、对比、纠正等基本步骤,因此,投入、转换、反馈、对比、纠正等各项工作就是监理目标控制环节的基本工作。

(1)按计划要求做好投入的控制工作

监理目标控制首先从做好投入开始。要按计划所需要的人力、财力、物力进行投入,保证各种投入品的数量、质量,以及投入的时间和顺序符合计划的要求。这是使实际目标符合计划目标的基本控制工作。

(2)做好从投入到输出过程的控制工作

建设单位投入的材料、劳力、资金、方法、信息经过转换过程转变为产出品(如设计图纸、分项(分部)工程、单位工程、单项工程,最终输出完整的工程项目)。在转换过程中,计划的运行往往会受到来自外部环境和内部系统等多因素干扰,造成实际工程偏离计划轨道,而这类干扰往往是潜在的,未被人们所预料或人们无法预料的。同时,计划本身也不可避免地存在问题,因而也造成了期望输出与实际输出之间发生偏离。

为此,监理工程师在转换过程中的控制工作包括跟踪了解工程进展情况,掌握工程转换的第一手资料,为今后分析偏差原因、确定纠正措施提供可靠依据。

(3)做好控制过程的信息反馈工作

反馈给监理控制部门的信息既应包括已发生的工程状况、环境变化等信息,还应包括对未来工程预测的信息。

控制部门需要什么信息,取决于管理的需要。信息管理部门和控制部门应当事先对信息进行规划,这样才能获得控制所需要的全面、准确、及时的信息。

(4)对比实际目标与计划目标确定是否偏离

对比是将实际目标成果与计划目标比较,以确定是否偏离。对比工作的第一步是收集实际目标成果并加以分类、归纳,形成与计划目标相对应的目标值,以便进行比较。对比的第二步是对比较结果的判断。必须事先确定衡量目标偏离的标准。

(5)采取纠正措施

对于偏离计划的情况要采取措施加以纠正,以力求实现计划目标。一般来说,如果是轻度偏离,通常可采用较简单措施进行纠偏。比如,对进度稍许拖延的情况,可适当增加人力、机械、设备等的投入量就可以解决;如果目标有较大偏离,则需要改变局部计划;如果原计划目标已经不能实现,则需要重新制订目标,并根据新目标制订新计划,使工程在新的计划状态下运行。当然,最好的纠偏措施是把管理的各项职能结合起来,采取系统的办法实施纠偏。

1.5.2 主动控制和被动控制

1)主动控制

主动控制就是预先分析目标偏离的可能性,并拟订和采取各项预防性措施,以使计划目标得以实现。

主动控制是一种面对未来的控制,它可以解决传统控制过程中存在的时滞影响,尽最大可能改变偏差已经成为事实的尴尬局面,从而使控制更为有效。

主动控制是一种前馈式控制。当它根据已掌握的可靠信息,经过分析预测得出偏离的结论后,就将防偏措施向系统输入,以使系统避免或减少目标的偏离。

主动控制是一种事前控制,必须在事情发生之前采取以下控制措施:

①详细调查并分析外部环境条件,以确定影响计划目标实现和计划运行的各种有利和不利因素,并将它们考虑到计划和其他管理工作当中。

②识别风险,努力将各种影响目标实现和计划执行的潜在因素揭示出来,为风险分析和管理提供依据,并在计划实施过程中做好风险管理工作。

③用科学的方法制订计划。做好计划的可行性分析工作,消除各种不可行的因素、错误和缺陷,保障工程的实施能够有足够的时间、空间、人力、物力和财力,并在此基础上力求使计划优化。计划制订得越明确、完善,就越能使控制产生出更好的效果。

④高质量地做好组织工作,使组织与目标和计划高度一致,把目标控制的任务与管理职能落实到适当的机构和人员,做到职权与职责明确,使全体成员能够通力协作为实现目标而努力。

⑤制订必要的备用方案。一旦发生情况,则有应急措施作保障,从而可以减少偏离量,或避免发生偏离。

⑥计划应有适当的松弛度。这样,可以避免那些经常发生又不可避免的干扰对计划的不断影响,减少"例外"情况产生的数量,使管理人员处于主动地位。

⑦沟通信息流通渠道,加强信息收集、整理和研究工作,为预测工程未来发展状况提供全面、及时、准确的信息。

2)被动控制

被动控制是指当系统按计划进行时,管理人员对计划的实施进行跟踪,把它输出的工程信息经过加工、整理,传递给控制部门,使控制人员可以从中发现问题,找出偏差,寻求并确定解决问题和纠正偏差的方案,然后再回送给计划实施系统付诸实施,使得计划目标出现偏离时能得以纠正。这种从计划的实际输出中发现偏差、及时纠正的控制方式称为被动控制。

被动控制是一种反馈控制。它按如图1.2所示的过程实施控制。

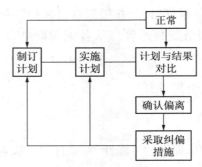

图1.2 反馈过程图

在管理过程中,控制往往形成如图1.3所示的反馈闭合回路,这就是被动控制的闭合循环特征。

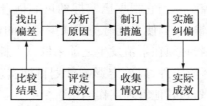

图1.3 被动控制的闭合回路

不能把被动控制视为一种消极的控制,它是一种极其重要的控制方式,而且是管理过程中永远离不开的控制方式。

3)主动控制与被动控制相结合

主动控制与被动控制都是监理工程师实现项目目标所必须采用的控制方式。有效的控制是将主动控制与被动控制紧密地结合起来,力求增大主动控制在控制过程中的比例,同时进行定期、连续的被动控制。只有如此,方能完成项目目标控制的根本任务。图1.4表明了它们的关系。

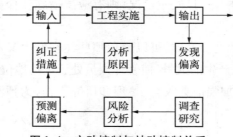

图1.4 主动控制与被动控制关系

实际上,所谓主动控制与被动控制相结合,也就是要求监理工程师在进行目标控制的过程中既要实施反馈控制又要实施前馈控制,既要根据实际输出的工程信息又要根据面对未来的工程信息实施控制,并将它们有机融合在一起。要做到这一点,关键有两条:一是扩大信息来源,即不仅要从被控系统内部获得工程信息,还要从外部环境获得有关信息;二是把握住输入这道关,即输入的纠正措施应包括两类,既有防止将要发生偏差的措施,又有纠正已经发生偏差的措施。

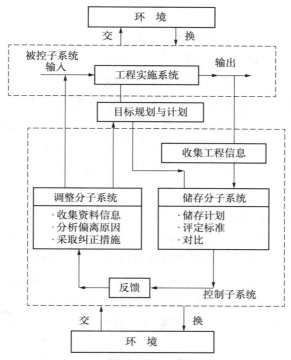

图1.5 控制系统各部分与外界的关系

1.5.3 监理目标控制的综合措施

监理工程师根据建设单位委托对工程项目实施目标控制,除了做好目标规划、计划和组织工作,落实机构和人员,制订目标控制主要工作流程外,还应当从多方面采取措施实施控制。通常情况下可以将这些措施归纳为:组织方面措施、经济方面措施、技术方面措施、合同方面措施等。

1)组织措施

在"三控制"过程中,落实造价控制、进度控制、质量控制的部门人员,确定控制部门的任务、工作和管理职能分工,制订目标控制的工作流程,对工作进行考评,采取各种激励手段以调动和发挥控制人员实现目标的积极性、创造性,以及培训人员等。这些都是在控制当中需要考虑采取的组织措施。

2)技术措施

监理目标控制在很大程度上要通过技术来解决问题。实施有效控制,要对多个可能的主要技术方案作技术可行性分析,对各种技术数据进行审核、比较,通过科学试验确定新材料、新工艺、新方法的适用性。如果不对各投标文件中的主要施工技术方案做必要的论证,不对施工组织设计进行审查,不在整个项目实施阶段制订降低造价、保障工期和质量的技术措施,控制就很难达到预期目标。

3）经济措施

建设工程从项目提出、勘察设计到投入使用,始终贯穿着资金的筹集和运用工作。无论对投资实施控制,还是对进度、质量实施控制,都离不开经济措施。为了理想地实现工程项目,监理工程师要收集、加工、整理工程经济信息和数据,要对各种实现目标的计划进行资源、经济、财务诸方面的可行性分析,要对经常出现的各种设计变更和其他工程变更方案进行技术经济分析,力求减少对计划目标实现的影响,要对工程概预算进行审核,要编制资金使用计划,要对工程付款进行审查等。如果监理工程师在目标控制时忽视了经济措施,那么不但投资目标难以实现,而且进度目标和质量目标也同样难以实现。

4）合同措施

工程项目建设需要设计单位、施工单位和材料设备供应单位进行设计、施工和供应。没有这些工程建设行为,项目就无法建成使用。在市场经济条件下,这些承建商是根据与业主签订的设计合同、施工合同和供销合同来参与项目建设的,监理工程师实施目标控制也是紧紧依靠工程建设合同来进行的。因此,协助业主确定对目标控制有利的工程承发包模式和合同结构,拟订合同条款,参加合同谈判,处理合同执行过程中的问题,做好防止和处理索赔的工作等都是监理工程师重要的目标控制措施。所以,目标控制离不开合同措施。

复习思考题

1. 何谓建设工程监理? 建设工程监理的涵义可从哪些方面理解?

2. 建设工程监理具有哪些性质?

3. 建设工程监理的法律地位从哪些方面体现?

4.《建筑法》《建设工程质量管理条例》和《建设工程安全生产管理条例》中规定的工程监理单位和监理人员的职责有哪些?

5. 工程监理单位和监理工程师的法律责任有哪些?

6. 何谓工程建设程序? 工程建设程序包括哪些工作内容?

7. 建设工程监理相关法律、行政法规有哪些?

8. 工程监理企业资质相应许可的业务范围包括哪些内容?

9. 工程监理企业经营活动准则是什么?

10. 注册监理工程师职业道德守则包括哪些内容?

第 2 章
建设工程监理招投标

本章导读

- **学习目标** 掌握招投标的概念、招标的方式、招标的范围和规模标准,评标的原则以及评标委员会的要求,废标的条件;了解招投标的法律责任,招标备案,开标的程序,投标的准备工作等必备的知识。
- **本章重点** 招投标的概念、招标的方式、招标的范围和规模标准;招标文件的组成;投标文件的组成和审查;投标保证金的递交与退还;招标的时间要求。
- **本章难点** 招标文件的编写;投标文件的编写;招投标的程序。

2.1 建设工程招投标的相关知识

2.1.1 招标投标的概念

1)招标

建设工程招标是指招标人在发包建设工程项目设计或施工任务之前,通过招标通告或邀请书的方式,吸引潜在投标人投标,以便从中选定中标人的一种经济活动。

2)投标

建设工程投标是指具有合法资格和能力的投标人根据招标条件,经过初步研究和估算,在指定期限内填写标书、提出报价并等候开标,决定能否中标的经济活动。

招标投标活动应当遵循公开、公平、公正和诚实信用的原则。

2.1.2 招标的方式、范围

1）招标的方式

招标分为公开招标和邀请招标。

（1）公开招标

公开招标是指招标人在公开媒介上以招标公告的方式邀请不特定的法人或其他组织参与投标，并在符合条件的投标人中择优选择中标人的一种招标方式。招标人采用公开招标方式的，应当发布招标公告。依法必须进行招标的项目的招标公告，应当通过国家指定的报刊、信息网络或者其他媒介发布。招标公告应当载明招标人的名称地址、招标项目的性质、数量、实施地点和时间以及获取的办法等事项。

公开招标的优点是使招标单位有较大的选择范围，可在众多的投标单位中择优选择。其缺点是招标工作量大、时间长、费用大，投标单位多，难免出现鱼目混珠的现象。

国有资金占控股或主导地位的依法必须进行招标的项目，应当公开招标。

（2）邀请招标

邀请招标是指招标人以投标邀请书的方式邀请特定的法人或者其他组织投标，确定中标人的一种招标方式。

《招标投标法》第十一条规定："国务院发展计划部门确定的国家重点项目和省、自治区、直辖市人民政府确定的地方重点项目不适宜公开招标的，经国务院发展计划部门或者省、自治区、直辖市人民政府批准，可以进行邀请招标。"

对国有资金占控股或主导地位的依法必须进行招标的项目，有下列情形之一的，可以邀请招标：

①技术复杂、有特殊要求或者受自然环境限制，只有少量潜在投标人可供选择；

②采用公开招标方式的费用占项目合同金额的比例过大（标准由项目审批、审核部门在审批、核准项目时作出认定或者有关行政监督部门作出认定）。

招标人采用邀请招标方式的，应当向 3 个以上具备承担招标项目的能力、资信良好的特定法人或者其他组织发出投标邀请书。

邀请招标的优点是被邀请参加投标竞争者数量有限，不仅可以有效减少招标工作量，缩短招标时间，节约费用，而且每个投标者的中标机会相对提高，对招投标双方都有利。缺点是竞争的程度降低。

2）招标的范围

（1）必须招标的工程建设项目范围

《招标投标法》第三条规定："在中华人民共和国境内进行下列工程建设项目包括项目的勘察、设计、施工、监理以及与工程建设有关的重要设备、材料等的采购，必须进行招标：

（一）大型基础设施、公用事业等关系社会公共利益、公众安全的项目；

（二）全部或部分使用国有资金投资或者国家融资的项目；

（三）使用国际组织或者外国政府贷款、援助资金的项目。"

①基础设施。基础设施是指为国民经济生产过程提供基本条件的物质工程设施，可分为生产性基础设施和社会性基础设施。前者指直接为国民经济生产过程提供的设施，后者指间接为国民经济生产过程提供的设施。基础设施通常包括能源、交通运输、邮电通信、水利、城市设施、环境与资源保护设施等。公用事业，是指为适应生产和生活需要而提供的具有公共用途的服务，如供水、供电、供热、供气、科技、教育、文化、体育、卫生、社会福利等。

②使用国有资金投资项目。使用国有资金投资项目的范围包括：使用各级各类财政性资金的项目；使用国有企业事业单位资金，并且国有资产投资占控股或者主导地位的项目。

③国家融资项目。国家融资项目是指县级以上人民政府依照法定权限融资的项目，包括：使用政府发行债券所筹资金的项目；使用政府对外借款或者担保所筹资金的项目；政府授权投资主体融资的项目；政府采用特许经营方式融资的项目。

④使用国际组织或者外国政府资金的项目。使用国际组织或者外国政府资金项目的范围包括：使用世界银行、亚洲开发银行等国际组织贷款资金的项目；使用外国政府及其机构贷款资金的项目；使用国际组织或者外国政府援助资金的项目。

（2）必须招标项目的规模标准

《工程建设项目招标范围和规模标准规定》规定的上述各类工程建设项目，包括项目的勘察、设计、施工、监理以及与工程建设有关的重要设备、材料等的采购，达到下列标准之一的，必须进行招标：

①施工单项合同估算价在 200 万元人民币以上的；

②重要设备、材料等货物的采购，单项合同估算价在 100 万元人民币以上的；

③勘察、设计、监理等服务的采购，单项合同估算价在 50 万元人民币以上的；

④单项合同估算价低于上述规定的标准。但项目总投资额在 3 000 万元人民币以上的。

（3）不进行招标的项目

《中华人民共和国招标投标法》第六十六条规定："涉及国家安全、国家机密、抢险救灾或者属于利用扶贫资金实行以工代赈、需要使用农民工等特殊情况，不适宜进行招标的项目，按照国家有关规定可以不进行招标。"

①有下列情形之一的，可以不进行招标：

a. 需要采用不可替代的专利或者专有技术；

b. 采购人依法能够自行建设、生产或者提供；

c. 已通过招标方式选定的特许经营项目投资人依法能够自行建设、生产或者提供；

d. 需要向原中标人采购过程、货物或者服务，否则将影响施工或者功能配套要求；

e. 国家规定的其他特殊情形。

②有下列情况之一的，建设项目可以不进行招标：

a. 涉及国家安全或者有特殊保密要求的；

b. 建设项目的勘察、设计，采用特定专利或者专有技术的，或者其建筑艺术造型有特殊要求的；

c. 承包商、供应商或者服务提供者少于三家，不能形成有效竞争的；

d. 其他原因不适宜招标的。

③有下列情形之一的,经审批部门批准的工程施工项目可以不进行招标:

a. 涉及国家安全、国家秘密或者抢险救灾而不适宜招标的;

b. 属于利用扶贫资金实行以工代赈需要使用农民工的;

c. 施工主要技术采用特定的专利或者专有技术的;

d. 施工企业自建自用的工程,且该施工企业资质等级符合工程要求的;

e. 在建工程追加的附属小型工程或者主体加层工程,原中标人仍具备承包能力的;

f. 法律、行政法规规定的其他情形。

对不需要审批但属于依法必须招标的工程建设项目,有上述规定情形之一的,可以不进行施工招标。

2.1.3　招标投标的相关法律责任

我国的《招标投标法》《建筑法》《刑法》《建设工程质量管理条例》《招标投标法实施条例》等相关法律、法规对招标投标过程中的违规行为均有相应的处罚规定。

1)招标中的违规情况

(1)未按规定进行招标

按规定该进行招标的项目,没有进行招标;应进行公开招标的项目,采用邀请招标或其他方式进行招标。

(2)不按规定程序进行招标

未进行招标备案,私自招标(为了维持招投标的公平、公正,备案后相关部门要进行监督);不按规定发布招标公告;不按规定组建评标委员会;不按规定确定中标人;不按招标文件要求和中标人的投标文件的条件进行签订合同;招投标结束后,在规定时间内不向相关部门提交招标报告。

(3)招标中违规影响招投标公平、公正的情况

招标人与投标人私下接触、串通,向投标人泄露标底、其他投标人的情况等;招标文件中设置不合理的条件,限制或排斥潜在的投标人;接收不合格的投标人或不合格的投标文件参与投标。

2)投标中的违规情况

①串通投标:投标人相互串通投标或者招标人串通投标人投标。

②出让或者出租资格、资质证书供他人投标。

③向招标人或者评标委员会成员行贿谋取中标。

④以他人名义投标或者以其他方式弄虚作假骗取中标。

⑤中标后,不按中标条件签订合同。

⑥中标后转让给他人。

3)其他违规情况

①泄露应当保密的与招标活动有关的情况和资料的。

②干涉评标,影响评标公正性的。

【例 2.1】　某医院医技大楼设计建筑面积为 20 000 m²,预计造价 7 400 万元,其中土建工程造价约为 3 400 万元,配套设备暂定造价为 4 000 万元。2001 年 2 月,该工程项目进入地方政府主管部门建设工程交易中心以总承包方式向社会公开招标。

经常冒充某房地产有限公司总经理身份的包工头甲得知该项目的情况后,即分别到本地区的 4 家建筑公司活动,要求挂靠这 4 家公司参与投标。这 4 家公司在未对该房地产有限公司的资质和业绩进行审查的情况下,就同意其挂靠,并分别商定了"合作"条件:一是投标保证金由甲支付;二是本地区的某建筑公司代甲编制标书,由甲支付"劳务费",其余 3 家公司的经济标书由甲编制;三是项目中标后全部或部分工程由甲组织施工,挂靠单位收取占工程造价 3% ~5% 的管理费。

为揽到该项目,甲还不择手段地拉拢政府主管部门交易中心评标处副处长乙、办公室副主任丙。甲以咨询业务为名,经常请乙、丙吃喝玩乐,并送给乙港币 5 万元、人民币 1 000 元,以及人参、茶叶、香烟等物品;送给丙港币 3 万元和洋酒等物品。乙、丙两人积极为甲提供"咨询"服务,不惜泄露招投标中有关保密事项,甚至带甲到审核标底现场向有关人员打探标底,后因现场监督严格而未得逞。

2001 年 1 月 22 日下午开始评标。评委会置该项目招标文件规定于不顾,把原安排 22 日下午评技术标、23 日上午评经济标两段评标内容集中在一个下午进行,致使评标委员会没有足够时间对标书进行认真细致地评审,一些标书明显存在违反招标文件规定的错误未能发现。同时,评标委员在评审中还把标底价 50% 以上的配套设备暂定价 3 998 万元剔除,使造价总体下浮变为部分下浮,影响了评标结果的合理性。下午 7 时 20 分左右,评标结束,中标单位为深圳市某公司。

由于甲挂靠的 4 家公司均未能中标,甲便鼓动这 4 家公司向有关部门投诉,设法改变评标结果。因不断发生投诉,有关单位未发出中标通知书。

【案例评析】　某医院医技大楼工程招投标中的违纪违法问题,是典型的串通投标,有关当事人违反了多项法律强制性规定,依法应当受到惩处。

①甲和允许其挂靠的 4 家公司违反了以下法律规定,均应受到处罚。

《招标投标法》第五十三条规定:"投标人相互串通投标或者与招标人串通投标的,投标人以向招标人或者评标委员会成员行贿的手段谋取中标的,中标无效,处中标项目金额 5‰ ~10‰ 的罚款,对单位直接负责的主管人员和其他直接责任人员处单位罚款金额 5% ~10% 的罚款;有违法所得的,并处没收违法所得;情节严重的,取消其一年至二年内参加依法必须进行招标的项目的投标资格并予以公告,直至由工商行政管理机关吊销营业执照;构成犯罪的,依法追究刑事责任。给他人造成损失的,依法承担赔偿责任。"

《招标投标法》第五十四条规定:"投标人以他人名义投标或者以其他方式弄虚作假,骗取中标的,中标无效,给招标人造成损失的,依法承担赔偿责任;构成犯罪的,依法追究刑事责任。"

《招标投标法》第六十九条规定:"出让或者出租资格、资质证书供他人投标的,依照法律、行政法规的规定给予行政处罚;构成犯罪的,依法追究刑事责任。"

《建筑法》第二十六条规定:"禁止建筑施工企业以任何形式允许其他单位或者个人使

用本企业的资质证书、营业执照,以本企业的名义承揽工程。"

②评标委员会不按照招标文件规定的评标标准和方法评标,违反了《招标投标法实施条例》,应受到处罚。根据第七十一条的规定:"评标委员会不按照招标文件规定的评标标准和方法评标,由有关行政监督部门责令改正;情节严重的,禁止其在一定期限内参加依法必须进行招标的项目的评标;情节特别严重的,取消其担任评标委员会成员的资格。"

③交易中心的工作人员乙、丙收受贿赂、徇私舞弊,依法应当受到惩处。《招标投标法》第六十三条规定:"对招标投标活动依法负有行政监督职责的国家机关工作人员徇私舞弊、滥用职权或者玩忽职守,构成犯罪的,依法追究刑事责任;不构成犯罪的,依法给予行政处分。"

2.2　建设工程监理招标

2.2.1　建设工程监理招标程序及时间要求

1)建设工程监理招标程序

一般建设工程监理招标的工作流程程序如下:

①依法必须进行招标的工程建设项目按有关规定完成项目审批手续;

②编制招标文件;

③发布招标公告或者投标邀请书;

④采取资格预审的,按有关规定对潜在投标人进行资格预审;

⑤发售招标文件;

⑥根据需要,组织现场踏勘;

⑦应投标人要求,澄清招标文件有关问题;

⑧接受投标文件;

⑨按照招标文件要求的方式和金额,接收投标人提交的投标保函或投标保证金;

⑩组建评标委员会;

⑪开标;

⑫评标;

⑬定标;

⑭发中标通知书;

⑮返还投标保证金;

⑯应招标人要求,中标人提交履约保证金;

⑰签订合同;

⑱向有关行政监督部门提交招标投标情况的书面总结报告。

招标投标的全过程由招标人或委托招标代理机构操作,纪委监察、行业主管部门等对整个招投标过程进行现场督。

2)工作时间要求

①发布招标公告或投标邀请书至下一步发放预审文件不少于 4 个工作日。

②发出招标文件至提交投标文件截止之日，最短不得低于 20 日。

③投标人对招标文件有疑问的，应在提交投标文件截止时间 17 日前向招标人提出，招标人应在投标文件截止时间 15 日前以书面形式或答疑形式向所有投标人进行解答。

④招标人应在评委会完成评标后 15 日内确定中标人，并在 7 日内发中标通知书。

⑤招标人应将评标结果通知所有的投标人，并在指定媒体上公示，公示时间不得少于 3 日。

⑥发出中标通知书至订立合同应不超过 30 日。

⑦招标人应在投标有效期满后 5 个工作日内退回保证金。

⑧招标人应在确定中标人后 15 日内向有关监督部门提交招标情况书面报告。

2.2.2　招标申请备案

《中华人民共和国招标投标法实施条例》第七条规定："按照国家有关规定需要履行项目审批、核准手续的依法必须进行招标的项目，其招标范围、招标方式、招标组织形式应当报项目审批、核准部门审批、核准。项目审批、核准部门应当及时将审批、核准确定的招标范围、招标方式、招标组织形式通报有关行政监督部门。"

招标人或委托招标代理机构向行业主管部门申请建设工程监理招标时，应提交的资料及要求如下：

①立项批文，一份，复印件；

②勘察合同，一份，复印件；

③设计合同，一份，复印件；

④招标代理委托书，一份，原件；

⑤招标代理合同，一份，复印件；

⑥招标代理机构资格证，一份，复印件；

⑦工程登记表，一份，复印件；

⑧资金证明，一份，原件；

⑨建设工程招标申请审批书，一式三份，原件；

⑩资格预审文件，一式三份，原件（如有）；

⑪招标文件，一式三份，原件；

⑫信息发布表，一份，原件。

进行全过程监理招标的，免第②③项；如勘察、设计达到招标范围的，还须提供中标通知书复印件；立项核准招标人自行组织招标的，免第④⑤⑥项。

送件时所有复印件均需加盖招标人公章，以上备案资料提供复印件的，均需同时提供原件核验。

2.2.3　建设工程监理招标文件的组成

《中华人民共和国招标投标法》第十九条规定："招标人应当根据招标项目的特点和需要编制招标文件。招标文件应当包括招标项目的技术要求、对投标人资格审查的标准、投标报价要求和评标标准等所有实质性要求和条件以及拟订合同的主要条款。"

工程监理招标文件主要由封面、目录、内容、附件等部分组成。内容主要有招标公告、投标人须知、评标办法、合同条款格式、图纸、投标文件格式等。下面以重庆某项目的监理招标文件为例说明其主要的内容要求。

1）招标公告

招标公告是对招标情况进行概要性的说明,包含项目招标的条件(项目立项批准、资金落实、招标代理机构落实、招标已经备案具备招标条件)、项目情况、招标范围、投标人的资质要求、招标文件的获取、投标截止和开标时间及地点、发布公告的媒介、招标人的联系方式等信息内容。表2.1是某项目的招标公告示例。

表2.1　招标公告示例

重庆某项目施工监理招标公告

1. 招标条件

重庆某工程项目已由主管部门以某集团(备案证编号:123456 k345678954321)批准建设,项目业主为重庆某集团有限公司,建设资金来源为自筹资金。重庆市某招标代理有限公司受重庆某集团有限公司委托,现对该项目施工监理进行国内公开招标,特邀请符合本项目条件的潜在投标人参与投标。

2. 项目概况及招标范围

2.1　项目概况

某项目位于重庆某区110—120地块,东临高速公路,北部为商务办公基地,西侧紧邻某办公大楼,南部为厂区。该项目总建筑面积为105 000 m²,框架-剪力墙结构,具备办公楼、商业、地下车库及设备用房等功能,其中1栋4层商业建筑,地上建筑面积为4 800 m²,建筑高度18.9 m,1栋40层办公楼,地上建筑面积为6 800 m²,建筑高度203.5 m,地下车库及设备用房1栋,建筑面积为32 336.69 m²(含物管及架空廊)。

2.2　招标范围

该工程项目的建筑工程、安装工程(包含电梯、空调、弱电、消防等但不限于)、环境工程、装饰工程以及本项目配套设施工程的施工及缺陷责任期的监理。

2.3　监理期限

完成项目施工阶段监理及工程竣工交付使用、竣工结算(含配合审计工作)、缺陷责任期期间的监理工作所需要的时间周期,总工期42个月,工程缺陷责任期24个月。

3. 投标人资格条件和业绩要求

3.1　本次招标实行资格后审,投标人应满足下列资格条件和业绩要求:

3.1.1　投标人应具有下列资质:具备国家住建部颁发的综合监理资质或房屋建筑工程监理甲级资质。

3.1.2　投标人承担过1个建筑高度在200 m及以上的高层商业建筑监理业绩且已竣工。

3.1.3　拟派项目总监理工程师:应具备全国注册监理工程师证书,具备工程类高级职称;作为项目总监承担过1个建筑高度在200 m及以上且已经竣工投入使用的高层商业建筑监理业绩。

4. 招标文件的获取

4.1　本工程不需报名,凡有意参加投标者,可于2015年3月1日起直接在重庆市工程建设招标投标交易信息网下载招标文件、图纸等相关资料。请各投标人在开标前应随时关注本招标项目的答疑、补遗等相关资料,不管投标人是否已下载本次招标项目的相关资料,招标人都视为投标人已收到本次招标文件的全部内容,由此产生的一切后果均由投标人自行负责。

4.2　投标人在递交投标文件时需向招标代理机构缴纳招标文件资料费500.00元/套,售后不退。不交纳此费者视为投标人不响应招标文件要求而被拒绝投标。

续表

5.投标文件的递交

投标文件递交截止时间和地点详见招标文件,逾期送达的或者未送达指定地点的投标文件,招标人不予受理。

6.发布公告的媒介

本次招标公告同时在重庆市招标投标综合网、重庆市工程建设招标投标交易信息网上发布。

7.联系方式

招标人:重庆某集团有限公司　　　　　　招标代理机构:重庆某招标代理有限公司

地址:　　　　　　　　　　　　　　　　地址:

联系人:　　　　　　　　　　　　　　　联系人:

电话:　　　　　　　　　　　　　　　　电话:

2)投标人须知

投标人须知是招标文件的核心内容,是投标人编制投标文件的依据,包含投标人须知前附表和投标人须知两部分内容。

(1)投标人须知前附表(表2.2)

表2.2　投标人须知前附表

条款号	条款名称	编列内容
1.1.2	招标人	与招标公告一致
1.1.3	招标代理机构	与招标公告一致
1.1.4	项目名称	与招标公告一致
1.1.5	建设地点	与招标公告一致
1.2.1	资金来源	与招标公告一致
1.2.2	出资比例	与招标公告一致
1.2.3	资金落实情况	与招标公告一致
1.3.1	招标范围	与招标公告一致
1.3.2	监理服务期	与招标公告一致
1.3.3	监理目标	1.质量控制目标:工程验收一次性合格 2.投资控制目标:按工程合同价格进行控制 3.进度控制目标:督促施工单位采用合理的施工工艺和工序按期完工 4.安全文明施工控制目标:无重大安全责任事故,争取创市级文明施工工地
1.3.4	质量要求	达到国家现行质量验收规范要求,并一次验收合格
1.4.1	投标人资质条件	本工程监理招标实行资格后审,投标人应符合下列条件要求: 1.企业资质及要求 (1)投标申请人必须是具有独立法人资格的监理单位,其营业范围与本招标监理项目相适应 (2)投标申请人需具备国家住建部颁发的综合监理资质或房屋建筑工程监理甲级资质

续表

条款号	条款名称	编列内容
1.4.1	投标人资质条件	(3)投标人业绩:承担过1个建筑高度在200 m及以上的高层商业建筑监理业绩且已竣工 2.项目拟派监理人员的资格要求 项目拟派监理人员的资格及人员配备必须符合渝建发【2014】101号文之规定: (1)总监理工程师:应具备全国注册监理工程师证书,具备工程类高级职称,作为项目总监承担过1个建筑高度在200 m及以上且已经竣工投入使用的高层商业建筑监理业绩 (2)专业监理工程师不少于6人:具备国家建设部颁发的注册监理工程师证书,具有中级及以上职称,且为投标单位的在职职工 (3)监理员:不少于3名,监理员具有初级及以上技术职称,具备建设行政主管部门颁发的《重庆市监理员岗位证书》,且为投标单位的在职职工
1.4.2	是否接受联合体投标	本工程不接受联合体投标
1.9.1	踏勘现场	本工程不组织投标人进行现场踏勘
1.10.1	投标预备会	不召开
1.10.2	投标质疑截止时间	2015年3月15日11:00时前在重庆市工程建设招标投标交易信息网上"质疑区"提出质疑,并自行上传
1.10.3	招标补遗、答疑截止时间	2015年3月16日17:00时起在重庆市工程建设招标投标交易信息网上"补遗、答疑区"自主下载
2.1.2	构成招标文件的其他材料	包括对招标文件的澄清或修改
3.1.1	构成投标文件的材料	投标文件由投标函部分、技术部分和资格审查部分(含商务部分)组成
3.2	投标报价	1.本项目工程费约3.85亿元,其监理费用由投标人参照国家发改委、建设部发布的《建设工程监理与相关服务收费管理规定》(发改价格〔2007〕670号),并根据项目情况、投标人自身情况和市场行情自行报价,本项目监理报价方式为总价包干 2.投标人填报的监理费包干价格不得超过招标人给定的最高限价479万元,否则为废标
3.3.1	投标有效期	投标截止日期后90天
3.4.1	投标保证金	一、投标保证金的交纳 1.投标保证金交款形式及要求:由投标单位的基本账户转入市交易中心投标保证金专用账户,在投标文件递交截止时间3小时之前 2.投标保证金的金额:5.0万元整(人民币) 3.投标保证金收款单位: 项目名称:重庆某项目施工监理 项目编码:投标保证金专用账户

续表

条款号	条款名称	编列内容
3.4.1	投标保证金	户名:重庆市工程建设招标投标交易中心 开户行:招商银行重庆分行 投标保证金账号: 4.投标保证金有效期与投标有效期一致 二、投标保证金的退还 发出中标通知书 5 日内退还;中标候选人以外的其他投标人退还投标保证金 招标人和中标人签订合同后 5 日内退还中标人投标保证金
3.7.3	签字或盖章要求	投标文件必须有投标人法定代表人或其授权委托人签字并加盖投标人鲜章,否则视为废标
3.7.4	投标文件份数	正本一份,副本两份;技术部分(监理大纲)一式二份(不分正副本)
3.7.5	装订要求	本工程技术部分(监理大纲)采用暗标评审,应将投标函部分、技术部分、资格审查资料(含商务部分)各自分别装订成册
4.1.1	投标文件的密封	1.投标函部分单独密封在一个袋内,密封后并加盖投标人单位鲜章,在袋上注明投标函部分 2.技术部分(监理大纲),单独密封在一个袋内,密封后不加盖投标人单位任何印章,在袋上注明技术部分 3."投标函部分"和"技术部分"等小袋装入一个投标文件大袋中,密封后并在袋上加盖投标人单位鲜章。若一个投标文件大袋装不下,可采用多个投标文件大袋封装,并按上款要求封装 4.资格后审申请书的内容单独封装(不装进投标文件大袋),密封后并加盖投标人单位鲜章 5.如果没有按上述规定密封和标注,招标人有权拒绝接收该投标文件
4.1.2	封套上写明	
4.2.1	投标截止时间	2015 年 4 月 2 日(北京时间) 10 时 00 分
4.2.2	递交投标文件地点	重庆市工程建设招标投标交易中心接标处
4.2.3	是否退还投标文件	否
5.1	开标时间和地点	开标时间:同投标截止时间 开标地点:重庆市工程建设招标投标交易中心
5.2	开标程序	
6.1.1	评标委员会的组建	由招标人按法律法规和规范性文件依法组建
7.1	是否授权评标委员会确定中标人	否,推荐经评审得分由高到低排名前三名为中标候选人

续表

条款号	条款名称	编列内容
7.3.1	履约担保	履约保证金为中标价5%的现金、转账支票或银行保函,中标人在合同签订前提交招标人

注:当投标人须知前附表与投标人须知不一致时,以投标人须知前附表为准。

投标人须知前附表是对整个招标项目的情况、投标人的条件要求、投标文件编写以及投标注意事项等重点的一个纲领性的东西。投标人对投标人须知前附表应重点关注的是:

①投标人的资质条件要求,这是必须满足的基本条件,否则就无法参与投标。

②投标保证金的缴纳方式和时间的要求。

③投标的截止时间和地点。

④投标报价的计价方式和有效报价的范围。

⑤投标文件的装订要求和密封要求。

⑥投标文件中的证明材料的要求,提供的内容、格式、盖章签字的要求。

如果以上几个方面出了问题,投标文件很可能成废标。

(2)投标人须知(表2.3)

表2.3 投标人须知示例

投标人须知

1.总 则

1.1 项目概况见投标人须知前附表

1.2 资金来源和落实情况见投标人须知前附表

1.3 招标范围、监理服务期和监理目标及监理内容见投标人须知前附表

1.4 投标人资格要求

   1.4.1 投标人应具备承担本项目监理的资质条件、能力和信誉见投标人须知前附表。

   1.4.2 本工程不接受联合体投标。

   1.4.3 投标人不得存在下列情形之一:不得投标。

1.5 费用承担:投标人自动承担本招标活动自身所发生的一切费用

1.6 保 密

1.7 语言文字:使用中文

1.8 计量单位:采用中华人民共和国法定定量单位

1.9 踏勘现场

1.10 投标预备会:不组织召开投标预备会

1.11 偏 离

2.招标文件

2.1 招标文件的组成

   2.1.1 本招标文件包括:

   (1)招标公告;

   (2)投标人须知(含前附表);

   (3)评标程序及评标办法;

   (4)合同条款及格式;

   (5)图纸、技术标准和要求;

   (6)投标文件格式;

续表

(7)投标人须知前附表规定的其他材料

2.1.2　构成招标文件的其他资料:根据本章第1.10款、第2.2款和第2.3款对招标文件所作的澄清、修改,构成招标文件的组成部分。

2.2　招标文件的澄清

2.3　招标文件的修改

3.投标文件

3.1　投标文件的组成

3.1.1　投标文件由投标函部分、技术部分、资格审查部分(含商务部分)组成。

3.1.2　投标函部分主要包括以下内容:

(1)法定代表人身份证明书;

(2)法人授权委托书;

(3)投标报价书;

(4)监理费酬金计算表;

3.1.3　技术部分(监理大纲)采用暗标评审,其内容至少应包括但不限于以下内容:

(1)编制依据;

(2)工程概况;

(3)监理服务范围;

(4)工程项目监理目标;

(5)工程项目监理措施;

(6)工程项目监理组织机构及岗位人员配备;

(7)监理工作制度;

(8)对工程的理解和重难点分析。

3.1.4　资格审查部分(含商务部分)主要包括下列内容:

(1)法人代表授权书;

(2)企业营业执照或法人证书、企业入渝登记备案证(指重庆市以外的投标人)、资质证书副本复印件;

(3)投标人在本工程拟设立的项目监理组织机构;

(4)投标人已完成的与本监理工程同类工程的情况;

(5)投标人正在实施的监理项目情况;

(6)拟派往本工程的监理人员汇总表;

(7)拟派往本工程的监理人员经历表;

(8)监理人员执业资格证书、职称证书复印件;

(9)投标人及拟派往本工程承担监理任务的人员业绩证明材料复印件。

3.2　投标报价

具体要求见投标人须知前附表。

3.3　投标有效期

具体要求见投标人须知前附表。

3.4　投标保证金

具体要求见投标人须知前附表。

3.5　资格审查资料

按投标人须知前附表规定。

3.6　备选投标方案

不采用。

续表

3.7　投标文件的编制
投标文件应按第 7 章"投标文件格式"进行编写。
4.投标
4.1　投标文件的密封和标记
见投标人须知前附表。
4.2　投标文件的递交
见投标人须知前附表。
4.3　投标文件的修改与撤回
在投标人须知前附表 4.2.1 项规定的投标截止时间前,投标人可以修改或撤回已递交的投标文件,但应以书面形式通知招标人。
5.开标
5.1　开标时间和地点
见投标人须知前附表。
5.2　开标程序
按投标人须知前附表 5.2 项执行。
6.评标
6.1　评标委员会
6.2　评标原则
6.3　评标
7.合同授予
7.1　定标方式
7.2　中标通知
7.3　履约担保
7.4　签订合同
8.重新招标和不再招标
8.1　重新招标
8.2　二次招标和不再招标
9.纪律和监督
9.1　对招标人的纪律要求
9.2　对投标人的纪律要求
9.3　对评标委员会成员的纪律要求
9.4　对与评标活动有关的工作人员的纪律要求
9.5　投诉
投标人和其他利害关系人认为本次招标活动违反法律、法规和规章规定的,有权向有关行政监督部门投诉。
10.需要补充的内容

　　投标人须知的内容包括:总则、招标文件、投标文件、投标、开标、评标、合同授予、重新招标和不再招标、纪律和检查、其他补充内容。投标人对投标人须知应重点关注:

　　①投标文件包含的内容和要求,投标函、商务部分、技术部分、资格审查部分的具体内容,提供资料的内容,不要漏项和资料错误。

　　②投标文件的编制格式要求。

　　如果以上要求提供的资料不全或者错误,将导致废标或者该项内容不得分。

3）评标办法

评标办法包含评标办法前附表、评标办法、评审标准、评标的程序等内容。重点是评标办法前附表（表 2.4）的内容，投标人要想中标，必须满足其规定基本要求和尽量满足其得分要求。

表 2.4 评标办法前附表

条款号	评审因素		评审标准
2.1.1	形式评审标准	投标人名称	与营业执照、资质证书一致
		投标函签字盖章	有法定代表人或其委托代理人签字、加盖单位章
		投标文件格式	符合"投标文件格式"的要求,内容齐全,字迹清晰可辨。编制合符规定要求
		报价唯一	只能有一个有效报价
		投标文件的签署	投标文件上的签字符合要求且齐全
		委托代理人	有授权委托书,且符合招标文件规定
2.1.2	资格评审标准	必要合格条件 营业执照	具备有效的营业执照
		必要合格条件 资质等级	符合"投标人须知"第 1.4.1 项规定
		附加合格条件 类似项目业绩	符合"投标人须知"第 1.4.1 项规定
		附加合格条件 项目总监资格	符合"投标人须知"第 1.4.1 项规定
		其他要求	符合"投标人须知"第 1.4.1 项规定
2.1.3	响应性评审标准	投标内容	符合"投标人须知"第 1.3.1 项规定
		监理服务工期	符合"投标人须知"第 1.3.2 项规定
		质量要求	符合"投标人须知"第 1.3.3 项规定
		投标有效期	符合"投标人须知"第 3.3.1 项规定
		投标保证金	符合"投标人须知前附表"第 3.4.1 项规定
		权利义务	符合"合同条款及格式"规定,投标文件不应附有招标人不能接受的条件
		技术标准和要求	符合"技术标准和要求"规定,且投标文件中载明的主要监理技术和方法及服务质量检验标准符合国家规范、规程和强制性标准
		实质性要求	符合招标文件中规定的其他实质性要求
2.2.1	分值构成 （总分 100 分）		1.投标报价:30 分 2.商务部分:35 分 3.监理大纲:35 分
2.2.2	评标基准价计算方法	投标总报价	评标基准价按投标人须知前附表中的规定执行,即 479 万元
2.2.3	投标总报价的偏差率计算公式		无
3	评标程序		1.按评标办法第 3.1 款进行初步评审 2.按评标办法 3.2 款规定的程序对初步评审合格的投标文进行评审,确定得分最高的前三名投标人为中标候选人 3.如通过评审,有效投标不足 3 家时,评标委员会可以否决全部投标

续表

条款号		评审因素	评审标准
3.2.1(1)	投标报价得分（A）满分30分	投标总报价	监理投标报价不高于最高限价为有效报价，投标报价等于评标基准价得20分，投标报价与评标基准价相比，每降低1%得1分，最多得10分
3.2.1(2)	商务部分得分（B）满分35分	企业业绩及获奖情况（10分）	投标人在满足资格审查要求的基础上，每增加1个建筑高度在200 m及以上且已竣工投入使用的商业高层建筑监理业绩得4分，此项最多得4分；企业承担的项目获得过国家级建设类奖项的1个得2分，此项最多得6分
		总监业绩及资历要求（10分）	拟投入本项目的总监理工程师除具备全国注册监理工程师证书和高级职称外，还具备一个其他国家级注册资格的得3分，最高得3分；获得过全国优秀监理工程师或全国优秀总监称号的得4分；作为总监监理过的项目获得过国家级建设奖项的得3分
		其他人员组成（15分）	专业监理工程师具备全国注册监理工程师证书的，每名/专业可得3分，最多得15分
		所有的证明材料均要提供复印件加盖公章，原件查验，未提供原件的不得分	
3.2.1(3)	监理大纲（C）满分35分	监理大纲内容齐全（1分）	描述全面，各措施操作性强且有针对性
		监理组织机构和岗位职责（2分）	项目监理组织机构形式符合工程特点、监理人员岗位职责明确、职能划分和专业分工符合工程特点
		原材料、构配件质量监控措施（3分）	原材料手段及监控措施得当，并有针对性与可操作性
		质量控制（3分）	质量控制体系完善、措施合理、重点突出；质量控制手段、方法和程序正确，有明确控制点
		投资控制（3分）	投资控制目标明确、依据合理、内容齐全；投资控制方法和程序正确并有针对性
		进度控制（3分）	进度控制目标明确、内容齐全；进度控制方法和程序正确并有针对性
		安全文明控制（3分）	安全目标明确、内容齐全；安全控制方法和程序正确并有针对性；安全措施手段先进、合理
		合同管理（2分）	管理措施是否合理可行
		信息管理（1分）	组织协调方法是否得当

续表

条款号	评审因素		评审标准
3.2.1(3)	监理大纲(C)满分35分	环保措施(1分)	控制措施针对性强,明确合理
		工程重难点分析和合理化建议(13分)	能准确把握本项目的重难点;针对本项目提出合理化建议的可行性
3.2.3	投标人得分	投标人得分＝A+B+C	

4)合同条款格式

合同条款格式分为合同协议书、合同标准条件、专用条件三部分,重点是合同专用条件的设定。

5)图纸

招投标中涉及的工程相关图纸。

6)投标文件格式

不同项目的监理招标文件要求的文件格式不一样,但都大同小异。

2.2.4　建设工程监理开标、评标、定标

1)开标

(1)开标时间和地点

招标人在投标人须知前附表规定的投标截止时间(开标时间)和规定的地点公开开标。在招标文件要求递交投标文件的截止时间后送达的投标文件,招标人应当拒收。

参加开标会议的投标人的法定代表人或其授权的代理人应当随身携带本人身份证(原件),授权的代理人还应当随身携带法定代表人授权书(原件),以备核验其合法身份。参加开标会议的授权代理人未携带法定代表人授权书(原件)的或提供的授权委托书不符合招标文件规定的,招标人将退还其投标文件。投标人未派代表参加开标会议的,其投标文件的有效性不受影响,并视同对整个开标过程认可;否则,将视为投标单位自动弃权。

投标人法定代表人或授权代理人在评标过程中应保证评标委员会随时质询。若投标人法定代表人或授权人因故不能接受质询,其投标文件仍有效,但应视为投标人已默认评标委员会对缺席的质询所作出的结论。

(2)开标程序

开标会议由招标人或者招标代理人主持,开标应当按下列程序进行:

①宣布开标纪律;

②宣布开标人、唱标人、记录人、监标人等有关人员姓名;

③公布在投标截止时间前递交投标文件的投标人名称,并点名确认投标人是否派人到场;

④核验参加开标会议的投标人的法定代表人或委托代理人本人身份证(原件),核验被授权代理人的授权委托书(原件),以确认其身份是否合法有效;

⑤展示投标保证金缴纳情况,未在规定时间将投标保证金打入指定账户的,当场退还其投标文件;

⑥密封情况检查:投标人或者其推选的代表检查投标文件的密封情况并确认;

⑦设有最高限价或者标底的,公布最高限价或者标底;

⑧开启投标文件顺序:随机开启;

⑨按照宣布的开标顺序当众开标,开启投标文件大袋及投标函部分等小袋,公布投标人名称、标段名称、投标报价、质量目标、工期及其他内容并记录在案;

⑩投标人代表、招标人代表、监标人、记录人等有关人员在开标记录上签字确认;

⑪开标结束。

(3)开标的主要注意事项

①开标过程应当由记录人作好记录,并存档备查;

②投标人少于3个的,不得开标,招标人应当重新招标;

③投标人对开标有异议的,应当在开标现场提出,招标人应当当场作出答复,并做好记录。

2)评标

(1)评标委员会

评标由招标人依法组建的评标委员会负责。评标委员会由有关技术、经济等方面的专家组成。评标委员会成员人数不少于5人,而且是单数,其中技术、经济等方面的专家不得少于成员总数的三分之二。专家应从专家库中随机抽取。

(2)评标原则

评标活动遵循公平、公正、科学和择优的原则。

(3)评标

评标委员会按照投标人须知中的"评标办法"规定的方法、评审因素、标准和程序对投标文件进行评审。

有下列情形之一的,应作废标处理:

①投标文件未经投标单位盖章和单位负责人签字;

②投标联合体没有提交共同投标协议书;

③投标人不符合国家或者招标文件规定的资格条件;

④同一投标人提交两个以上不同的投标文件或者投标报价,但招标文件要求提交备选投标的除外;

⑤投标报价低于成本或者高于招标文件设定的最高投标限价;

⑥投标文件没有对招标文件的实质性要求和条件作出响应;

⑦投标人有串通投标、弄虚作假、行贿等违法行为。

(4)评标报告

评标完成后,评标委员会应当向招标人提交书面评标报告和中标候选人名单及排序。

中标候选人应当不超过 3 个。

评标报告应当由评标委员会全体成员签字。如有评标委员对评标结果有不同意见的，评标委员应当以书面形式说明其不同意见和理由，评标报告应注明该不同意见。

3）定标

招标人根据评标委员会提出的书面评标报告和推荐的中标候选人及排序确定中标人，招标人不得在评标委员会推荐的中标候选人以外确定中标人。招标人应当自收到评标报告之日起 3 日内公示中标候选人，公示期不得少于 3 日。

投标人对评标结果有异议的，应当在中标候选人公示期间提出，招标人应当自收到异议之日起 3 日内作出答复。

招标人应当自确定中标人之日起 15 日内，向有关行政监督部门提交招标投标情况的书面报告。

招标人和中标人应当自中标通知书发出之日起 30 日内，按照招标文件和中标人的投标文件订立书面合同。

2.3　建设工程监理投标

2.3.1　投标前的准备

①投标人及其资格要求：

a. 投标人资质不能低于招标文件要求的资质条件；

b. 投标人能对招标人在招标文件中提出的实质性要求和条件作出积极的响应。

任何不具备独立法人资格的附属机构（单位），或者为招标项目的前期准备或者监理工作提供设计、咨询服务的任何人及其任何附属机构（单位），都无资格参加该招标项目的投标。

②调查研究，收集投标信息和资料。

③建立投标机构。

④投标决策。

⑤准备相关的资料。

2.3.2　投标文件的内容及编制

1）监理投标文件的编制原则

①投标人领取招标文件、图纸和有关技术资料后，应仔细阅读"投标须知"。投标须知是投标人投标时应注意和遵守的事项。

认真阅读合同条件、规定格式、技术规范、工程量清单和图纸。如发现项目或数量有误时，应在收到招标文件 7 日内以书面形式向招标人提出。投标人的投标文件不符合招标文件的要求或者实质上不响应招标文件要求的投标文件，将被拒绝。

组织投标班子,确定参加投标文件编制人员;为编制好投标文件和制定投标报价,应收集现行定额标准、取费标准及各类标准图集;收集掌握有关法律、法规文件以及资料和设备价格情况。

②投标文件应按招标文件中"投标文件格式"规定的格式进行编写,如有必要,可以增加附页,作为投标文件的组成部分。

③投标文件应当对招标文件有关监理期限、投标有效期、监理内容、监理目标、监理工作内容、监理招标范围等实质性内容作出响应。

④投标文件应用不褪色的材料书写或打印,并由投标人的法定代表人或其委托代理人签字,并加盖投标人法人章。委托代理人签字的,投标文件应附法定代表人签署的授权委托书。

投标文件应尽量避免涂改、行间插字或删除。如果出现上述情况,改动之处应加盖单位章或由投标人的法定代表人或其授权的代理人签字确认。

⑤投标文件份数应满足招标文件的要求。投标文件编制完成后应仔细整理、核对,按招标文件的规定进行密封和标志,并提供足够份数的投标文件副本。投标人按招标文件所提供的表格格式,编制一份投标文件"正本"和招标文件中规定份数的"副本",并由投标人法定代表人签署并加盖法人单位公章和法定代表人印章。

⑥投标文件应分别装订成册,具体装订要求见投标人须知前附表规定。

2)投标文件的内容

投标人应按照招标文件的要求编制投标文件,必须对招标文件提出的实质性要求和条件作出响应,否则将视为废标。同一招标项目投标人只编写一个投标方案。如招标文件允许投标人提供备选标的,投标人可以按照招标文件的要求提交替代方案,并作出相应报价作备选标。投标文件由投标函部分、商务部分和技术部分(监理大纲)等三部分组成。

(1)投标函部分

投标函部分应包括法定代表人身份证明及授权委托书、招标文件确认书、投标函三部分内容。

(2)商务部分

商务部分(包括资格审查资料)是反映企业的资质条件、经营能力、技术力量以及拟派项目人员的能力和经验;主要由企业的基本信息、企业的资信、企业承担与本项目类似的业绩汇总表及证明材料、拟派项目总监的业绩证明材料、拟派项目人员统计表和人员经验表等组成。

①企业的基本信息。企业基本信息包含企业情况一览表、营业执照副本、资质证书副本、税务登记证、组织机构代码、开户许可等。如果投标人是外地企业的,投标人还得提供备案证。投标文件中企业证照使用复印件,加盖投标人单位鲜章,投标时应带原件备查。

②企业的资信。企业的资信是指企业的管理各种认证体系、企业的获奖情况、企业所监理的工程项目的获奖情况、企业的诚信等级等。

③近年来企业承担与招标项目类似的业绩汇总表及证明材料。证明材料在投标文件中

使用复印件或者扫描后打印,投标时带原件备查。

④拟派总监的业绩证明材料。证明材料是用来反映拟派总监的专业、职业资格、技术能力、工作经验的,包括总监的相关证件、曾经做过的与招标项目相当工程业绩材料。总监相关证书和业绩证明材料在投标文件中使用复印件或者扫描后打印,投标时带原件备查。

⑤拟派监理人员汇总表及人员经验表。拟担任职务是指总监、总监代表、专业监理工程师(带专业)、监理员、资料员等;汇总表后应附人员相关证件(学历、技术职称、执业资格证、身份证)的复印件或者扫描后打印,并加盖投标人公章,投标时带上原件备查。每个人员经验表均应加盖投标人的公章。

(3)技术部分(监理大纲)

监理大纲一般应包括以下几个部分:编制依据,工程概况,项目监理组织机构,项目监理工作制度、程序,质量控制的方法、措施,进度控制方法、措施,造价控制方法、措施,安全文明施工及施工环境保护的控制措施,合同、信息管理,工程协调,对招标项目工程的重点、难点分析和针对重点难点的措施,对招标项目工程的合理化建议。

2.3.3　投标文件的审查

1)投标函的审查

(1)格式审查

格式审查是审查文件格式是否与投标文件提供的一样,包括文件的先后顺序是否正确,附件是否完整,页码的编号是否连续,纸张大小、页边距、字体字号等是否与招标文件要求一致。

(2)报价的审查

审查报价大小写是否一致,小写的小数点是否正确,报价计算是否正确,是不是按招标的计算的依据进行的。

(3)签字、盖章审查

主要是审查签字、盖章是否齐全,同一人的签字是否一致。

2)商务部分的审查

①按照招标文件要求公司证件、总监证件、人员证件是否齐全。

②审查每个证件的完善性和有效性,特别是有变更的变更页和有续期的续期页是否完整;证件的复印件字迹是否清晰。

③按照招标文件要求的业绩资料的项数是否齐全;业绩工程的工程类型、工程规模满足要求;对同一内容,不同资料的描述是否一致;复印件字迹是否清晰。

④总监的业绩资料是否真实,不同资料上的签字是否一致;资料复印件字迹是否清晰。

⑤拟派项目监理人员的人数是否不低于招标文件要求,人员的专业是否满足要求,证明人员专业的证件是否有效。

⑥编码是否连续,中间是否夹有空白页。

⑦所有的复印件是否加盖公司法人公章,签字是否完善。

3）技术标（监理大纲）的审查

①按照招标文件的评分标准和监理大纲的基本格式审查监理大纲内容是否齐全,有没有漏项的。

②编制的依据中是否有过时的规范。

③项目监理机构人员配置是否完整;专业是否配套;人数是否少于招标的最低要求;人员岗位职责是否完整;项目监理的工作制度是否齐全。

④质量、造价、进度、安全文明施工及环境保护、合同、信息管理的控制措施是否完整,方法、措施是否合理、有效。

⑤工程难点、重点分析是否清楚;结论是否合理,针对重点、难点的监理措施是否有针对性、科学性和有效。

⑥监理的工作程序是否完善,每个程序是不是有效而且可操作。

⑦检查标书的编制格式是否符合要求,包括纸张的大小、文字的字体字号、页码的编号;目录与正文的对应等。

⑧检查有没有空白页、倒置页;检查有没有纸张有褶皱的;检查有没有打印不清晰的。

2.3.4 投标文件的装订、密封、递交

1）投标文件的装订

投标文件应按照招标文件要求的份数和装订方式装订成册。不论使用任何方式进行装订,必须保证投标书装订牢固。招标人对由于投标文件装订松散而造成的丢失或其他后果不承担任何责任。

（1）投标函和商务部分的装订

投标函和商务部分因是明标,其装订要求比较简单,只要按照招标的装订方式装订成册,牢固即可。

（2）技术部分（监理大纲）装订

工程技术部分《监理大纲》通常采用暗标评审,装订好后,扉页及整个《监理大纲》（含电子光盘封面及内容）均不得显示与投标人企业有关的任何信息。

2）投标文件的递交

①投标文件应当在招标文件要求提交投标文件的截止时间之前,将投标文件密封送达投标地点。招标人收到招标文件后,应当向投标人出具标明签收人和签收时间的凭证,在开标前任何单位和个人不得开启投标文件。在招标文件要求提交投标文件的截止时间后送达的投标文件,为无效的投标文件,招标人应当拒收。

②投标人在招标文件要求提交投标文件的截止时间前,可以补充、修改、替代或者撤回已提交的投标文件,并书面通知招标人。补充、修改的内容为投标文件的组成部分。

③在提交投标文件截止时间后到招标文件规定的投标有效期终止前,投标人不得补充、修改、替代或者撤回其投标文件。投标人补充、修改、替代投标文件的,招标人不予接受;投标人撤回投标文件的,其投标保证金将被没收。

2.3.5 投标有效期和投标保证金

1）投标有效期

①在投标人须知前附表规定的投标有效期内,投标人不得要求撤销或修改其投标文件。

②出现特殊情况需要延长投标有效期的,招标人以书面形式通知所有投标人延长投标有效期。投标人同意延长的,不得要求或被允许修改或撤销其投标文件;投标人拒绝延长的,其投标失效。

2）投标保证金

（1）投标保证金的递交

投标人在递交投标文件前,应按投标人须知前附表规定的金额、担保形式递交投标保证金。投标人没按投标文件要求的时间、金额、形式提交投标保证金的,其投标文件将被拒绝。

（2）投标保证金的退还

①招标人发出中标通知书后5日内,开标所在的交易中心向未列入中标候选人的投标人退还投标保证金及利息。

②招标人与中标人签订合同后5日内,向中标人和其他中标候选人退还投标保证金及利息。

（3）投标保证金的没收

有下列情形之一的,投标保证金将不予退还:

①在投标文件有效期内撤销或修改其投标文件;

②中标人在收到中标通知书后,无正当理由拒签合同协议书或未按招标文件规定提交担保。

复习思考题

1. 招标、投标的概念是什么?

2. 招标的方式有哪些以及它们的特点是什么?

3. 哪些工程必须招标? 它们的规模标准是怎样的?

4. 简述招投标的工作流程。

5. 建设工程监理招标文件包含的内容有哪些?

6. 评标委员会的组成有哪些要求?

7. 哪种情况下的投标文件将被视为废标?

8. 建设工程监理投标文件的主要内容包括哪些?

9. 建设工程监理投标文件的审查要点有哪些?

第3章
建设工程质量控制

本章导读

- **学习目标** 了解建设工程质量和建设工程质量控制;掌握建设工程施工准备阶段和施工阶段质量控制的常用措施、方法和手段,能够在工程实践中准确运用这些方法有效控制工程质量、提高项目监理机构监理工作水平。
- **本章重点** 工程质量控制的主要依据及工作程序;建筑工程材料质量控制;建设工程施工质量验收和建设工程质量缺陷及事故处理。
- **本章难点** 工程质量形成过程与影响因素;建筑工程材料进场前的质量控制;隐蔽工程检查与验收;涉及结构安全的试块、试件以及有关材料的见证取样检测,涉及结构安全和使用功能的重要分部工程抽样检测。

3.1 建设工程质量及其控制

3.1.1 建设工程质量

1)建设工程质量的定义

建设工程质量简称工程质量,是指建设工程满足相关标准规定和合同约定要求的程度,包括其在安全、使用功能及其在耐久性能、节能与环境保护等方面所有明示和隐含的固有特性。建设工程作为一种特殊的产品,其质量的特性主要表现在以下方面:

①适用性,即功能,是指工程满足使用目的的各种性能。包括:理化性能,如尺寸、规格、保温、隔热、隔声等物理性能,耐酸、耐碱、耐腐蚀、防火、防风化、防尘等化学性能;结构性能,

指地基基础牢固程度,结构的足够强度、刚度和稳定性;使用性能,如民用住宅工程要能使居住者安居,工业厂房要能满足生产活动需要,道路、桥梁、铁路、航道要能通达便捷等,建设工程的组成部件、配件、水、暖、电、卫器具、设备也要能满足其使用功能;外观性能,指建筑物的造型、布置、室内装饰效果、色彩等美观大方、协调等。

②耐久性,即寿命,是指工程在规定的条件下,满足规定功能要求使用的年限,也就是工程竣工后的合理使用寿命期。由于建筑物本身结构类型不同、质量要求不同、施工方法不同、使用性能不同的个性特点,目前国家对建设工程的合理使用寿命期还缺乏统一规定,仅在少数技术标准中提出了明确要求。如民用建筑主体结构耐用年限分为四级(15～30 年,30～50 年,50～100 年,100 年以上),公路工程设计年限一般按等级控制在 10～20 年。城市道路工程设计年限,视不同道路构成和所用的材料,设计的使用年限也有所不同。对工程组成部件(如塑料管道、屋面防水、卫生洁具、电梯等),也视生产厂家设计的产品性质及工程的合理使用寿命期而规定不同的耐用年限。

③安全性,是指工程建成后在使用过程中保证结构安全、保证人身和环境免受危害的程度。建设工程产品的结构安全度、抗震、耐火及防火能力,人民防空设施的抗辐射、抗核污染、抗冲击波等能力是否能达到特定的要求,都是安全性的重要标志。工程交付使用之后,必须保证人身财产、工程整体都有能免遭工程结构破坏及外来危害的伤害。工程组成部件,如阳台栏杆、楼梯扶手、电器产品漏电保护、电梯及各类设备等,要保证使用者的安全。

④可靠性,是指工程在规定的时间和规定的条件下完成规定功能的能力。工程不仅要求在交工验收时要达到规定的指标,而且在一定的使用时期内要保持应有的正常功能。如工程上的防洪与抗震能力、防水隔熟、恒温恒湿措施、工业生产用的管道防"跑、冒,滴、漏"等,都属可靠性的质量范畴。

⑤经济性,是指工程从规划、勘察、设计、施工到整个产品使用寿命周期内的成本和消耗的费用。工程经济性具体表现为设计成本、施工成本、使用成本三者之和。包括从征地、拆迁、勘察、设计、采购(材料、设备)、施工、配套设施等建设全过程的总投资和工程使用阶段的能耗、水耗、维护、保养乃至改建更新的使用维修费用。通过分析比较,判断工程是否符合经济性要求。

⑥节能性,是指工程在设计与建造过程及使用过程中满足节能减排、降低能耗的标准和有关要求的程度。

⑦与环境的协调性,是指工程与其周围生态环境协调,与所在地区经济环境协调以及与周围已建工程相协调,以适应可持续发展的要求。

上述 7 个方面的质量特性彼此之间是相互依存的。总体而言,适用、耐久、安全、可靠、经济、节能与环境适应性,都是必须达到的基本要求,缺一不可。但是对于不同门类不同专业的工程,如工业建筑、民用建筑、公共建筑、住宅建筑、道路建筑,可根据其所处的特定地域环境条件、技术经济条件的差异,有不同的侧重面。

2)工程质量形成过程与影响因素

(1)工程建设各阶段对质量形成的作用与影响

①项目可行性研究阶段。项目可行性研究是在项目建议书和项目策划的基础上,运用

经济学原理对投资项目的有关技术、经济、社会、环境及所有方面进行调查研究,对各种可能的拟建方案和建成投产后的经济效益、社会效益和环境效益等进行技术经济分析、预测和论证,确定项目建设的可行性,并在可行的情况下,通过多方案比较从中选择出最佳建设方案,作为项目决策和设计的依据。在此过程中,需要确定工程项目的质量要求,并与投资目标相协调。因此,项目的可行性研究直接影响项目的决策质量和设计质量。

②项目决策阶段。项目决策阶段是通过项目可行性研究和项目评估,对项目的建设方案作出决策,使项目的建设充分反映业主的意愿,并与地区环境相适应,做到投资、质量、进度三者协调统一。所以,项目决策阶段对工程质量的影响主要是确定工程项目应达到的质量目标和水平。

③工程勘察、设计阶段。工程的地质勘察是为建设场地的选择和工程的设计与施工提供地质资料依据。而工程设计是根据建设项目总体需求(包括已确定的质量目标和水平)和地质勘察报告,对工程外形和内在的实体进行筹划、研究、构思、设计和描绘,形成设计说明书和图纸等相关文件,使得质量目标和水平具体化,为施工提供直接依据。

工程设计质量是决定工程质量的关键环节。工程采用什么样的平面布置和空间形式,选用什么样的结构类型,使用什么样的材料、构配件及设备等,都直接关系到工程主体结构的安全可靠,关系到建设投资的综合功能是否充分体现规划意图。在一定程度上,设计的完美性也反映了一个国家的科技水平和文化水平。设计的严密性、合理性也决定了工程建设的成败,是建设工程的安全、适用、经济与环境保护等措施得以实现的保证。

④工程施工阶段。工程施工是指按照设计图纸和相关文件的要求,在建设场地上将设计意图进行测量、作业、检验,形成工程实体建成最终产品的活动。任何优秀的设计成果,只有通过施工才能变为现实。因此工程施工活动决定了设计意图能否体现,直接关系到工程的安全可靠、使用功能的保证,以及外表观感能否体现建筑设计的艺术水平。在一定程度上,工程施工是形成实体质量的决定性环节。

⑤工程竣工验收阶段。工程竣工验收就是对工程施工质量通过检查评定、试车运转,考核施工质量是否达到设计要求;是否符合决策阶段确定的质量目标和水平,并通过验收确保工程项目质量。所以工程竣工验收对质量的影响是保证最终产品的质量。

(2)影响工程质量的因素

影响工程的因素很多,但归纳起来主要有 5 个方面,即人(Man)、材料(Material)、机械(Machine)、方法(Method)和环境(Environment),简称 4M1E。

①人员素质。人是生产经营活动的主体,也是工程项目建设的决策者、管理者、操作者。工程建设的规划、决策、勘察、设计、施工与竣工验收等全过程,都是通过人的工作来完成的。人员的素质,即人的文化水平、技术水平、决策能力、管理能力、组织能力、作业能力、控制能力、身体素质及职业道德等,都将直接和间接地对规划、决策、勘察、设计和施工的质量产生影响,而规划是否合理、决策是否正确、设计是否符合所需要的质量功能,施工能否满足合同、规范、技术标准的需要等,都将对工程质量产生不同程度的影响。人员素质是影响工程质量的一个重要因素。因此,建筑行业实行资质管理和各类专业从业人员持证上岗制度是保证人员素质的重要管理措施。

②工程材料。工程材料是指构成工程实体的各类建筑材料、构配件、半成品等,它是工程建设的物质条件,是工程质量的基础。工程材料选用是否合理、产品是否合格、材质是否经过检验、保管使用是否得当等,都将直接影响建设工程的结构刚度和强度,影响工程外表及观感,影响工程的使用功能,影响工程的使用安全。

③机械设备。机械设备可分为两类:一类是指组成工程实体及配套的工艺设备和各类机具,如电梯、泵机、通风设备等,它们构成了建筑设备安装工程或工业设备安装工程,形成完整的使用功能。另一类是指施工过程中使用的各类机具设备,包括大型垂直与横向运输设备、各类操作工具、各种施工安全设施、各类测量仪器和计量器具等,简称施工机具设备,它们是施工生产的手段。施工机具设备对工程质量也有重要的影响。工程所用机具设备,其产品质量优劣直接影响工程使用功能质量。施工机具设备的类型是否符合工程施工特点,性能是否先进稳定,操作是否方便安全等,都将会影响工程项目的质量。

④方法。方法是指工艺方法、操作方法和施工方案。在工程施工中,施工方案是否合理,施工工艺是否先进,施工操作是否正确,都将对工程质量产生重大的影响。采用新技术、新工艺、新方法,不断提高工艺技术水平,是保证工程质量稳定提高的重要因素。

⑤环境条件。环境条件是指对工程质量特性起重要作用的环境因素,包括工程技术环境,如工程地质、水文、气象等;工程作业环境,如施工环境作业面大小、防护设施、通风照明和通信条件等;工程管理环境,主要指工程实施的合同环境与管理关系的确定,组织体制及管理制度等;周边环境,如工程邻近的地下管线、建(构)筑物等。环境条件往往对工程质量产生特定的影响。加强环境管理,改进作业条件,把握好技术环境,辅以必要的措施,是控制环境对质量影响的重要保证。

3)工程质量的特点

建设工程质量的特点是由建设工程本身和建设生产的特点决定的。建设工程(产品)及其生产的特点:一是产品的固定性,生产的流动性;二是产品多样性,生产的单件性;三是产品形体庞大、高投入、生产周期长、具有风险性;四是产品的社会性,生产的外部约束性。正是由于上述建设工程的特点而形成了工程质量本身的以下特点:

(1)影响因素多

建设工程质量受到多种因素的影响,如决策、设计、材料、机具设备、施工方法、施工工艺、技术措施、人员素质、工期、工程造价等,这些因素直接或间接地影响工程项目质量。

(2)质量波动大

由于建筑生产的单件性、场地的流动性和生产环境的多变性,导致了工程质量容易产生波动且波动幅度大。同时由于影响工程质量的偶然性因素和系统性因素比较多,其中任一因素发生变动,都会使工程质量产生波动。如材料规格品种使用错误、施工方法不当、操作未按规程进行、机械设备过度磨损或出现故障、设计计算失误等,都会发生质量波动,产生系统因素的质量变异,造成工程质量事故。为此,要严防出现系统性因素的质量变异,要把质量波动控制在偶然性因素范围内。

(3)质量隐蔽性

建设工程在施工过程中,分项工程交接多、中间产品多、隐蔽工程多,因此质量存在隐蔽性。若在施工中不及时进行质量检查,事后只能从表面上检查,就很难发现内在的质量问题,这样就容易形成错误判断,即将不合格品误认为合格品。

(4)终检的局限性

工程项目建成后不可能像一般工业产品那样依靠终检来判断产品质量,或将产品拆卸、解体来检查其内在质量,或对不合格零部件进行更换。而工程项目的终检(竣工验收)无法进行工程内在质量的检验,发现隐蔽的质量缺陷。因此,工程项目的终检存在一定的局限性。这就要求工程质量控制应以预防为主,防患于未然。

(5)评价方法的特殊性

工程质量的检查评定及验收是按检验批、分项工程、分部工程、单位工程进行的。检验批的质量是分项工程乃至整个工程质量检验的基础,检验批合格质量主要取决于主控项目和一般项目检验的结果。隐蔽工程在隐蔽前要检查合格后验收,涉及结构安全的试块、试件以及有关材料,应按规定进行见证取样检测,涉及结构安全和使用功能的重要分部工程要进行抽样检测。工程质量是在施工单位按合格质量标准自行检查评定的基础上,由项目监理机构组织有关单位、人员进行检验确认验收。这种评价方法体现了"验评分离、强化验收、完善手段、过程控制"的指导思想。

3.1.2 工程质量控制

1)工程质量控制的概念

工程质量控制是指为保证建设工程达到合同约定和相关标准规定要求的质量标准而采取的一系列作业技术和活动。

质量控制的作业技术和活动应贯穿于质量形成的全过程、各环节,要排除这些环节的技术、活动偏离有关规范的现象,使其恢复正常,达到控制的目的。这些活动包括:确定控制对象,例如一道工序、设计过程、制造过程等;规定控制标准,详细说明控制对象应达到的质量要求,工程质量应用定性或定量的规范表示,以便质量控制的执行和检查;制订具体的控制方法,例如工艺规程;明确所采用的检验方法,包括检验手段;实际进行检验;说明实际与标准之间有差异的原因;为了解决差异而采取的行动。

2)工程质量控制的原理

(1)PDCA 循环原理

PDCA 循环是人们在管理实践中形成的基本理论方法。从实践论的角度看,管理就是确定任务目标,并按照 PDCA 循环原理来实现预期目标。由此可见 PDCA 是目标控制的基本方法。

①计划 P(Plan)。质量控制的计划阶段的主要任务是明确目标并制订实现目标的行动方案。在建设工程项目的实施中,"计划"是指各相关主体根据其任务目标和责任范围,确定质量控制的组织制度、工作程序、技术方法、业务流程、资源配置、检验试验要求、质量记录方式、不合格处理、管理措施等具体内容和做法的文件,"计划"还需对其实现预期目标的可行性、有效性、经济合理性进行分析论证,按照规定的程序与权限审批执行。

②实施 D(Do)。实施阶段包含两个环节,即计划行动方案的交底和按计划规定的方法与要求展开工程作业技术活动。计划交底目的在于使具体的作业者和管理者,明确计划的

意图和要求,掌握标准,从而规范行为,全面地执行计划的行动方案,步调一致地去努力实现预期的目标。

③检查 C(Check)。对计划实施过程进行各种检查,包括作业者的自检、互检和专职管理者专检。各类检查都包含两大方面:一是检查是否严格执行了计划的行动方案,实际条件是否发生了变化,不执行计划的原因;二是检查计划执行的结果,即产出的质量是否达到标准的要求,对此进行确认和评价。

④处置 A(Action)。对于质量检查所发现的质量问题,及时进行原因分析,采取必要的措施,予以纠正,保持质量形成的受控状态。处置分纠偏和预防两个步骤。前者是采取应急措施,解决当前的质量问题;后者是信息反馈管理部门,反思问题症结或计划时的不周,为今后类似问题的质量预防提供借鉴。

(2)三阶段控制原理

三阶段控制就是通常所说的事前控制、事中控制和事后控制。这三阶段控制构成了质量控制的系统过程。

①事前控制。事前控制要求预先进行周密的质量计划。尤其是工程项目施工阶段,制订质量计划或编制施工组织设计或施工项目管理实施规划(目前这三种计划方式基本上并用),都必须建立在切实可行、有效实现预期质量目标的基础上,作为一种行动方案进行施工部署。目前,有些施工企业尤其是一些资质较低的企业,在承建中小型的一般工程项目时,往往把施工项目经理责任制曲解成"以包代管"的模式,忽略了技术质量管理的系统控制,失去企业整体技术和管理经验对项目施工计划的指导和支撑作用,这将造成质量预控的先天性缺陷。事前控制,其内涵包括两层意思,一是强调质量目标的计划预控,二是按质量计划进行质量活动前的准备工作状态的控制。

②事中控制。事中控制首先是对质量活动的行为约束,即对质量产生过程各项技术作业活动操作者在相关制度的管理下的自我行为约束的同时,充分发挥其技术能力,去完成预定质量目标的作业任务;其次是对质量活动过程和结果,来自他人的监督控制,这里包括来自企业内部管理者的检查检验和来自企业外部的工程监理和政府质量监督部门等的监控。事中控制虽然包含自控和监控两大环节,但其关键还是增强质量意识,操作者自我约束、自我控制,即坚持质量标准是根本的,监控或他人控制是必要的补充,没有前者或用后者取代前者都是不正确的。因此在企业组织的质量活动中,通过监督机制和激励机制相结合的管理方法,来发挥操作者更好的自我控制能力,以达到质量控制的效果,是非常必要的。这也只有通过建立和实施质量体系来达到。

③事后控制。事后控制包括对质量活动结果的评价认定和对质量偏差的纠正。从理论上分析,如果计划预控过程所制订的行动方案考虑得越周密,事中约束监控的能力越强越严格,实现质量预期目标的可能性就越大,理想的状况就是希望做到各项作业活动"一次成功""一次交验合格率100%"。但客观上相当部分的工程不可能达到,因为在过程中不可避免地会存在一些计划时难以预料的影响因素,包括系统因素和偶然因素。因此当出现质量实际值与目标值之间超出允许偏差时,必须分析原因,采取措施纠正偏差,保持质量受控状态。

（3）"三全"控制原理

"三全"控制是来自于全面质量管理 TQC 的思想，同时包容在质量体系标准（GB/T 19000—ISO 9000）中，它指质量管理应该是全面、全过程和全员参与的。

①全面质量控制。建筑工程项目具有的单件性、大额性、多样性、组合性和复杂性，决定了工程项目质量控制与管理复杂多变，影响工程项目质量的因素众多。工程项目的质量控制，应是一个全方位控制过程，项目管理人员应采取有效措施，对人、机械、材料、环境和方法等因素进行控制，以确保工程质量。

②全过程质量控制。根据工程质量的形成规律，从源头抓起，全过程推进。GB/T 19000 强调质量管理的"过程方法"管理原则。按照建设程序，建设工程从项目建议书或建设构想提出，历经项目鉴别、选择、策划、可行性研究、决策、立项、勘察、设计、发包、施工、验收、使用等各个有机联系的环节，构成了建设项目的总过程。其中每个环节又由诸多相互关联的活动构成相应的具体过程，因此，必须掌握识别过程和应用"过程方法"进行全过程质量控制。主要的过程有：项目策划与决策过程、勘察设计过程、施工采购过程、施工组织与准备过程、检测设备控制与计量过程、施工生产的检验试验过程、工程质量的评定过程、工程竣工验收与交付过程、工程回访维修服务过程。

③全员参与控制。从全面质量管理的观点看，无论组织内部的管理者还是作业者，每个岗位都承担着相应的质量职能，一旦确定了质量方针目标，就应组织和动员全体员工参与到实施质量方针的系统活动中去，发挥自己的角色作用。把全员参与质量控制作为全面质量所不可或缺的重要手段。目标管理理论认为，总目标必须逐级分解，直到最基层岗位，从而形成自下到上、自岗位个体到部门团队的层层控制和保证关系，使质量总目标分解落实到每个部门和岗位。就企业而言，如果存在哪个岗位没有自己的工作目标和质量目标，说明这个岗位就是多余的，应予以调整。

不论是哪种控制原理，本质上均强调质量控制目标的计划性、行动的主动性、技术的预控性和管理的动态性。

3）工程质量控制主体

工程质量控制贯穿于工程项目实施的全过程，其侧重点是按照既定目标、准则、程序，使产品和过程的实施保持受控状态，预防不合格的发生，持续稳定地生产合格品。

工程质量控制按其实施主体不同，分为自控主体和监控主体。前者是指直接从事质量职能的活动者，后者是指对他人质量能力和效果的监控者，主要包括以下四个方面：

（1）政府的工程质量控制

政府属于监控主体，它主要是以法律法规为依据，通过抓工程报建、施工图设计文件审查、施工许可、材料和设备准用、工程质量监督、工程竣工验收备案等主要环节实施监控。

（2）建设单位的工程质量控制

建设单位属于监控主体。工程质量控制按工程质量形成过程，建设单位的质量控制包括建设全过程各阶段：

①决策阶段的质量控制，主要是通过项目的可行性研究，选择最佳建设方案，使项目的质量要求符合业主的意图，并与投资目标相协调，与所在地区环境相协调。

②工程勘察设计阶段的质量控制,主要是要选择好勘察设计单位,保证工程设计符合决策阶段确定的质量要求,保证设计符合有关技术规范和标准的规定,保证设计文件、图纸符合现场和施工的实际条件,其深度能满足施工的需要。

③工程施工阶段的质量控制,一是择优选择能保证工程质量的施工单位,二是择优选择服务质量好的监理单位,委托其严格监督施工单位按设计图纸进行施工,并形成符合合同文件规定质量要求的最终建设产品。

(3)工程监理单位的质量控制

工程监理单位属于监控主体,主要是受建设单位的委托,根据法律法规、工程建设标准、勘察设计文件及合同,制订和实施相应的监理措施,采用旁站、巡视、平行检验和检查验收等方式,代表建设单位在施工阶段对工程质量进行监督和控制,以满足建设单位对工程质量的要求。

(4)勘察设计单位的质量控制

勘察设计单位属于自控主体,它是以法律、法规及合同为依据,对勘察设计的整个过程进行控制,包括工作质量和成果文件质量的控制,确保提交的勘察设计文件所包含的功能和使用价值满足建设单位工程建造的要求。

(5)施工单位的质量控制

施工单位属于自控主体,它是以工程合同、设计图纸和技术规范为依据,对施工准备阶段、施工阶段、竣工验收交付阶段等施工全过程的工作质量和工程质量进行的控制,以达到施工合同文件规定的质量要求。

4)工程质量控制原则

项目监理机构在工程质量控制过程中,应遵循以下几条原则:

(1)坚持质量第一的原则

建设工程质量不仅关系工程的适用性和建设项目投资效果,而且关系到人民群众生命财产的安全。所以,项目监理机构在进行投资、进度、质量三大目标控制时,在处理三者关系时,应坚持"百年大计,质量第一",在工程建设中自始至终把"质量第一"作为对工程质量控制的基本原则。

(2)坚持以人为核心的原则

人是工程建设的决策者、组织者、管理者和操作者。工程建设中,各单位、各部门、各岗位人员的工作质量水平和完善程度,都直接或间接地影响工程质量。所以在工程质量控制中,要以人为核心,重点控制人的素质和人的行为,充分发挥人的积极性和创造性,以人的工作质量保证工程质量。

(3)坚持以预防为主的原则

工程质量控制应该是积极主动的,应事先对影响质量的各种因素加以控制,而不能是消极被动的,不能等出现质量问题再进行处理。所以,要重点做好质量的事先控制和事中控制,以预防为主,加强过程和中间产品的质量检查和控制。

(4)以合同为依据,坚持质量标准的原则

质量标准是评价产品质量的尺度。工程质量是否符合合同规定的质量标准要求,应通过质量检验并与质量标准对照。符合质量标准要求的才是合格,不符合质量标准要求的就是不合格,必须返工处理。

（5）坚持科学、公平、守法的职业道德规范

在工程质量控制中，项目监理机构必须坚持科学、公平、守法的职业道德规范，要尊重科学，尊重事实，以数据资料为依据，客观、公平地进行质量问题的处理；要坚持原则，遵纪守法，秉公监理。

3.2 建设工程质量控制的主要依据和工作程序

3.2.1 建设工程质量控制的主要依据

项目监理机构进行质量控制的主要依据大体上有以下4类：

1）工程合同文件

建设工程监理合同、建设单位与其他相关单位签订的合同，包括与施工单位签订的施工合同，与材料设备供应单位签订的材料设备采购合同等。项目监理机构既要履行建设工程监理合同条款，又要监督施工单位、材料设备供应单位履行有关工程质量合同条款。因此，项目监理机构监理人员应熟悉这些相应条款，据以进行质量控制。

2）工程勘察设计文件

工程勘察包括工程测量、工程地质和水文地质勘察等内容。工程勘察成果文件为工程项目选址、工程设计和施工提供科学可靠的依据，也是项目监理机构审批工程施工组织设计或施工方案、工程地基基础验收等工程质量控制的重要依据。经过批准的设计图纸和技术说明书等设计文件，是质量控制的重要依据。施工图审查报告与审查批准书、施工过程中设计单位出具的工程变更设计都属于设计文件的范畴，是项目监理机构进行质量控制的重要依据。

3）有关质量管理方面的法律法规、部门规章与规范性文件

①法律：《中华人民共和国建筑法》《中华人民共和国刑法》《中华人民共和国防震减灾法》《中华人民共和国节约能源法》《中华人民共和国消防法》等。

②行政法规：《建设工程质量管理条例》《民用建筑节能条例》等。

③部门规章：《建筑工程施工许可管理办法》《实施工程建设强制性标准监督规定》《房屋建筑和市政基础设施工程质量监督管理规定》等。

④规范性文件：《房屋建筑工程施工旁站监理管理办法（试行）》《建设工程质量责任主体和有关机构不良记录管理办法（试行）》，关于《建设行政主管部门对工程监理企业履行质量责任加强监督》的若干意见等，国家发改委颁发的规范性文件——关于《加强重大工程安全质量保障措施》的通知等。

此外，其他各行业（如交通、能源、水利、冶金、化工等）和省、市、自治区的有关主管部门，也均根据本行业及地方的特点，制定和颁发了有关的法规性文件。

4）质量标准与技术规范（规程）

质量标准与技术规范（规程）是针对不同行业、不同的质量控制对象而制定的，包括各种有关的标准、规范或规程。根据适用性，标准分为国家标准、行业标准、地方标准和企业标准。它们是建立和维护正常的生产和工作秩序应遵守的准则，也是衡量工程、设备和材料质

量的尺度。对于国内工程,国家标准是必须执行与遵守的最低要求,行业标准、地方标准和企业标准的要求不能低于国家标准的要求。企业标准是企业生产与工作的要求与规定,适用于企业的内部管理。

在工程建设国家标准与行业标准中,有些条文用粗体字表达,它们被称为工程建设强制性标准(条文),是指直接涉及工程质量、安全、卫生及环境保护等方面的工程建设标准强制性条文。国家规定,在中华人民共和国境内从事新建、扩建、改建等工程建设活动,必须执行工程建设强制性标准。工程质量监督机构对工程建设施工、监理、验收等执行强制性标准的情况实施监督,项目监理机构在质量控制中不得违反工程建设标准强制性条文的规定。《实施工程建设强制性标准监督规定》第十九条规定:"工程监理单位违反强制性标准,将不合格的建设工程以及建筑材料、建筑构配件和设备按照合格签字的,责令改正,处 50 万元以上100 万元以下的罚款,降低资质等级或者吊销资质证书;有违法所得,予以没收;造成损失的,承担连带赔偿责任。"

项目监理机构在质量控制中,依据的质量标准与技术规范(规程)主要有以下几类:

(1)工程项目施工质量验收标准

这类标准主要是由国家或部门统一制定的,用以作为检验和验收工程项目质量水平所依据的技术法规性文件。例如,《建筑工程施工质量验收统一标准》GB 50300—2013、《混凝土结构工程施工质量验收规范》GB 50204、《建筑装饰装修工程质量验收规范》GB 50210 等。对于其他行业(如水利、电力、交通等)工程项目的质量验收,也有与之类似的相应的质量验收标准。

(2)有关工程材料、半成品和构配件质量控制方面的专门技术法规性依据

①有关材料及其制品质量的技术标准。诸如水泥、木材及其制品、钢材、砌块、石材、石灰、砂、玻璃、陶瓷及其制品;涂料、保温及吸声材料,防水材料、塑料制品;建筑五金、电缆电线、绝缘材料以及其他材料或制品的质量标准。

②有关材料或半成品等的取样、试验等方面的技术标准或规程。例如:木材的物理力学试验方法,钢材的机械及工艺试验取样法,水泥安定性检验方法等。

③有关材料验收、包装、标志方面的技术标准和规定,例如型钢的验收、包装、标志及质量证明书的一般规定;钢管验收、包装、标志及质量证明书的一般规定等。

(3)控制施工作业活动质量的技术规程

例如电焊操作规程、砌体操作规程、混凝土施工操作规程等。它们是为了保证施工作业活动质量在作业过程中应遵照执行的技术规程。

凡采用新工艺、新技术、新材料的工程,事先应进行试验,并应有权威性技术部门的技术鉴定书及有关的质量数据、指标,在此基础上制定相应的质量标准和施工工艺规程,以此作为判断与控制质量的依据。如果拟采用的新工艺、新技术、新材料,不符合现行强制性标准规定的,应当由拟采用单位提交建设单位组织专题技术论证,报批准标准的建设行政主管部门或者国务院有关主管部门审定。

3.2.2　工程施工质量控制的工作程序

在施工阶段中,项目监理机构要进行全过程的监督、检查与控制,不仅涉及最终产品的检查、验收,而且涉及施工过程的各环节及中间产品的监督、检查与验收。这种全过程的质量控制一般程序如图 3.1 所示。

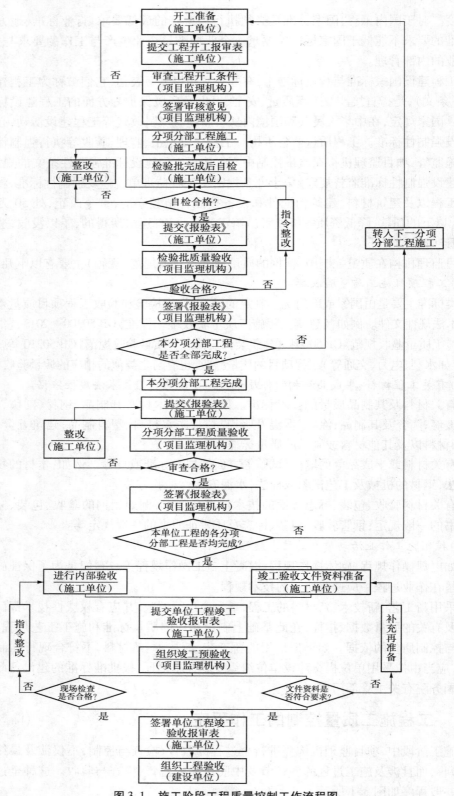

图 3.1　施工阶段工程质量控制工作流程图

在工程开始前,施工单位须做好施工准备工作,待开工条件具备时,应向项目监理机构报送工程开工报审表(表3.1)及相关资料。专业监理工程师重点审查施工单位的施工组织设计是否已由总监理工程师签认,是否已建立相应的现场质量、安全生产管理体系,管理及施工人员是否已到位,主要施工机械是否已具备使用条件,主要工程材料是否已落实到位。设计交底和图纸会审是否已完成;进场道路及水、电、通信等是否已满足开工要求。审查合格后,则由总监理工程师签署审核意见,并报建设单位批准后,总监理工程师签发开工令。否则,施工单位应进一步做好施工准备,待条件具备时,再次报送工程开工报审表。

在施工过程中,专业监理工程师应督促施工单位加强内部质量管理,严格控制质量。施工作业过程均应按规定工艺和技术要求进行。在每道工序完成后,施工单位应进行自检,只有上一道工序被确认质量合格后,方能准许下道工序施工。当隐蔽工程、检验批、分项工程完成后,施工单位应自检合格,填写相应的隐蔽工程或检验批或分项工程报审、报验表,并附有相应工序和部位的工程质量检查记录,报送项目监理机构。经专业监理工程师现场检查及对相关资料审核后,符合要求时予以签认;反之,则指令施工单位进行整改或返工处理。

表 3.1　工程开工报审表

工程名称:　　　　　　　　　　　　　　　　　　　　　　　编号:

致:_____(建设单位) _____(项目监理机构) 　　我方承担的_____工程,已完成相关准备工作,具备开工条件,申请于_____年____月____日开工,请予以审批。 　　附件:证明文件资料   　　　　　　　　　　　　　　　　　　　　　　施工单位(盖章) 　　　　　　　　　　　　　　　　　　　　　　项目经理(签字) 　　　　　　　　　　　　　　　　　　　　　　　年　　　月　　　日
审核意见: 　　　　　　　　　　　　　　　　　　　　　　项目监理机构(盖章) 　　　　　　　　　　　　　　　　　　　　　　总监理工程师(签字、加盖执业印章) 　　　　　　　　　　　　　　　　　　　　　　　年　　　月　　　日

续表

审批意见：   建设单位(盖章) 建设单位代表(签字) 年　月　日

注:本表一式三份,项目监理机构、建设单位、施工单位各一份。

　　施工单位按照施工进度计划完成分部工程施工,且分部工程所包含的分项工程全部检验合格后,应填写相应分部工程报验表,并附有分部工程质量控制资料,报送项目监理机构验收。由总监理工程师组织相关人员对分部工程进行验收,并签署验收意见。

　　按照单位工程施工总进度计划,施工单位已完成施工合同所约定的所有工程量,并完成自检工作。工程验收资料整理完毕时,应填报单位工程竣工验收报审表,报送项目监理机构竣工验收。总监理工程师组织专业监理工程师进行竣工预验收,并签署验收意见。

　　在施工质量验收过程中,涉及结构安全的试块、试件以及有关材料,应按规定进行见证取样检测;对涉及结构安全和使用功能的重要分部工程,应进行抽样检测,承担见证取样检测及有关结构安全检测的单位应具有相应资质。

3.3　建筑工程材料质量控制

3.3.1　建筑工程材料质量控制依据

　　①国家、行业、企业和地方标准、规范、规程和规定。建筑材料的技术标准分为国家标准、行业标准、企业标准和地方标准等,各级标准分别由相应的标准化管理部门批准并颁布。我国国家技术监督局是国家标准化管理的最高机关。各级标准部门都有各自的代号,建筑材料技术标准中常见代号有:GB——国家标准(过去多采用 GBJ,一度采用过 TJ),JG——建设部行业标准(原为 JCJ),JC——国家建材局标准(原为 JCJ),ZB——国家级专业标准,CECS——中国工程建设标准化协会标准,DB××——地方性标准(××表示序号,由国家统一规定,如北京市的序号为 11,湖南为 43)等。

　　标准代号由标准名称、部门代号(1991 年以后,对于推荐性标准加"/T",无"/T"为强制性标准)、编号和批准年份组成。如国家标准《通用硅酸盐水泥》(GB 175—2007),部门代号为 GB,编号为 175,批准年份为 2007 年,为强制性标准。

另外,现行部分建材行业标准有 2 个年份,第一个年份为批准年份,随后括号中的年份为重新校对年份。如《砌墙砖检验规则》(JC/T 466—1992,1996 年版)。

无论是国家标准还是部门行业标准,都是全国通用标准,属国家指令性技术文件,监理工程师在监理过程中均必须严格遵照执行,尤其是强制性标准。另外,在学习有关标准时应注意到黑体字标志的条文为强制性条文。

②工程设计文件及施工图。

③工程施工合同。

④施工组织设计。

⑤工程建设监理合同。

⑥产品说明书、产品质量证明书、产品质量试验报告、质检部门的检测报告、有效鉴定证书、试验室复试报告。

3.3.2　建筑工程材料进场前的质量控制

①仔细阅读工程设计文件、施工图、施工合同、施工组织设计及其他与工程所用材料有关的文件,熟悉这些文件对材料品种、规格、型号、强度等级、生产厂家与商标的规定和要求。

②认真查阅所用材料的质量标准,学习材料的基本性质,对材料的应用特性范围有全面了解,必要时对主要材料、设备及构配件的选择向业主提供合理建议。

③掌握材料信息,认真考察供货厂家。掌握材料质量、价格、供货能力的信息,可获得质量好、价格低的材料资源,从而既确保工程质量,又降低工程造价。对重要的材料、构配件、设备,监理工程师应对其生产厂家的资质、生产工艺、主要生产设备、企业质量管理认证情况等进行审查或实地考察,对产品的商标、包装进行了解,防止假冒伪劣产品和保证产品的质量可靠稳定,同时可掌握供货情况、价格情况。对重要的材料、构配件、设备,在订货前必须要求承包单位申报,经监理工程师论证同意并报业主备案后方可订货。

3.3.3　建筑工程材料进场时的质量控制

1)物单必须相符

材料进场时,监理工程师应检查到场材料的实际情况与所要求的材料在品种、规格、型号、强度等级、生产厂家与商标等方面是否相符,检查产品的生产编号或批号、型号规格、生产日期与产品质量证明书是否相符,如有任何一项不符,应要求退货或要求供应商提供材料的资料。标志不清的材料可要求退货(也可进行抽检)。

2)进入施工现场的各种原材料、半成品、构配件都必须有相应的质量保证资料

①生产许可证或使用许可证。

②产品合格证,质量证明书或质量试验报告单。合格证等都必须盖有生产单位或供货单位的红章并标明出厂日期、生产批号或产品编号。

3.3.4　材料进场后的质量控制

1) 施工现场材料的基本要求

①工程上使用的所有原材料、半成品、构配件及设备,都必须事先经监理工程师审批后方可进入施工现场。

②施工现场不能存放与本工程无关或不合格的材料。

③所有进入现场的原材料与提交的资料在规格、型号、品种、编号上必须一致。

④不同种类、不同厂家、不同品种、不同型号、不同批号的材料必须分别堆放,界限清晰,并由专人管理。避免使用时造成混乱,便于追踪工程质量,对分析质量事故的原因也有很大帮助。

⑤应用新材料必须通过试验和鉴定,代用材料必须通过计算和充分论证,并要符合结构构造的要求。

2) 及时复验

为防止假冒伪劣产品用于工程,或为考察产品生产质量的稳定性,或为掌握材料在存放过程性能的降低情况,或因原材料在施工现场重新配制,对重要的工程材料应及时进行复验。凡标志不清或认为质量有问题的材料,对质量保证资料有怀疑或与合同规定不符的一般材料,应进行一定比例的试验,需要进行追踪检验、以控制和保证其质量的材料等,均应进行复验。对于进口的材料设备和重要工程或关键施工部位所用材料,则应进行全部检验。

(1) 采用正确的取样方法、明确复验项目

每种产品质量标准,均规定了取样方法。材料的取样必须按规定的部位、数量和操作要求来进行,确保所抽样品有代表性。抽样时,按要求填写《材料见证取样表》,明确试验项目。

(2) 取样频率应正确

在材料的质量标准中,均明确规定了产品出厂(矿)检验的取样频率;在一些质量验收规范中(如防水材料施工验收规范),也规定了取样批次。监理工程师必须确保取样频率不低于这些规定,这是控制材料质量的需要,也是工程顺利进行验收的需要。业主、政府主管部门、勘察单位、设计单位在工程施工过程中往往介入得不深入,在主体或竣工验收时主要是看质量保证资料和外观,如果取样频率不够,多会对工程质量引起质疑,对监理工作效果进行质疑,作为监理工程师应重视这一问题。

(3) 选择资质符合要求的实验室来进行检测

材料取样后,应在规定的时间内送检。送检前,监理工程师必须考察实验室的资质等级

情况。实验室要经过当地政府主管部门批准,持有在有效期内的《建筑企业实验室资质等级证书》,其试验范围必须在规定的业务范围内。

（4）认真审定抽检报告

与《材料见证取样表》对比,做到物单相符;将试验数据与技术标准规定值或设计要求值进行对照,确认合格后方才允许使用该材料。否则,责令施工单位将该种或该批材料立即运离施工现场,对已应用于工程的材料及时作出处理意见。

3）合理组织材料供应,确保施工正常进行

监理工程师协助承包商合理地、科学地组织材料采购、加工、储备、运输,建立严密的计划、调度、管理体系,加快材料的周转,减少材料的占用量,按质、按量、如期地满足建设需要。

4）合理组织材料使用,减少材料的损失

正确按定额计量使用材料,加强运输、仓库保管工作,加强材料限额管理和发放工作,健全现场管理制度,避免材料损失。

3.4　建设工程施工准备阶段的质量控制

3.4.1　图纸会审与设计交底

1）图纸会审

图纸会审是建设单位、监理单位、施工单位等相关单位,在收到施工图审查机构审查合格的施工图设计文件后,在设计交底前进行的全面细致的熟悉和审查施工图纸的活动。监理人员应熟悉工程设计文件,并应参加建设单位主持的图纸会审会议。建设单位应及时主持召开图纸会审会议,组织项目监理机构、施工单位等相关人员进行图纸会审,并整理成会审问题清单,由建设单位在设计交底前约定的时间内提交设计单位。图纸会审时,由施工单位整理会议纪要,与会各方会签。

总监理工程师组织监理人员熟悉工程设计文件是项目监理机构实施事前质量控制的一项重要工作。其目的:一是通过熟悉工程设计文件,了解设计意图和工程设计特点、工程关键部位的质量要求;二是发现图纸差错,将图纸中的质量隐患消灭在萌芽之中。监理人员应重点熟悉:设计的主导思想与设计构思,采用的设计规范、各专业设计说明等以及工程设计文件对主要工程材料、构配件和设备的要求,对所采用的新材料、新工艺、新技术,新设备的要求,对施工技术的要求以及涉及工程质量、施工安全应特别注意的事项等。

图纸会审的内容一般包括:

①审查设计图纸是否满足项目立项的功能、技术可靠、安全、经济适用的需求;

②图纸是否已经审查机构签字、盖章;

③地质勘探资料是否齐全,设计图纸与说明是否齐全,设计深度是否达到规范要求;

④设计地震烈度是否符合当地要求;

⑤总平面与施工图的几何尺寸、平面位置、标高等是否一致;

⑥防火、消防是否满足要求;

⑦各专业图纸本身是否有差错及矛盾,结构图与建筑图的平面尺寸及标高是否一致,建筑图与结构图的表示方法是否清楚,是否符合制图标准,预留、预埋件是否表示清楚;

⑧工程材料来源有无保证,新工艺、新材料、新技术的应用有无问题;

⑨地基处理方法是否合理,建筑与结构构造是否存在不能施工、不便于施工的技术问题,或容易导致质量、安全、工程费用增加等方面的问题;

⑩工艺管道、电气线路、设备装置、运输道路与建筑物之间或相互间有无矛盾。

2)设计交底

设计单位交付工程设计文件后,按法律规定的义务应就工程设计文件的内容向建设单位、施工单位和监理单位作出详细说明,帮助施工单位和监理单位正确贯彻设计意图,加深对设计文件特点、难点、疑点的理解,掌握关键工程部位的质量要求,以确保工程质量。设计交底的主要内容一般包括:施工图设计文件总体介绍,设计的意图说明,特殊工艺要求的说明,建筑、结构、工艺、设备等各专业在施工中的难点、疑点说明,以及对施工单位、监理单位、建设单位等对设计图纸疑问的解释等。

工程开工前,建设单位应组织并主持召开工程设计技术交底会。先由设计单位进行设计交底,后转入图纸会审问题解释,设计单位对图纸会审问题清单予以解答。通过建设单位、设计单位、监理单位、施工单位及其他有关单位研究协商,确定图纸存在的各种技术问题的解决方案。

设计交底会议纪要由设计单位整理,与会各方会签。

3.4.2　施工组织设计审查

施工组织设计是指导施工单位进行施工的实施性文件。项目监理机构应审查施工单位报审的施工组织设计,符合要求时,应由总监理工程师签认后报建设单位。项目监理机构应要求施工单位按已批准的施工组织设计组织施工。施工组织设计需要调整时,项目监理机构应按程序重新审查。

1)施工组织设计审查的基本内容与程序要求

(1)审查的基本内容

施工组织设计审查应包括下列基本内容:

①编审程序应符合相关规定;

②施工进度、施工方案及工程质量保证措施应符合施工合同要求；

③资金、劳动力、材料、设备等资源供应计划应满足工程施工需要；

④安全技术措施应符合工程建设强制性标准；

⑤施工总平面布置应科学合理。

（2）审查的程序要求

施工组织设计的报审应遵循下列程序及要求：

①施工单位编制的施工组织设计经施工单位技术负责人审核签认后，与施工组织设计报审表（表3.2）一并报送项目监理机构。

②总监理工程师应及时组织专业监理工程师进行审查，需要修改的，由总监理工程师签发书面意见退回修改；符合要求的，由总监理工程师签认。

③已签认的施工组织设计由项目监理机构报送建设单位。

④施工组织设计在实施过程中，施工单位如需做较大的变更，应经总监理工程师审查同意。

表3.2　施工组织设计/（专项）施工方案报审表

工程名称：　　　　　　　　　　　　　　　　　　　　　编号：

致：_____（项目监理机构） 　　我方已完成_____工程施工组织设计/（专项）施工方案的编制和审批，请予以审批。 　　附件：☑施工组织设计 　　　　　□专项施工方案 　　　　　□施工方案   　　　　　　　　　　　　　　　　　　施工项目经理部（盖章） 　　　　　　　　　　　　　　　　　　项目经理（签字） 　　　　　　　　　　　　　　　　　　　年　　月　　日
审核意见：   　　　　　　　　　　　　　　　　　　专业监理工程师（签字） 　　　　　　　　　　　　　　　　　　　年　　月　　日

续表

审核意见:
项目监理机构(盖章) 总监理工程师(签字、加盖执业印章) 年 月 日
审批意见(仅对超过一定规模的危险性较大分部分项工程专项方案):
建设单位(盖章) 建设单位代表(签字) 年 月 日

注:本表一式三份,项目监理机构、建设单位、施工单位各一份。

2)施工组织设计审查质量控制要点

①受理施工组织设计。施工组织设计的审查必须建立在施工单位编审手续齐全(即有编制人、施工单位技术负责人的签名和施工单位公章)的基础上,由施工单位填写施工组织设计报审表,并按合同约定时间报送项目监理机构。

②总监理工程师应在约定的时间内组织各专业监理工程师进行审查,专业监理工程师在报审表上签署审查意见后,总监理工程师审核批准。需要施工单位修改施工组织设计时,由总监理工程师在报审表上签署意见,发回施工单位修改。施工单位修改后重新报审,总监理工程师应组织审查。

施工组织设计应符合国家的技术政策,充分考虑施工合同约定的条件、施工现场条件及法律法规的要求。施工组织设计应针对工程的特点、难点及施工条件,具有可操作性,质量措施能切实保证工程质量目标,保证采用的技术方案和措施先进、适用、成熟。

③项目监理机构应将审查施工单位施工组织设计的情况,特别是要求发回修改的情况及时向建设单位通报,应将已审定的施工组织设计及时报送建设单位。涉及增加工程施工费的项目,必须与建设单位协商,并征得建设单位的同意。

④经审查批准的施工组织设计,施工单位应认真贯彻实施,不得擅自任意改动。若需进行实质性的调整、补充或变动,应报项目监理机构审查同意。如果施工单位擅自改动,监理机构应及时发出监理通知单,要求按程序报审。

3.4.3 施工方案审查

总监理工程师应组织专业监理工程师审查施工单位报审的施工方案,符合要求后应予以签认。施工方案审查应包括的基本内容:①编审程序应符合相关规定;②工程质量保证措施应符合有关标准。

1）程序性审查

应重点审查施工方案的编制人、审批人是否符合有关权限规定的要求。根据相关规定，通常情况下，施工方案应由项目技术负责人组织编制，并经施工单位技术负责人审批签字后提交项目监理机构。项目监理机构在审批施工方案时，应检查施工单位的内部审批程序是否完善、签章是否齐全，重点核对审批人是否为施工单位技术负责人。

2）内容性审查

应重点审查施工方案是否具有针对性、指导性、可操作性；项目部是否建立了完善的质量保证体系，是否明确工程质量要求及目标，是否健全了质量保证体系组织机构及岗位职责，是否配备了相应的质量管理人员，是否建立了各项质量管理制度和质量管理程序等；施工质量保证措施是否符合现行的规范、标准等，特别是与工程建设强制性标准的符合性如何。

例如，审查建筑地基基础工程土方开挖施工方案，要求土方开挖的顺序、方法必须与设计工况相一致，并遵循"开槽支撑，先撑后挖，分层开挖，严禁超挖"的原则。在质量安全方面的要点是：

①基坑边坡土不应超过设计荷载，以防边坡塌方；

②挖方时不应碰撞或损伤支护结构、降水设施；

③开挖到设计标高后，应对坑底进行保护，验槽合格后，尽快施工垫层；

④严禁超挖；

⑤开挖过程中，应对支护结构、周围环境进行观察、监测，发现异常及时处理等。

3）审查的主要依据

这包括：建设工程施工合同文件及建设工程监理合同，经批准的建设工程项目文件和设计文件，相关法律、法规、规范、规程、标准图集等，以及其他工程基础资料、工程场地周边环境（含管线）资料等。

3.4.4   现场施工准备质量控制

1）施工现场质量管理检查

工程开工前，项目监理机构应审查施工单位现场的质量管理组织机构、管理制度及专职管理人员和特种作业人员的资格，主要内容包括：

①项目部质量管理体系；

②现场质量责任制；

③主要专业工种操作岗位证书；

④分包单位管理制度；

⑤图纸会审记录；

⑥地质勘察资料；

⑦施工技术标准；

⑧施工组织设计编制及审批；

⑨物资采购管理制度；

⑩施工设施和机械设备管理制度；

⑪计量设备配备；

⑫检测试验管理制度；

⑬工程质量检查验收制度等。

2)分包单位资质的审核确认

分包工程开工前,项目监理机构应审核施工单位报送的分包单位资格报审表(表3.3)及有关资料,专业监理工程师进行审核并提出审查意见,符合要求后,应由总监理工程师审批并签署意见。分包单位资格审核应包括的基本内容有：

①营业执照、企业资质等级证书；

②安全生产许可文件；

③类似工程业绩；

④专职管理人员和特种作业人员的资格。

表3.3 分包单位资格报审表

工程名称： 编号：

致：_____(项目监理机构)

经考察,我方认为拟选择的_____(分包单位)具有承担下列工程的施工或安装资质和能力,可以保证本工程按施工合同第_____条款的约定进行施工或安装。请予以审查。

分包工程名称(部分)	分包工程量	分包工程合同额
合计		

附件：1.分包单位资质材料：营业执照、资质证书、安全生产许可证等证书复印件

2.分包单位业绩材料：类似工程施工业绩

3.分包单位专职管理人员和特种作业人员的资格证书：各类人员资格证书复印件

4.施工单位对分包单位的管理制度

施工项目经理部(盖章)

项目经理(签字)

年 月 日

续表

审核意见：   专业监理工程师（签字） 年　　月　　日
审核意见：   项目监理机构（盖章） 总监理工程师（签字、加盖执业印章） 年　　月　　日

注：本表一式三份，项目监理机构、建设单位、施工单位各一份。

专业监理工程师应在约定的时间内，对施工单位所报资料的完整性、真实性和有效性进行审查。在审查过程中需与建设单位进行有效沟通，必要时会同建设单位对施工单位选定的分包单位的情况进行实地考察和调查，核实施工单位申报材料与实际情况是否相符。

专业监理工程师审查分包单位资质材料时，应查验《建筑业企业资质证书》《企业法人营业执照》，以及《安全生产许可证》。注意拟承担分包工程内容与资质等级、营业执照是否相符。分包单位的类似工程业绩，要求提供工程名称、工程质量验收等证明文件；审查拟分包工程的内容和范围时，应注意施工单位的发包性质，禁止转包、肢解分包、层层分包等违法行为。

总监理工程师对报审资料进行审核，在报审表上签署书面意见前需征求建设单位意见。如分包单位的资质材料不符合要求，施工单位应根据总监理工程师的审核意见，或重新报审，或另选择分包单位再报审。

3）查验施工控制测量成果

专业监理工程师应检查、复核施工单位报送的施工控制测量成果及保护措施，签署意见，并应对施工单位在施工过程中报送的施工测量放线成果进行查验。施工控制测量成果及保护措施的检查、复核，包括：

①施工单位测量人员的资格证书及测量设备检定证书；

②施工平面控制网、高程控制网和临时水准点的测量成果及控制桩的保护措施。

项目监理机构收到施工单位报送的施工控制测量成果报验表（表 3.4）后，由专业监理工程师审查。专业监理工程师应审查施工单位的测量依据、测量人员资格和测量成果是否符合规范及标准要求，符合要求的，予以签认。

专业监理工程师应检查、复核施工单位测量人员的资格证书和测量设备检验证书。根据相关规定,从事工程测量的技术人员应取得合法有效的相关资格证书,用于测量的仪器和设备也应具备有效的检验证书。专业监理工程师应按照相应测量标准的要求对施工平面控制网、高程控制网和临时水准点的测量成果及控制桩的保护措施进行检查、复核。例如,场区控制网点位,应选择在通视良好、便于施测,利于长期保存的地点,并埋设相应的标石,必要时还应增加强制对中装置。标石埋设深度应根据冻土深度和场地设计标高确定。施工中,当少数高程控制点标石不能保存时,应将其引测至稳固的建(构)筑物上,引测精度不应低于原高程点的精度等级。

4)施工试验室的检查

专业监理工程师应检查施工单位为本工程提供服务的试验室(包括施工单位自有试验室或委托的实验室)。试验室的检查应包括下列内容:

①试验室的资质等级及试验范围;

②法定计量部门对试验设备出具的计量检定证明;

③试验室管理制度;

④试验人员资格证书。

项目监理机构收到施工单位报送的试验室报审表(表3.5)及有关资料后,总监理工程师应组织专业监理工程师对施工试验室审查。专业监理工程师在熟悉本工程的试验项目及其要求后对施工试验室进行审查。

根据有关规定,为工程提供服务的实验室应具有政府主管部门颁发的资质证书及相应的试验范围。试验室的资质等级和试验范围必须满足工程需要;试验设备应由法定计量部门出具符合规定要求的计量检定证明;试验室还应具有相关管理制度,以保证试验、检测过程和结果的规范性、准确性、有效性、可靠性及可追溯性。试验室管理制度应包括试验人员工作记录、人员考核及培训制度、资料管理制度、原始记录管理制度、试验检测报告管理制度、样品管理制度、仪器设备管理制度,安全环保管理制度、外委试验管理制度、对比试验以及能力考核管理制度、施工现场(搅拌站)试验管理制度、检查评比制度、工作会议制度以及报表制度等。从事试验、检测工作的人员应按规定具备相应的上岗资格证书。专业监理工程师应对以上制度逐一进行检查,符合要求后予以签认。

另外,施工单位还有一些用于现场计量的设备,包括施工中使用的衡器、量具、计量装置等。施工单位应按有关规定定期对计量设备进行检查、检定,确保计量设备的精确性和可靠性。专业监理工程师应审查施工单位定期提交影响工程质量的计量设备的检查和检定报告。

5)工程材料、构配件、设备的质量控制

(1)工程材料、构配件、设备质量控制的基本内容

项目监理机构收到施工单位报送的工程材料、构配件、设备报审表(表3.6)后,应审查施工单位报送的用于工程的材料、构配件、设备的质量证明文件,并应按有关规定、建设工程监理合同约定,对用于工程的材料进行见证取样。用于工程的材料、构配件、设备的质量证明文件包括出厂合格证、质量检验报告、性能检测报告以及施工单位的质量抽检报告等。工

程设备应同时附有设备出厂合格证、技术说明书、质量检验证明、有关图纸、配件清单及技术资料等。对已进场经检验不合格的工程材料、构配件、设备,应要求施工单位限期将其撤出施工现场。

表 3.4　施工控制测量成果报验表

工程名称：　　　　　　　　　　　　　　　　　　　　　　　　编号：

致：＿＿＿＿＿＿＿＿＿＿＿＿＿＿＿＿（项目监理机构）
我方已完成＿＿＿＿＿＿＿＿＿施工控制测量,经自检合格,请予以查验。 附件：1.施工控制测量依据资料：规划红线、基准点或基准线、引进水准点标高文件资料；总平面布置图。 　　　2.施工控制测量成果表：施工测量放线成果表。 　　　3.测量人员的资格证书及测量设备检定证书。   　　　　　　　　　　　　　　　　　　　　施工项目经理部(盖章) 　　　　　　　　　　　　　　　　　　　　项目技术负责人(签字) 　　　　　　　　　　　　　　　　　　　　　年　　月　　日
审核意见：   　　　　　　　　　　　　　　　　　　　　项目经理机构(盖章) 　　　　　　　　　　　　　　　　　　　　专业监理工程师(签字) 　　　　　　　　　　　　　　　　　　　　　年　　月　　日

注：本表一式三份,项目监理机构、建设单位、施工单位各一份。

表 3.5　试验室报审、报验表

工程名称：　　　　　　　　　　　　　　　　　　　　　　　　编号：

致：＿＿＿＿＿＿＿＿＿＿＿＿＿＿＿＿（项目监理机构）
我方已完成＿＿＿＿＿＿＿＿＿工作,经自检合格,请予以审查或验收。 附件：□隐蔽工程质量检验资料 　　　□检验批质量检验资料：钢筋安装工程检验批质量验收记录表 　　　□分项工程质量检验资料 　　　☑施工试验室证明资料 　　　□其他   　　　　　　　　　　　　　　　　　　　施工项目经理部(盖章) 　　　　　　　　　　　　　　　　　　　项目经理或项目技术负责人(签字) 　　　　　　　　　　　　　　　　　　　　　年　　月　　日

续表

审查或验收意见：
项目监理机构（盖章） 专业监理工程师（签字） 　　年　月　日

注：本表一式两份，项目监理机构、施工单位各一份。

表 3.6　工程材料、构配件、设备报审表

工程名称：　　　　　　　　　　　　　　　　　　　　　　　　　　　编号：

致：＿＿＿＿＿＿＿＿＿＿＿＿＿＿＿＿＿（项目监理机构） 　　于＿＿＿＿年＿＿月＿＿日进场的拟用于工程＿＿＿＿＿＿部位的＿＿＿＿＿＿＿，经我方检验合格，请予以审查。 附件： 1.工程材料、构配件、设备清单 2.质量证明文件 3.自检结果 　　　　　　　　　　　　　　　　　施工项目经理部（盖章） 　　　　　　　　　　　　　　　　　项目经理（签字） 　　　　　　　　　　　　　　　　　　　　年　月　日
审查意见：   　　　　　　　　　　　　　　　　　项目监理机构（盖章） 　　　　　　　　　　　　　　　　　专业监理工程师（签字） 　　　　　　　　　　　　　　　　　　　　年　月　日

注：本表一式两份，项目监理机构、施工单位各一份。

（2）工程材料、构配件、设备质量控制的要点

①对用于工程的主要材料，在材料进场时，专业监理工程师应核查厂家生产许可证、出厂合格证、材质化验单及性能检测报告，审查不合格者一律不准用于工程。专业监理工程师应参与建设单位组织的对施工单位负责采购的原材料、半成品、构配件的考察，并提出考察意见。对于中成品、构配件和设备，应按经过审批认可的设计文件和图纸要求采购订货，质

量应满足有关标准和设计的要求。某些材料,诸如瓷砖等装饰材料,要求订货时最好一次性备足货源,以免由于分批而出现色泽不一的质量问题。

②在现场配制的材料,施工单位应进行级配设计与配合比试验,经试验合格后才能使用。

③对于进口材料、构配件和设备,专业监理工程师应要求施工单位报送进口商检证明文件,并会同建设单位、施工单位、供货单位等相关单位有关人员按合同约定进行联合检查验收。联合检查由施工单位提出申请,项目监理机构组织,建设单位主持。

④对于工程采用新设备、新材料,还应核查相关部门鉴定证书或工程应用的证明材料、实地考察报告或专题论证材料。

⑤原材料、(半)成品、构配件进场时,专业监理工程师应检查其尺寸、规格、型号、产品标志、包装等外观质量,并判定其是否符合设计、规范、合同的要求。

⑥工程设备验收前,设备安装单位应提交设备验收方案,包括验收方法及质量标准、验收依据,经专业监理工程师审查同意后实施。

⑦对进场的设备,专业监理工程师应会同设备安装单位、供货单位等的有关人员进行开箱检验,检查其是否符合设计文件、合同文件和规范等所规定的厂家、型号、规格、数量、技术参数等,检查设备图纸、说明书、配件是否齐全。

⑧由建设单位采购的主要设备则由建设单位、施工单位、项目监理机构进行开箱检查,并由三方在开箱检查记录上签字。

⑨质量合格的材料、构配件进场后,到其使用或安装时通常要经过一定的时间间隔。在此时间里,专业监理工程师应对施工单位在材料、半成品、构配件的存放、保管及使用期限实行监控。

6) 工程开工条件审查与开工令的签发

总监理工程师应组织专业监理工程师审查施工单位报送的工程开工报审表及相关资料,同时具备下列条件时,应由总监理工程师签署审查意见,并应报建设单位批准后,总监理工程师签发工程开工令:

①设计交底和图纸会审已完成;

②施工组织设计已由总监理工程师签认;

③施工单位现场质量、安全生产管理体系已建立,管理及施工人员已到位,施工机械具备使用条件,主要工程材料已落实;

④进场道路及水、电、通信等已满足开工要求。

总监理工程师应在开工日期7天前向施工单位发出工程开工令(表3.7)。工期自总监理工程师发出的工程开工令中载明的开工日期起计算。总监理工程师应组织专业监理工程师审查施工单位报送的开工报审表及相关资料,并对开工应具备的条件进行逐项审查,全部符合要求时签署审查意见,报建设单位得到批准后再由总监理工程师签发工程开工令。施工单位应在开工日期后尽快施工。

表 3.7　工程开工令

工程名称：　　　　　　　　　　　　　　　　　　　　　　　编号：

致：_____（施工单位）

　　经审查，本工程已具备施工合同约定的开工条件，现同意你方开始施工，开工日期为：_____年____月____日。

　　附件：工程开工报审表

项目经理机构（盖章）

总监理工程师（签字、加盖执业印章）

年　　月　　日

注：本表一式三份，项目监理机构、建设单位、施工单位各一份。

3.5　建设工程施工阶段质量控制

3.5.1　巡视与旁站

1）巡视

（1）巡视的内容

巡视是项目监理机构对施工现场进行的定期或不定期的检查活动，是项目监理机构对工程实施建设监理的方式之一。

项目监理机构应安排监理人员对工程施工质量进行巡视。巡视应包括下列主要内容：

①施工单位是否按工程设计文件、工程建设标准和批准的施工组织设计、（专项）施工方案施工。施工单位必须按照工程设计图纸和施工技术标准施工，不得擅自修改工程设计，不得偷工减料。

②施工单位使用的工程材料、构配件和设备是否合格。不得在工程中使用不合格的原材料、构配件和设备，只有经过复试检测合格原材料、构配件和设备才能够用于工程。

③施工现场管理人员，特别是施工质量管理人员是否到位。应对其是否到位及履职情况做好检查和记录。

④特种作业人员是否持证上岗。应对施工单位特种作业人员是否持证上岗进行检查。根据《建筑施工特种作业人员管理规定》，对于建筑电工、建筑架子工、建筑起重信号司索工、建筑起重机械司机、建筑起重机械安装拆卸工、高处作业吊篮安装拆卸工、焊接切割操作工以及经省级以上人民政府建设主管部门认定的其他特种作业人员，必须持施工特种作业人

员操作证上岗。

（2）巡视检查要点

①检查原材料：施工现场原材料、构配件的采购和堆放是否符合施工组织设计（方案）要求；其规格、型号等是否符合设计要求；是否已见证取样，并检测合格；是否已按程序报验并允许使用；有无使用不合格材料，有无使用质量合格证明资料欠缺的材料。

②检查施工人员：

a. 施工现场管理人员，尤其是质检员、安全员等关键岗位人员是否到位，能否确保各项管理制度和质量保证体系是否落实。

b. 特种作业人员是否持证上岗，人证是否相符，是否进行了技术交底并有记录。

c. 现场施工人员是否按照规定佩戴安全防护用品。

③检查基坑土方开挖工程：

a. 土方开挖前的准备工作是否到位，开挖条件是否具备。

b. 土方开挖顺序、方法是否与设计要求一致。

c. 挖土是否分层、分区进行，分层高度和开挖面放坡坡度是否符合要求，垫层混凝土的浇筑是否及时。

d. 基坑坑边和支撑上的堆载是否在允许范围，是否存在安全隐患。

e. 挖土机械有无碰撞或损伤基坑围护和支撑结构、工程桩、降压（疏干）井等现象。

f. 是否限时开挖，是否尽快形成围护支撑，是否尽量缩短围护结构，是否无支撑暴露时间。

g. 每道支撑底面黏附的土块、垫层、竹笆等是否及时清理；每道支撑上的安全通道和临边防护的搭设是否及时、符合要求。

h. 挖土机械工作是否有专人指挥，有无违章、冒险作业现象。

④检查砌体工程：

a. 基层清理是否干净，是否按要求用细石混凝土/水泥砂浆进行了找平。

b. 是否有"碎砖"集中使用和外观质量不合格的块材使用现象。

c. 是否按要求使用皮数杆，墙体拉结筋形式、规格、尺寸、位置是否正确，砂浆饱满度是否合格，灰缝厚度是否超标，有无透明缝、"瞎缝"和"假缝"。

d. 墙上的架眼、工程需要的预留、预埋等有无遗漏等。

⑤检查钢筋工程：

a. 钢筋有无锈蚀、被隔离剂和淤泥等污染现象。

b. 垫块规格、尺寸是否符合要求，强度能否满足施工需要，有无用木块、大理石板等代替水泥砂浆（或混凝土）垫块的现象。

c. 钢筋搭接长度、位置、连接方式是否符合设计要求，搭接区段箍筋是否按要求加密；对于梁柱或梁梁交叉部位的"核心区"有无主筋被截断、箍筋漏放等现象。

⑥检查模板工程：

a. 模板安装和拆除是否符合施工组织设计（方案）的要求，支模前隐蔽内容是否已经验收合格。

b.模板表面是否清理干净、有无变形损坏,是否已涂刷隔离剂,模板拼缝是否严密,安装是否牢固。

c.拆模是否事先按程序和要求向项目监理机构报审并签认,拆模有无违章冒险行为;模板捆扎、吊运、堆放是否符合要求。

⑦检查混凝土工程:

a.现浇混凝土结构构件的保护是否符合要求。

b.构件拆模后构件的尺寸偏差足否在允许范围内,有无质量缺陷,缺陷修补处理是否符合要求。

c.现浇构件的养护措施是否有效、可行、及时等。

d.采用商品混凝土时,是否留置标养试块和同条件试块,是否抽查砂与石子的含泥量和粒径等。

⑧检查钢结构工程:

钢结构零部件加工条件是否合格(如场地、温度、机械性能等),安装条件是否具备(如基础是否已经验收合格等);施工工艺是否合理、符合相关规定;钢结构原材料及零部件的加工、焊接、组装、安装及涂饰质量是否符合设计文件和相关标准、要求等。

⑨检查屋面工程:

a.基层是否平整坚固、清理干净。

b.防水卷材搭接部位、宽度、施工顺序、施工工艺是否符合要求,卷材收头、节点、细部处理是否合格。

c.屋面块材搭接、铺贴质量如何、有无损坏现象等。

⑩检查装饰装修工程:

a.基层处理是否合格,是否按要求使用垂直、水平控制线,施工工艺是否符合要求。

b.需要进行隐蔽的部位和内容是否已经按程序报验并通过验收。

c.细部制作、安装、涂饰等是否符合设计要求和相关规定。

d.各专业之间工序穿插是否合理,有无相互污染、相互破坏现象等。

⑪检查安装工程等:重点检查是否按规范、规程、设计图纸、图集和批准的施工组织设计(方案)施工;是否有专人负责,施工是否正常等。

⑫检查施工环境:

a.施工环境和外界条件是否对工程质量、安全等造成不利影响,施工单位是否已采取相应措施。

b.各种基准控制点、周边环境和基坑自身监测点的设置、保护是否正常,有无被压(损)现象。

c.季节性天气中,工地是否采取了相应的季节性施工措施,比如暑期、冬季和雨季施工措施等。

2)旁站

旁站是指项目监理机构对工程的关键部位或关键工序的施工质量进行的监督活动。

项目监理机构应根据工程特点和施工单位报送的施工组织设计,将影响工程主体结构安全的、完工后无法检测其质量的或返工会造成较大损失的部位及其施工过程作为旁站的关键部位、关键工序,安排监理人员进行旁站,并及时记录旁站情况。旁站记录应按《建设工程监理规范》(GB/T 50319—2013)的要求填写,如表 3.8 所示。

(1)旁站工作程序

①开工前,项目监理机构应根据工程特点和施工单位报送的施工组织设计,确定旁站的关键部位、关键工序,并书面通知施工单位。

②施工单位在需要实施旁站的关键部位、关键工序进行施工前书面通知项目监理机构。

③接到施工单位书面通知后,项目监理机构应安排旁站人员实施旁站。

(2)旁站工作要点

①编制监理规划时,应明确旁站的部位和要求。

②根据部门规范性文件,房屋建筑工程旁站的关键部位、关键工序分为两方面。

a. 基础工程方面:包括土方回填,混凝土灌注桩浇筑,地下连续墙、土钉墙、后浇带及其他结构混凝土、防水混凝土浇筑,卷材防水层细部构造处理,钢结构安装。

表 3.8　旁站记录

工程名称:　　　　　　　　　　　　　　　　　　　　　编号:

旁站的关键部位、关键工序			施工单位	
旁站开始时间	年　月　日　时　分	旁站结束时间		年　月　日　时　分
旁站的关键部位、关键工序施工情况:				
发现的问题及处理情况				
			旁站监理人员(签字) 年　　月　　日	

注:本表一式一份,项目监理机构留存。

　　b. 主体结构工程方面：包括梁柱节点钢筋隐蔽工程、混凝土浇筑、预应力张拉、装配式结构安装、钢结构安装、网架结构安装、索膜安装。

　　③其他工程的关键部位、关键工序，应根据工程类别、特点及有关规定和施工单位报送的施工组织设计确定。

　　④旁站人员的主要职责是：

　　a. 检查施工单位现场质检人员到岗、特殊工种人员持证上岗及施工机械、建筑材料准备情况；

　　b. 在现场监督关键部位、关键工序的施工执行方案以及工程建设强制性标准情况；

　　c. 核查进场建筑材料、构配件、设备和商品混凝土的质量检验报告等，并可在现场监督施工单位进行检验或者委托具有资格的第三方进行复验。

　　d. 做好旁站记录，保存旁站原始资料。

　　⑤对施工中出现的偏差及时纠正，保证施工质量。发现施工单位有违反工程建设强制性标准行为的，应责令施工单位立即整改；发现其施工活动已经或者可能危及工程质量的，应当及时向专业监理工程师或总监理工程师报告，由总监理工程师下达暂停令，指令施工单位整改。

　　⑥对需要旁站的关键部位、关键工序的施工，凡没有实施旁站监理或者没有旁站记录的，专业监理工程师或总监理工程师不得在相应文件上签字。工程竣工验收后，项目监理机构应将旁站记录存档备查。

　　⑦旁站记录内容应真实、准确并与监理日志相吻合。对旁站的关键部位、关键工序，应按照时间或工序形成完整的记录。必要时可进行拍照或摄影，记录当时的施工过程。

3.5.2　见证取样与平行检验

1）见证取样

　　见证取样是指项目监理机构对施工单位进行的涉及结构安全的试块、试件及工程材料现场取样、封样、送检工作的监督活动。

　　（1）见证取样的工作程序

　　①工程项目施工前，由施工单位和项目监理机构共同对见证取样的检测机构进行考察确定。对于施工单位提出的试验室，专业监理工程师要进行实地考察。试验室一般是和施工单位没有行政隶属关系的第三方。试验室要具有相应的资质，经国家或地方计量、试验主管部门认证，试验项目满足工程需要，试验室出具的报告对外具有法定效果。

　　②项目监理机构要将选定的试验室报送负责本项目的质量监督机构备案并得到认可，同时要将项目监理机构中负责见证取样的专业监理工程师在该质量监督机构备案。

　　③施工单位应按照规定制订检测试验计划，配备取样人员，负责施工现场的取样工作，并将检测试验计划报送项目监理机构。

　　④施工单位在对进场材料、试块、试件、钢筋接头等实施见证取样前要通知负责见证取样的专业监理工程师，在该专业监理工程师现场监督下，施工单位按相关规范的要求，完成

材料、试块、试件等的取样过程。

⑤完成取样后,施工单位取样人员应在试样或其包装上作出标识和封志。标识和封志应标明工程名称、取样部位、取样日期、样品名称和样品数量等信息,并由见证取样的专业监理工程师和施工单位取样人员签字。如钢筋样品、钢筋接头,则贴上专用加封标志,然后送往试验室。

（2）实施见证取样的要求

①试验室要具有相应的资质并进行备案。

②负责见证取样的专业监理工程师要具有材料、试验等方面的专业知识,并经培训考核合格,且要取得见证人员培训合格证书。

③施工单位从事取样的人员一般应由试验室人员或专职质检人员担任。

④试验室出具的报告一式两份,分别由施工单位和项目监理机构保存,并作为归档材料。它是工序产品质量评定的重要依据。

⑤见证取样的频率,国家或地方主管部门有规定的,执行相关规定;施工承包合同中如有明确规定的,执行施工承包合同的规定。

⑥见证取样和送检的资料必须真实,完整,符合相应规定。

2）平行检验

平行检验是指项目监理机构在施工单位自检的同时,按有关规定、建设工程监理合同约定,对同一检验项目进行的检测试验活动。项目监理机构应根据工程特点、专业要求,以及建设工程监理合同约定,对施工质量进行平行检验。

平行检验的项目、数量、频率和费用等应符合建设工程监理合同的约定;对平行检验不合格的施工质量,项目监理机构应签发监理通知单,要求施工单位在指定的时间内整改并重新报验。

例如高速公路工程中,工程监理应按工程建设监理合同约定组建项目监理中心试验室进行平行检验工作。公路工程检验试验可分为验证试验、标准试验、工艺试验、抽样试验和验收试验。验证试验是对材料或商品构件进行预先鉴定,以决定是否可以用于工程。标准试验是对各项工程的内在品质进行施工前的数据采集,它是控制和指导施工的科学依据,包括各种标准击实试验、集料的级配试验、混合料的配合比试验、结构的强度试验等。工艺试验是依据技术规范的规定,在动工之前对路基、路面及其他需要通过预先试验方能正式施工的分项工程预先进行工艺试验,然后依其试验结果全面指导施工。抽样试验是对各项工程实施中的实际内在品质进行符合性的检查,内容应包括各种材料的物理性能、土方及其他填筑施工的密实度、混凝土及沥青混凝土的强度等的测定和试验。验收试验是对各项已完工程的实际内在品质做出评定。项目监理中心试验室进行平行检验试验包括:

（1）验证试验

材料或商品构件运入现场后,应按规定的批量和频率进行抽样试验,不合格的材料或商品构件不准用于工程。

（2）标准试验

在各项工程开工前合同规定或合理的时间内,应由施工单位先完成标准试验。监理中心试验室应在施工单位进行标准试验的同时或以后,平行进行复核(对比)试验,以肯定、否定或调整施工单位标准试验的参数或指标。

(3)抽样试验

在施工单位的工地试验室(流动试验室)按技术规范的规定进行全频率抽样试验的基础上,监理中心试验室应按规定的频率独立进行抽样试验,以鉴定施工单位的抽样试验结果是否真实可靠。当施工现场的监理人员对施工质量或材料产生疑问并提出要求时,监理中心试验室随时进行抽样试验。

3.5.3 监理通知单、工程暂停令、工程复工令的签发

1)监理通知单的签发

在工程质量控制方面,项目监理机构发现施工存在质量问题的,或施工单位采用不适当的施工工艺,或施工不当并造成工程质量不合格的,应及时签发监理通知单(表3.9),要求施工单位整改。监理通知单由专业监理工程师或总监理工程师签发。

表3.9 监理通知单

工程名称:	编号:

致:＿＿＿＿＿＿＿＿＿＿＿＿＿＿＿＿＿＿(施工项目经理部)

事由:＿＿＿＿＿＿＿＿＿＿＿＿＿＿＿＿＿＿。

内容:＿＿＿＿＿＿＿＿＿＿＿＿＿＿＿＿＿＿。

项目监理机构(盖章)

总/专业监理工程师(签字)

年 月 日

注:本表一式三份,项目监理机构、建设单位、施工单位各一份。

①监理通知单对存在问题部位的表述应具体。如问题出现在主楼二层楼板某梁的具体部位时应注明:"主楼二层楼板⑥轴、(A)～(B)列L2梁"。

②应用数据说话,详细叙述问题存在的违规内容,一般应包括监理实测值、设计值、允许偏差值、违反规范种类及条款等。如:"梁钢筋保护层厚度局部实测值为16 mm,设计值为25 mm,已超出允许偏差±5 mm 违反《混凝土结构工程施工质量验收规范》GB 50204 规定"。

③反映的问题如果能用照片予以记录,应附上照片。

④应要求施工单位整改时限应叙述具体,如"在 72 h 内",并注明施工单位申诉的形式和时限,如"对本监理通知单内容有异议,请在 24 h 内向监理提出书面报告"。

项目监理机构签发监理通知单时,应要求施工单位在发文本上签字,并注明签收时间。

施工单位应按监理通知单的要求进行整改。整改完毕后,向项目监理机构提交监理通知回复单(表3.10)。项目监理机构应根据施工单位报送的监理通知回复单对整改情况进行复查,并提出复查意见。

表 3.10　监理通知回复单

工程名称:　　　　　　　　　　　　　　　　　　　　　　　编号:

致:＿＿＿＿＿＿＿＿＿＿＿＿＿＿＿＿(施工项目经理部) 　　我方接到编号为＿＿＿＿＿＿＿＿＿＿＿＿＿＿＿的监理通知单后,已按要求完成相关工作,请予以复查。 　　附件:需要说明的情况   　　　　　　　　　　　　　　　　　　　　施工项目经理部(盖章) 　　　　　　　　　　　　　　　　　　　　项目经理(签字) 　　　　　　　　　　　　　　　　　　　　　年　　月　　日
复查意见: 　　　　　　　　　　　　　　　　　　　　项目监理机构(盖章) 　　　　　　　　　　　　　　　　　　　　总监理工程师/专业监理工程师(签字) 　　　　　　　　　　　　　　　　　　　　　年　　月　　日

注:本表一式三份,项目监理机构、建设单位、施工单位各一份。

2)工程暂停令的签发

监理人员发现可能造成质量事故的重大隐患或已发生质量事故的,总监理工程师签发工程暂停令。

项目监理机构发现下列情形之一时,总监理工程师应及时签发工程暂停令(表 3.11):

①建设单位要求暂停施工且工程需要暂停施工的;

②施工单位未经批准擅自施工或拒绝项目监理机构管理的;

③施工单位未按审查通过的工程设计文件施工的;

④施工单位违反工程建设强制性标准的;

⑤施工存在重大质量、安全事故隐患或发生质量、安全事故的。

表 3.11　工程暂停令

工程名称:　　　　　　　　　　　　　　　　　　　　　　　　　编号:

致:＿＿＿＿＿＿＿＿＿＿＿＿＿＿＿＿＿＿＿＿(施工项目经理部) 　　由于＿＿＿＿＿＿＿＿＿＿＿＿＿＿原因,现通知你方于＿＿＿＿年＿＿月＿＿日＿＿时起,暂停＿＿＿＿＿ ＿＿＿＿＿＿＿＿部位(工序)施工,并按下述要求做好后续工作。 　　要求: 　　　　　　　　　　　　　　　　　　　　　项目监理机构(盖章) 　　　　　　　　　　　　　　　　　　　　　总监理工程师(签字、加盖执业印章) 　　　　　　　　　　　　　　　　　　　　　　　　年　　　月　　　日

注:本表一式三份,项目监理机构、建设单位、施工单位各一份。

对于建设单位要求停工的,总监理工程师经过独立判断,认为有必要暂停施工的,可签发工程暂停令;认为没有必要暂停施工的,不应签发工程暂停令。施工单位拒绝执行项目监理机构的要求和指令时,总监理工程师应视情况签发工程暂停令。对于施工单位未经批准擅自施工或分别出现上述第③④⑤三种情况时,总监理工程师应签发工程暂停令。总监理工程师在签发工程暂停令时,可根据停工原因的影响范围和影响程度确定停工范围。

总监理工程师签发工程暂停令,应事先征得建设单位同意。在紧急情况下,未能事先征得建设单位同意的,应在事后及时向建设单位书面报告。施工单位未按要求停工,项目监理机构应及时报告建设单位,必要时应向有关主管部门报送监理报告。

暂停施工事件发生时,项目监理机构应如实记录所发生的情况。对于建设单位要求停工且工程需要暂停施工的,应重点记录施工单位人工、设备在现场的数量和状态;对于因施工单位原因暂停施工的,应记录直接导致停工发生的原因。

3)工程复工令的签发

因建设单位原因或非施工单位原因引起工程暂停的,在具备复工条件时,应及时签发工程复工令,指令施工单位复工。

（1）审核工程复工报审表

因施工单位原因引起工程暂停的,施工单位在复工前应向项目监理机构提交工程复工报审表(表3.12)申请复工。工程复工报审时,应附有能够证明已具备复工条件的相关文件资料,包括相关检查记录、有针对性的整改措施及其落实情况、会议纪要、影像资料等。当导致暂停的原因是危及结构安全或使用功能时,整改完成后,应有建设单位、设计单位、监理单位各方共同认可的整改完成文件,其中涉及建设工程鉴定的文件必须由有资质的检测单位出具。

表3.12　工程复工报审表

工程名称:　　　　　　　　　　　　　　　　　　　　　　　编号:

致:＿＿＿＿＿＿＿＿＿＿＿＿＿＿＿＿＿＿＿＿(施工项目经理部)
编号为＿＿＿＿＿＿＿＿《工程暂停令》所停工的＿＿＿＿＿＿部位(工序)现已满足复工条件,我方申请于＿＿＿＿＿＿年＿＿＿月＿＿＿日＿＿＿复工,请予以审批。 　　附件:证明文件资料   　　　　　　　　　　　　　　　　　　　　施工项目监理机构(盖章) 　　　　　　　　　　　　　　　　　　　　项目经理(签字) 　　　　　　　　　　　　　　　　　　　　　　年　　　月　　　日
审核意见: 　　　　　　　　　　　　　　　　　　　　目监理机构(盖章) 　　　　　　　　　　　　　　　　　　　　总监理工程师(签字) 　　　　　　　　　　　　　　　　　　　　　　年　　　月　　　日
审批意见: 　　　　　　　　　　　　　　　　　　　　建设单位(盖章) 　　　　　　　　　　　　　　　　　　　　建设单位代表(签字) 　　　　　　　　　　　　　　　　　　　　　　年　　　月　　　日

注:本表一式三份,项目监理机构、建设单位、施工单位各一份。

对需要返工处理或加固补强的质量缺陷,项目监理机构应要求施工单位报送经设计等相关单位认可的处理方案,并应对质量缺陷的处理过程进行跟踪检查,同时应对处理结果进行验收。

对需要返工处理或加固补强的质量事故,项目监理机构应要求施工单位报送质量事故调查报告和经设计等相关单位认可的处理方案,并对质量事故的处理过程进行跟踪检查,对处理结果进行验收。项目监理机构应及时向建设单位提交质量事故书面报告,并应将完整的质量事故处理记录整理归档。

(2)签发工程复工令

项目监理机构收到施工单位报送的工程复工报审表及有关材料后,应对施工单位的整改过程、结果进行检查、验收,符合要求的,总监理工程师应及时签署审批意见,并报建设单位批准后签发工程复工令(表3.13),施工单位接到工程复工令后组织复工。施工单位未提出工程复工申请的,总监理工程师应根据工程实际情况指令施工单位恢复施工。

表3.13　工程复工令

工程名称：　　　　　　　　　　　　　　　　　　　　　　　　　　编号：

致：_____（施工项目经理部） 　　我方发出的编号为_____《工程暂停令》,要求暂停施工的_____部位(工序)经查已具备复工条件,经建设单位同意,现通知你方于_____年___月___日___时起恢复施工。 　　附件:工程复工报审表   　　　　　　　　　　　　　　　　　　　　　　项目监理机构(盖章) 　　　　　　　　　　　　　　　　　　　　　　总监理工程师(签字、加盖执业印章) 　　　　　　　　　　　　　　　　　　　　　　　　年　　月　　日

注:本表一式三份,项目监理机构、建设单位、施工单位各一份。

3.5.4　工程变更的控制

施工过程中,由于前期勘察设计的原因,或由于外界自然条件的变化,未探明的地下障碍物、管线、文物、地质条件不符等,以及施工工艺方面的限制、建设单位要求的改变,均会涉及工程变更。做好工程变更的控制工作是工程质量控制的一项重要内容。

工程变更单(表3.14)由提出单位填写,写明工程变更原因、工程变更内容,并附必要的附件,包括:工程变更的依据、详细内容、图纸;对工程造价、工期的影响程度分析,及对功能、安全影响的分析报告。

表 3.14　工程变更单

工程名称:　　　　　　　　　　　　　　　　　　　　　　　　　　编号:

致:_____ 　由于_____原因,兹提出_____工程变更,请予以审批。 　附件: □变更内容 □变更设计图 □相关会议纪要 □其他 <div align="right">变更提出单位: 负责人: 　年　　月　　日</div>	

工程数量增/减	
费用增/减	
工期变化	

       <div align="center">施工项目经理部(盖章) 项目经理(签字)</div>	 <div align="center">设计单位(盖章) 设计负责人(签字)</div>
       <div align="center">项目监理机构(盖章) 总监理工程师(签字)</div>	 <div align="center">建设单位(盖章) 负责人(签字)</div>

注:本表一式四份,建设单位、项目监理机构、设计单位、施工单位各一份。

对于施工单位提出的工程变更,项目监理机构可按下列程序处理:

①总监理工程师组织专业监理工程师审查施工单位提出的工程变更申请,提出审查意见。对涉及工程设计文件修改的工程变更,应由建设单位转交原设计单位修改工程设计文件。必要时,项目监理机构应建议建设单位组织设计、施工等单位召开论证工程设计文件修改方案的专题会议。

②总监理工程师组织专业监理工程师对工程变更费用及工期影响作出评估。

③总监理工程师组织建设单位、施工单位等共同协商确定工程变更费用及工期变化,会签工程变更单。

④项目监理机构根据批准的工程变更文件监督施工单位实施工程变更。

施工单位提出工程变更的情形一般有:图纸出现错、漏、碰、缺等缺陷而无法施工;图纸不便施工,变更后更经济、方便;采用新材料、新产品、新工艺、新技术的需要;施工单位考虑自身利益,为费用索赔而提出工程变更。

施工单位提出的工程变更,当为要求进行某些材料、工艺、技术方面的技术修改时,即根据施工现场具体条件和自身的技术、经验和施工设备等,在不改变原设计文件原则的前提下,提出的对设计图纸和技术文件的某些技术上的修改要求(例如对某种规格的钢筋采用替代规格的钢筋、对基坑开挖边坡的修改等),应在工程变更单及其附件中说明要求修改的内容及原因或理由,并附上有关文件和相应图纸。经各方同意签字后,由总监理工程师组织实施。

当施工单位提出的工程变更要求对设计图纸和设计文件所表达的设计标准、状态有改变或修改时,项目监理机构经与建设单位、设计单位、施工单位研究并作出变更决定后,由建设单位转交原设计单位修改工程设计文件,再由总监理工程师签发工程变更单,并附设计单位提交的修改后的工程设计图纸交施工单位按变更后的图纸施工。

建设单位提出的工程变更,可能是由于局部调整使用功能,也可能是方案阶段考虑不周,项目监理机构应对于工程变更可能造成的设计修改、工程暂停、返工损失、增加工程造价等进行全面的评估,为建设单位正确决策提供依据,避免工程反复和不必要的浪费。对于设计单位要求的工程变更,应由建设单位将工程变更设计文件下发项目监理机构,由总监理工程师组织实施。

如果变更涉及项目功能、结构主体安全,该工程变更还要按有关规定报送施工图原审查机构及管理部门进行审查与批准。

3.6 建设工程施工质量验收

工程施工质量验收是指工程施工质量在施工单位自行检查评定合格的基础上,由工程质量验收责任方组织,工程建设相关单位参加,对检验批、分项、分部、单位工程及其隐蔽工程的质量进行抽样检验,对技术文件进行审核,并根据设计文件和相关标准以书面形式对工程质量是否达到合格进行确认。工程施工质量验收包括工程施工过程质量验收和竣工质量验收,是工程质量控制的重要环节。

本节以建筑工程施工质量验收为例进行表述,相关术语均来自《建筑工程施工质量验收统一标准》(GB 50300—2013)和,《建设工程监理规范》(GB/T 50319—2013)。其他行业工程施工质量验收可按其行业要求进行。

3.6.1　工程施工质量验收层次划分

1)单位工程的划分

单位工程是指具备独立的设计文件、独立的施工条件并能形成独立使用功能的建筑物或构筑物。对于建筑工程,单位工程的划分应按下列原则确定:

①具备独立施工条件并能形成独立使用功能的建筑物或构筑物为一个单位工程,如一所学校中的一栋教学楼、办公楼、传达室、某城市的广播电视塔等。

②对于规模较大的单位工程,可将其能形成独立使用功能的部分划分子单位工程。

子单位工程的划分一般可根据工程的建筑设计分区、使用功能的显著差异、结构缝的设置等实际情况,施工前应由建设、监理、施工单位商定划分方案,并据此收集整理施工技术资料和验收。

③室外工程可根据专业类别和工程规模划分单位工程或子单位工程、分部工程。室外工程的单位工程、分部工程按表 3.15 划分。

表 3.15　室外工程的单位工程、分部工程划分

单位工程	子单位工程	分部工程
室外设施	道路	路基、基层、面层、广场与停车场、人行道、人行地道、挡土墙、附属构筑物
	边坡	土石方、挡土墙、支护
附属建筑及室外环境	附属建筑	车棚、围墙、大门、挡土墙
	室外环境	建筑小品、亭台、水景、连廊、花坛、场坪绿化、景观桥
室外安装	给水排水	室外给水系统、室外排水系统
	供热	室外供热系统
	电气	室外供电系统、室外照明系统

2)分部工程的划分

分部工程是单位工程的组成部分,一般按专业性质、工程部位或特点、功能和工程量确定。对于建筑工程,分部工程的划分应遵循下列原则:

①分部工程的划分应按专业性质、工程部位确定。如建筑工程划分为地基与基础、主体结构、建筑装饰装修、屋面、建筑给水排水及供暖、通风与空调、建筑电气、建筑智能化、建筑节能、电梯 10 个分部工程。

②当分部工程较大或较复杂时,可按材料种类、施工特点、施工程序、专业系统及类别将分部工程划分为若干子分部工程。如建筑智能化分部工程中就包含了通信网络系统、计算机网络系统、建筑设备监控系统、火灾报警及消防联动系统、会议系统与信息导航系统、专业应用系统、安全防范系统、综合布线系统、智能化集成系统、电源与接地、计算机机房工程、住宅智能化系统等子分部工程。

3)分项工程的划分

分项工程是分部工程的组成部分,可按主要工种、材料、施工工艺、设备类别进行划分。如建筑工程主体结构分部工程中,混凝土结构子分部工程按主要工种分为模板、钢筋、混凝土等分项工程;按施工工艺又分为预应力、现浇结构、装配式结构等分项工程。

建筑工程分部或子分部工程、分项工程的具体划分详见《建筑工程施工质量验收统一标准》(GB 50300—2013)及相关专业验收规范的规定。

4)检验批的划分

检验批在《建筑工程施工质量验收统一标准》(GB 50300—2013)中是指按相同的生产条件或按规定的方式汇总起来供抽样检验用的,由一定数量样本组成的检验体。它是建筑工程质量验收划分中的最小验收单位。

分项工程可由一个或若干个检验批组成。检验批可根据施工、质量控制和专业验收的需要,按工程量、楼层、施工段、变形缝进行划分。

施工前,应由施工单位制定分项工程和检验批的划分方案,并由项目监理机构审核。对于《建筑工程施工质量验收统一标准》(GB 50300—2013)及相关专业验收规范未涵盖的分项工程和检验批,可由建设单位组织监理、施工等单位协商确定。

通常,多层及高层建筑的分项工程可按楼层或施工段来划分检验批;单层建筑的分项工程可按变形缝等划分检验批;地基与基础的分项工程一般划分为一个检验批,有地下层的基础工程可按不同地下层划分检验批;屋面工程的分项工程可按不同楼层屋面划分为不同的检验批;其他分部工程中的分项工程,一般按楼层划分检验批;工程量较少的分项工程可划分为一个检验批;安装工程一般按一个设计系统或设备组别划分为一个检验批;室外工程一般划分为一个检验批;散水、台阶、明沟等含在地面检验批中。

3.6.2 工程施工质量验收程序和标准

1)工程施工质量验收基本规定

①施工现场应具有健全的质量管理体系、相应的施工技术标准、施工质量检验制度和综合施工质量水平评定考核制度。

施工现场质量管理检查记录应由施工单位按表 3.16 填写,总监理工程师进行检查,并作出检查结论。

表 3.16 施工现场质量管理检查记录

工程名称				施工许可证号		
建设单位				项目负责人		
设计单位				项目负责人		
监理单位				总监理工程师		
施工单位		项目负责人			项目技术负责人	
序号	项 目			主要内容		
1	项目部质量管理体系					
2	现场质量责任制					
3	主要专业工种操作岗位证书					
4	分包单位管理制度					
5	图纸会审记录					
6	地质勘察资料					
7	施工技术标准					
8	施工组织设计编制及审批					
9	物资采购管理制度					
10	施工设施和机械设备管理制度					
11	计量设备配备					
12	检测试验管理制度					
13	工程质量检查验收制度					
自检结果：				检查结论：		
施工单位项目负责人： 年 月 日				总监理工程师： 年 月 日		

②当工程未实行监理时,建设单位相关人员应履行有关验收规范涉及的监理职责。

③建筑工程的施工质量控制应符合下列规定:

a.建筑工程采用的主要材料、半成品、成品、建筑构配件、器具和设备应进行进场检验。凡涉及安全、节能、环境保护和主要使用功能的重要材料、产品,应按各专业工程施工规范、验收规范和设计文件等规定进行复验,并应经专业监理工程师检查认可。

b.各施工工序应按施工技术标准进行质量控制,每道施工工序完成后,经施工单位自检符合规定后,才能进行下道工序施工。各专业工种之间的相关工序应进行交接检验,并记录。

c.对于项目监理机构提出检查要求的重要工序,应经专业监理工程师检查认可,才能进行下道工序施工。

④当专业验收规范对工程中的验收项目未作出相应规定时,应由建设单位组织监理、设计、施工等相关单位制定专项验收要求,涉及结构安全、节能、环境保护等项目的专项验收要求应由建设单位组织专家论证。

⑤建筑工程施工质量应按下列要求进行验收:

a. 工程施工质量验收均应在施工单位自检合格的基础上进行;

b. 参加工程施工质量验收的各方人员应具备相应的资格;

c. 检验批的质量应按主控项目和一般项目验收;

d. 对涉及结构安全、节能、环境保护和主要使用功能的试块、试件及材料,应在进场时或施工中按规定进行见证检验;

e. 隐蔽工程在隐蔽前应由施工单位通知项目监理机构进行验收,并应形成验收文件,验收合格后方可继续施工;

f. 对涉及结构安全、节能、环境保护等的重要分部工程应在验收前按规定进行抽样检验;

g. 工程的观感质量应由验收人员现场检查,并应共同确认。

⑥建筑工程施工质量验收合格应符合下列规定:

a. 工程勘察、设计文件的规定;

b.《建筑工程施工质量验收统一标准》(GB 50300—2013)和相关专业验收规范的规定。

2)检验批质量验收

(1)检验批质量验收程序

检验批是工程施工质量验收的最小单位,是分项工程乃至整个建筑工程质量验收的基础。检验批质量验收应由专业监理工程师组织施工单位项目专业质量检查员、专业工长等进行。

验收前,施工单位应先对施工完成的检验批进行自检,合格后由项目专业质量检查员填写检验批质量验收记录(表3.17,有关监理验收记录及结论不填写)及检验批报审、报验表(表3.5),并报送项目监理机构申请验收;专业监理工程师对施工单位所报资料进行审查,并组织相关人员到验收现场进行主控项目和一般项目的实体检查、验收。对验收不合格的检验批,专业监理工程师应要求施工单位进行整改,自检合格后予以复验;对验收合格的检验批,专业监理工程师应签认检验批报审、报验表及质量验收记录,准许进行下道工序施工。

(2)检验批质量验收合格的规定

①主控项目的质量经抽样检验均应合格。

②一般项目的质量经抽样检验合格。当采用计数抽样时,合格点率应符合有关专业验收规范的规定,且不得存在严重缺陷。

③具有完整的施工操作依据、质量验收记录。

检验批质量验收合格条件除主控项目和一般项目的质量经抽样检验合格外,其施工操作依据、质量验收记录尚应完整且符合设计、验收规范的要求。只有符合检验批质量验收合格条件,该检验批质量方能判定合格。

表 3.17　检验批质量验收记录

	工程名称							
	分项工程名称		验收部位					
	施工单位		项目负责人			专业工厂		
	分包单位		项目负责人			施工班组长		
	施工执行标准名称及编号							
		验收规范的规定	施工、分包单位检查记录				监理单位验收记录	
主控项目	1							
	2							
	3							
	4							
	5							
	6							
	7							
	8							
一般项目	1							
	2							
	3							
	4							
施工、分包单位检查结果		项目专业质量检查员：　　　　　　　　　　　年　　月　　日						
监理单位验收结论		专业监理工程师：　　　　　　　　　　　　　年　　月　　日						

为加深理解检验批质量验收合格条件,应注意以下 3 个方面的内容:

①主控项目的质量经抽样检验均应合格。主控项目是指建筑工程中对安全、节能、环境保护和主要使用功能起决定性作用的检验项目,如钢筋连接的主控项目为:纵向受力钢筋的连接方式应符合设计要求。

主控项目是对检验批的基本质量起决定性影响的检验项目,是保证工程安全和使用功能的重要检验项目,因此必须全部符合有关专业验收规范的规定。主控项目如果达不到规定的质量指标,降低要求就相当于降低该工程的性能指标,就会严重影响工程的安全性能。这意味着主控项目不允许有不符合要求的检验结果,必须全部合格。如混凝土、砂浆强度等级是保证混凝土结构、砌体强度的重要性能,必须全部达到要求。

为了使检验批的质量符合工程安全和使用功能的基本要求,达到保证工程质量的目的,各专业工程质量验收规范对各检验批的主控项目的合格质量给予明确的规定。如钢筋安装验收时的主控项目为:受力钢筋的品种、级别、规格和数量必须符合设计要求。

主控项目的主要内容:a. 工程材料、构配件和设备的技术性能等。如水泥、钢材的质量;预制墙板、门窗等构配件的质量;风机等设备的质量。b. 涉及结构安全、节能、环境保护和主要使用功能的检测项目。如混凝土、砂浆的强度;钢结构的焊缝强度;管道的压力试验;风管的系统测定与调整;电气的绝缘、接地测试;电梯的安全保护、试运转结果等。c. 一些重要的允许偏差项目,必须控制在允许偏差限值之内。

②一般项目的质量经抽样检验合格。当采用计数抽样时,合格点率应符合有关专业验收规范的规定,且不得存在严重缺陷。

一般项目是指除主控项目以外的检验项目。为了使检验批的质量符合工程安全和使用功能的基本要求,达到保证工程质量的目的,各专业工程质量验收规范对各检验批的一般项目的合格质量给予明确的规定。如钢筋连接的一般项目为:钢筋的接头应设置在受力较小处;同一纵向受力钢筋不宜设置两个或两个以上接头;接头末端至钢筋弯起点的距离不应小于钢筋直径的 10 倍。对于一般项目,虽然允许存在一定数量的不合格点,但某些不合格点的指标与合格要求偏差较大或存在严重缺陷时,仍将影响使用功能或感观的要求,对这些位置应进行维修处理。

一般项目包括的主要内容:a. 允许有一定偏差的项目,放在一般项目中,用数据规定的标准可以有偏差范围。b. 对不能确定偏差值而又允许出现一定缺陷的项目,则以缺陷的数量来区分。如砖砌体预埋拉结筋,其留置间距偏差;混凝土钢筋露筋,露出一定长度等。c. 其他一些无法定量的而采用定性的项目。如碎拼大理石地面颜色协调,无明显裂缝和坑洼等。

③具有完整的施工操作依据、质量验收记录。质量控制资料反映了检验批从原材料到最终验收的各施工工序的操作依据,检查情况以及保证质量所必需的管理制度等。对其完整性的检查,实际是对过程控制的确认,这是检验批质量验收合格的前提。质量控制资料主要为:

- 图纸会审记录、设计变更通知单、工程洽商记录、竣工图;
- 工程定位测量、放线记录;
- 原材料出厂合格证书及进场检验、试验报告;
- 施工试验报告及见证检测报告;
- 隐蔽工程验收记录;
- 施工记录;
- 按专业质量验收规范规定的抽样检验、试验记录;

- 分项、分部工程质量验收记录；
- 工程质量事故调查处理资料；
- 新技术论证、备案及施工记录。

（3）检验批质量检验方法

①检验批质量检验，可根据检验项目的特点在下列抽样方案中选取：

a. 计量、计数的抽样方案；

b. 一次、二次或多次抽样方案；

c. 对重要的检验项目，当有简易快速的检验方法时，选用全数检验方案；

d. 根据生产连续性和生产控制稳定性情况，采用调整型抽样方案；

e. 经实践证明有效的抽样方案。

②计量抽样的错判概率 α 和漏判概率 β 可按下列规定采取：

错判概率 α，是指合格批被判为不合格批的概率，即合格批被拒收的概率。

漏判概率 β，是指不合格批被判为合格批的概率，即不合格批被误收的概率。

抽样检验必然存在这两类风险，要求通过抽样检验的检验批 100% 合格是不合理的，也是不可能的。在抽样检验中，两类风险的一般控制范围是：

a. 主控项目：α 和 β 均不宜超过 5%；

b. 一般项目：α 不宜超过 5%，β 不宜超过 10%。

③检验批抽样样本应随机抽取，满足分布均匀、具有代表性的要求，抽样数量不应低于有关专业验收规范的规定。

明显不合格的个体可不纳入检验批，但必须进行处理。使其满足有关专业验收规范的规定，并对处理情况进行记录。

3）隐蔽工程质量验收

隐蔽工程是指在下道工序施工后将被覆盖或掩盖，不易进行质量检查的工程，如钢筋混凝土工程中的钢筋工程，地基与基础工程中的混凝土基础和桩基础等。因此隐蔽工程完成后，在被覆盖或掩盖前必须进行隐蔽工程质量验收。隐蔽工程可能是一个检验批，也可能是一个分项工程或子分部工程，所以可按检验批或分项工程、子分部工程进行验收。

如隐蔽工程为检验批时，其质量验收应由专业监理工程师组织施工单位项目专业质量检查员、专业工长等进行。

施工单位应对隐蔽工程质量进行自检，合格后填写隐蔽工程质量验收记录（表 3.17，有关监理验收记录及结论不填写）及隐蔽工程报审、报验表（表 3.5），并报送项目监理机构申请验收；专业监理工程师对施工单位所报资料进行审查，并组织相关人员到验收现场进行实体检查、验收，同时应留有照片、影像等资料。对验收不合格的工程，专业监理工程师应要求施工单位进行整改，自检合格后予以复查；对验收合格的工程，专业监理工程师应签认隐蔽工程报审、报验表及质量验收记录，准予进行下一道工序施工。

钢筋隐蔽工程验收的内容：纵向受力钢筋的品种、级别、规格、数量和位置等；钢筋的连接方式、接头位置、接头数量、接头面积百分率等；箍筋、横向钢筋的品种、规格、数量、间距等;预埋件的规格、数量、位置等。

检查要点:检查产品合格证、出厂检验报告和进场复验报告;检查钢筋力学性能试验报告;检查钢筋隐蔽工程质量验收记录;检查钢筋安装实物工程质量。

4)分项工程质量验收

(1)分项工程质量验收程序

表 3.18 分项工程质量验收记录

工程名称		结构类型		检验批数	
施工单位		项目负责人		项目技术负责人	
分包单位		单位负责人		项目负责人	
序号	检验批名称及部位、区段	施工、分包单位检查结果		监理单位验收结论	
1					
2					
3					
4					
5					
6					
7					
8					
9					
10					
11					
12					
13					
14					
15					
说明:					
施工单位 检查结果	项目专业技术负责人: 年　月　日		监理单位 验收结论	专业监理工程师: 年　月　日	

分项工程质量验收应由专业监理工程师组织施工单位项目技术负责人等进行。

验收前,施工单位应先对施工完成的分项工程进行自检,合格后填写分项工程质量验收记录(表3.18)及分项工程报审、报验表(表3.5),并报送项目监理机构申请验收。专业监理工程师对施工单位所报资料逐项进行审查,符合要求后签认分项工程报审、报验表及质量验收记录。

(2)分项工程质量验收合格的规定

①分项工程所含检验批的质量均应验收合格;

②分项工程所含检验批的质量验收记录应完整。

分项工程的验收是在检验批的基础上进行的。一般情况下,检验批和分项工程两者具有相同或相近的性质,只是批量的大小不同而已,将有关的检验批汇集构成分项工程。

实际上,分项工程质量验收是一个汇总统计的过程,并无新的内容和要求。分项工程质量验收合格条件比较简单,只要构成分项工程的各检验批的质量验收资料完整,并且均已验收合格,则分项工程质量验收合格。因此,在分项工程质量验收时应注意以下3点:

①核对检验批的部位、区段是否全部覆盖分项工程的范围,有没有缺漏的部位没有验收到。

②一些在检验批中无法检验的项目,在分项工程中直接验收,如砖砌体工程中的全高垂直度、砂浆强度的评定。

③检验批验收记录的内容及签字人是否正确、齐全。

5)分部工程质量验收

(1)分部(子分部)工程质量验收程序

分部(子分部)工程质量验收应由总监理工程师组织施工单位项目负责人和项目技术质量负责人等进行。由于地基与基础、主体结构工程要求严格,技术性强,关系到整个工程的安全,为严把质量关,规定勘察、设计单位项目负责人和施工单位技术、质量负责人应参加地基与基础分部工程的验收。设计单位项目负责人和施工单位技术、质量负责人应参加主体结构、节能分部工程的验收。

验收前,施工单位应先对施工完成的分部工程进行自检,合格后填写分部工程质量验收记录(表3.19)及分部工程报验表(表3.20),并报送项目监理机构申请验收。总监理工程师应组织相关人员进行检查、验收,对验收不合格的分部工程,应要求施工单位进行整改,自检合格后予以复查。对验收合格的分部工程,应签认分部工程报验表及验收记录。

(2)分部(子分部)工程质量验收合格的规定

①所含分项工程的质量均应验收合格。

②质量控制资料应完整。

③有关安全、节能、环境保护和主要使用功能的抽样检验结果应符合相应规定。

④观感质量应符合要求。

分部工程质量验收是在其所含各分项工程质量验收的基础上进行的。首先,分部工程所含各分项工程必须已验收合格且相应的质量控制资料齐全、完整,这是验收的基本条件。此外,由于各分项工程的性质不尽相同,因此作为分部工程不能简单地组合而加以验收,尚须进行以下两方面的检查项目:

①涉及安全、节能、环境保护和主要使用功能等的抽样检验结果应符合相应规定。即涉及安全、节能、环境保护和主要使用功能的地基与基础、主体结构和设备安装等分部工程应进行有关见证检验或抽样检验。如建筑物垂直度、标高、全高测量记录,建筑物沉降观测测量记录,给水管道通水试验记录,暖气管道、散热器压力试验记录,照明全负荷试验记录等。总监理工程师应组织相关人员检查各专业验收规范中规定检测的项目是否都进行了检测;查阅各项检测报告(记录),核查有关检测方法、内容、程序、检测结果等是否符合有关标准规定;核查有关检测单位的资质,见证取样与送样人员资格,检测报告出具单位负责人的签署情况是否符合要求。

表3.19 分部工程质量验收记录

工程名称		结构类型		层 数	
施工单位		技术部门负责人		质量部门负责人	
分包单位		分包单位负责人		分包单位技术负责人	
序号	分项工程名称	检验批数	施工、分包单位检查结果	验收结论	
1					
2					
3					
4					
5					
6					
质量控制资料					
安全和功能检查结果					
观感质量验收					
综合验收结论					
分包单位 项目负责人: 年 月 日	施工单位 项目负责人: 年 月 日		设计单位 项目负责人: 年 月 日	监理单位 总监理工程师: 年 月 日	

②观感质量验收。这类检查往往难以定量,只能以观察、触摸或简单量测的方式进行观感质量验收,并由验收人的主观判断,检查结果并不给出"合格"或"不合格"的结论,而是综合给出"好""一般""差"的质量评价结果。所谓"一般",是指观感质量检验能符合验收规范的要求;所谓"好",是指在质量符合验收规范的基础上,能到达精致、流畅的要求,细部处理到位、精度控制好;所谓"差",是指勉强达到验收规范要求,或有明显的缺陷,但不影响安全或使用功能。评为"差"的项目能进行返修的应进行返修,不能返修的只要不影响结构安全和使用功能的可通过验收。有影响安全和使用功能的项目,不能评价。应返修后再进行评价。

表 3.20 分部工程报验表

工程名称:　　　　　　　　　　　　　　　　　　　　　　　　　　　编号:

致:＿＿＿＿＿＿＿＿＿＿＿＿＿＿＿＿＿＿＿＿＿＿(项目监理机构) 我方已完成＿＿＿＿＿＿＿＿＿＿＿＿＿＿＿＿(分部工程),经自检合格,请予以审批。 　附件:分部工程质量资料   　　　　　　　　　　　　　　　　　　　施工项目经理部(盖章) 　　　　　　　　　　　　　　　　　　　项目技术负责人(签字) 　　　　　　　　　　　　　　　　　　　　　　年　　月　　日
验收意见: 　　　　　　　　　　　　　　　　　　　专业监理工程师(签字) 　　　　　　　　　　　　　　　　　　　　　　年　　月　　日
验收意见: 　　　　　　　　　　　　　　　　　　　项目监理机构(盖章) 　　　　　　　　　　　　　　　　　　　总监理工程师 　　　　　　　　　　　　　　　　　　　　　　年　　月　　日

　　注:本表一式三份,项目监理机构、建设单位、施工单位各一份。

6）单位工程质量验收

（1）单位（子单位）工程质量验收程序

①预验收。当单位（子单位）工程完成后，施工单位应依据验收规范、设计图纸等组织有关人员进行自检，对检查结果进行评定，符合要求后填写单位工程竣工验收报审表、质量竣工验收记录、质量控制资料核查记录、安全和功能检验资料核查以及观感质量检查记录等，并将单位工程竣工验收报审表及有关竣工资料报送项目监理机构申请验收。

总监理工程师应组织专业监理工程师审查施工单位提交的单位工程竣工验收报审表及有关竣工资料，并对工程质量进行竣工预验收。存在质量问题时，应由施工单位及时整改，整改完毕且合格后，总监理工程师应签认单位工程竣工验收报审表及有关资料，并向建设单位提交工程质量评估报告。施工单位向建设单位提交工程竣工报告，申请工程竣工验收。

对需要进行功能试验的项目（包括单机试车和无负荷试车），专业监理工程师应督促施工单位及时进行试验，并对重要项目进行现场监督、检查，必要时请建设单位和设计单位参加；专业监理工程师应认真审查试验报告单并督促施工单位搞好成品保护和现场清理。

单位工程中的分包工程完工后，分包单位应对所施工的建筑工程进行自检，并按规定的程序进行验收。验收时，总包单位应派人参加。验收合格后，分包单位应将所分包工程的质量控制资料整理完整后，移交给总包单位。建设单位组织单位工程质量验收时，分包单位负责人应参加验收。

②验收。建设单位收到施工单位提交的工程竣工报告和完整的质量控制资料，以及项目监理机构提交的工程质量评估报告后，由建设单位项目负责人组织设计、勘察、监理、施工等单位项目负责人进行单位工程验收。对验收中提出的整改问题，项目监理机构应督促施工单位及时整改。工程质量符合要求的，总监理工程师应在工程竣工验收报告中签署验收意见。

《建设工程质量管理条例》规定，建设工程竣工验收应当具备下列条件：

a. 完成建设工程设计和合同约定的各项内容；

b. 有完整的技术档案和施工管理资料；

c. 有工程使用的主要建筑材料、建筑构配件和设备的进场试验报告；

d. 有勘察、设计、施工、工程监理等单位分别签署的质量合格文件；

e. 有施工单位签署的工程保修书。

对于不同性质的建设工程，还应满足其他一些具体要求。如工业建设项目，还应满足环境保护设施、劳动、安全与卫生设施、消防设施以及必需的生产设施已按设计要求与主体工程同时建成，并经有关专业部门验收合格可交付使用。

在一个单位工程中，对满足生产要求或具备使用条件，施工单位经自行检验；专业监理工程师已预验收通过的子单位工程，建设单位可组织进行验收。有几个施工单位负责施工的单位工程，当其中的施工单位所负责的子单位工程已按设计完成，并经自行检验，也可按规定的程序组织正式验收，办理交工手续。在整个单位工程进行全部验收时，已验收的子单位工程验收资料应作为单位工程验收的附件。

单位工程验收时,如有因季节影响需后期调试的项目,单位工程可先行验收。后期调试项目可约定具体时间另行验收。如一般空调制冷不能在冬季验收,采暖工程不能在夏季验收。

(2)单位(子单位)工程质量验收合格的规定

①所含分部(子分部)工程的质量均应验收合格;

②质量控制资料应完整;

③所含分部工程中有关安全、节能、环境保护和主要使用功能等的检验资料应完整;

④主要使用功能的抽查结果应符合相关专业质量验收规范的规定;

⑤观感质量应符合要求。

单位工程质量验收也称质量竣工验收,是建筑工程投入使用前的最后一次验收,也是最重要的一次验收。参建各方责任主体和有关单位及人员应加以重视,认真做好单位工程质量竣工验收,把好工程质量关。

为加深理解单位(子单位)工程质量验收合格条件,应注意以下 5 个方面的内容:

①所含分部(子分部)工程的质量均应验收合格。施工单位事前应认真做好验收准备,将所有分部工程的质量验收记录表及相关资料及时进行收集整理,并列出目次表,依序将其装订成册。在核查和整理过程中,应注意以下 3 点:

a. 核查各分部工程中所含的子分部工程是否齐全;

b. 核查各分部工程质量验收记录表及相关资料的质量评价是否完善;

c. 核查各分部工程质量验收记录表及相关资料的验收人员是否是规定的有相应资格的技术人员,并进行了评价和签认。

②质量控制资料应完整。质量控制资料完整是指所收集到的资料能反映工程所采用的建筑材料、构配件和设备的质量技术性能、施工质量控制和技术管理状况,涉及结构安全和使用功能的施工试验和抽样检测结果,以及工程参建各方质量验收的原始依据、客观记录、真实数据和见证取样等资料。它是客观评价工程质量的主要依据。

尽管质量控制资料在分部工程质量验收时已经检查过,但某些资料由于受试验龄期的影响,或受系统测试的需要等,难以在分部工程验收时到位。因此应对所有分部工程质量控制资料的系统性和完整性进行一次全面核查,在全面梳理的基础上重点检查资料是否齐全、有无遗漏,从而达到完整无缺的要求。

③所含分部工程中有关安全、节能、环境保护和主要使用功能等的检验资料应完整。对涉及安全、节能、环境保护和主要使用功能的分部工程的检验资料应复查合格。资料复查不仅要全面检查其完整性,不得有漏检缺项,而且对分部工程验收时的见证抽样检验报告也要进行复核,这体现了对安全和主要使用功能的重视。

④主要使用功能的抽查结果应符合相关专业质量验收规范的规定。对主要使用功能应进行抽查,使用功能的检查是对建筑工程和设备安装工程最终质量的综合检验,也是用户最为关心的内容,体现了过程控制的原则,也将减少工程投入使用后的质量投诉和纠纷。因此,在分项、分部工程质量验收合格的基础上,竣工验收时再作全面的检查。

主要使用功能抽查项目,已在各分部工程中列出,有的是在分部工程完成后进行检测,有的还要待相关分部工程完成后才能检测,有的则需要等单位工程全部完成后进行检测。这些检测项目应在单位工程完工,施工单位向建设单位提交工程竣工验收报告之前,全部进行完毕,并将检测报告写好。至于在竣工验收时抽查什么项目,应在检查资料文件的基础上由参加验收的各方人员商定,并用计量、计数的方法抽样检验。检验结果应符合有关专业验收规范的要求。

⑤观感质量应符合要求。观感质量验收不是单纯地对工程外表质量进行检查,同时也是对部分使用功能和使用安全所作的一次全面检查。如门窗启闭是否灵活、关闭后是否严密;又如室内顶棚抹灰层的空鼓、楼梯踏步高差过大等。涉及使用的安全,在检查时应加以关注。观感质量验收须由参加验收的各方人员共同进行,检查的方法、内容、结论等已在分部工程的相应部分中阐述,最后共同协商确定是否通过验收。

(3)单位(子单位)工程质量竣工验收报审表及竣工验收记录

单位(子单位)工程质量竣工验收报审表按表 3.21 填写,质量竣工验收记录按表 3.22填写,质量控制资料核查记录按表 3.23 填写,安全和功能检验资料核查按表 3.24 填写,观感质量检查记录按表 3.25 填写。表中的验收记录由施工单位填写,验收结论由监理单位填写。综合验收结论由参加验收各方共同商定,由建设单位填写,并应对工程质量是否符合设计和规范要求及总体质量水平作出评价。

表 3.21　单位工程竣工验收报审表

项目名称：　　　　　　　　　　　　　　　　　　　　　　　编号：

致:＿＿＿＿＿＿＿＿＿＿＿＿＿＿＿＿＿＿＿＿（项目监理机构）
我方已按施工合同要求完成＿＿＿＿＿＿＿＿＿＿＿＿＿＿工程,经自检合格,请予以验收。 附件:1.工程质量验收报告 　　　2.工程功能检验资料   　　　　　　　　　　　　　　　　施工单位(盖章) 　　　　　　　　　　　　　　　　项目经理(签字) 　　　　　　　　　　　　　　　　　　年　　月　　日
预验收意见: 　　经预验收,该工程合格/不合格,可以/不可以组织正式验收。   　　　　　　　　　　　　　　　　项目监理机构(盖章) 　　　　　　　　　　　　　　　　总监理工程师(签字、加盖执业印章) 　　　　　　　　　　　　　　　　　　年　　月　　日

注:本表一式三份,项目监理机构、建设单位、施工单位各一份。

表 3.22　单位工程质量竣工验收记录

工程名称		结构类型		层数/建筑面积	
施工单位		技术负责人		开工日期	
项目负责人		项目技术负责人		竣工日期	
序号	项目		验收记录		验收结论
1	分部工程		共＿＿分部,经查＿＿分部,符合设计及标准规定＿＿分部		
2	质量控制资料核查		共＿＿项,经核定符合规定＿＿项,经核定不符合规定＿＿项		
3	安全和主要使用功能核查及抽查结果		共核查＿＿项,符合规定＿＿项,共抽查＿＿项,符合规定＿＿项,经返工处理符合规定＿＿项		
4	观感质量验收		共抽查＿＿项,符合要求＿＿项,不符合规定＿＿项		
5	综合验收结论				
参加验收单位	建设单位	监理单位	施工单位	设计单位	勘察单位
	（公章）项目负责人: 年　月　日	（公章）总监理工程师: 年　月　日	（公章）项目负责人: 年　月　日	（公章）项目负责人: 年　月　日	（公章）项目负责人: 年　月　日

表 3.23　单位工程质量控制资料核查记录

工程名称				施工单位				
序号	项目	资料名称		份数	施工单位		监理单位	
					核查意见	核查人	核查意见	核查人
1	建筑与结构	图纸会审记录、设计变更通知单、工程洽商记录、竣工图						
2		工程定位测量、放线记录						
3		原材料出厂合格证书及进场检验、试验报告						
4		施工试验报告及见证检测报告						
5		隐蔽工程验收记录						
6		施工记录						
7		地基、基础、主体结构检验及抽样检测资料						
8		分项、分部工程质量验收记录						
9		工程质量事故调查处理资料						
10		新技术论证、备案及施工记录						

续表

序号	项目	资料名称	份数	施工单位		监理单位	
				核查意见	核查人	核查意见	核查人
1	给水排水与供暖	图纸会审记录、设计变更通知单、工程洽商记录、竣工图					
2		原材料出厂合格证书及进场检验、试验报告					
3		管道、设备强度试验、严密性试验记录					
4		隐蔽工程验收记录					
5		系统清洗、灌水、通水、通气试验记录					
6		施工记录					
7		分项、分部工程质量验收记录					
8		新技术论证、备案及施工记录					
1	通风与空调	图纸会审记录、设计变更通知单、工程洽商记录、竣工图					
2		原材料出厂合格证书及进场检验、试验报告					
3		制冷、空调、水管道强度试验、严密性试验记录					
4		隐蔽工程验收记录					
5		制冷设备运行调试记录					
6		通风、空调系统调试记录					
7		施工记录					
8		分项、分部工程质量验收记录					
9		新技术论证、备案及施工记录					
1	建筑电气	图纸会审记录、设计变更通知单、工程洽商记录、竣工图					
2		原材料出厂合格证书及进场检验、试验报告					
3		设备调试记录					
4		接地、绝缘电阻测试记录					
5		隐蔽工程验收记录					
6		施工记录					
7		分项、分部工程质量验收记录					
8		新技术论证、备案及施工记录					

工程名称　　　　　　　施工单位

续表

序号	项目	资料名称	份数	施工单位 核查意见	施工单位 核查人	监理单位 核查意见	监理单位 核查人
工程名称			施工单位				
1	建筑智能化	图纸会审记录、设计变更通知单、工程洽商记录、竣工图					
2		原材料出厂合格证书及进场检验、试验报告					
3		隐蔽工程验收记录					
4		施工记录					
5		系统功能测定及设备调试记录					
6		系统技术、操作和维护手册					
7		系统管理、操作人员培训记录					
8		系统检测报告					
9		分项、分部工程质量验收记录					
10		新技术论证、备案及施工记录					
1	建筑节能	图纸会审记录、设计变更通知单、工程洽商记录、竣工图					
2		原材料出厂合格证书及进场检验、试验报告					
3		隐蔽工程验收记录					
4		施工记录					
5		外墙、外窗节能检验报告					
6		设备系统节能检验报告					
7		分项、分部工程质量验收记录					
8		新技术论证、备案及施工记录					

结论：

施工单位项目负责人：　　　　　　　　　　　　　总监理工程师：
　　　年　　月　　日　　　　　　　　　　　　　　　　年　　月　　日

表 3.24　单位工程安全和功能检验资料核查记录

序号	项目	安全各功能检查项目	份数	施工单位 核查意见	施工单位 核查人	监理单位 核查意见	监理单位 核查人
工程名称			施工单位				
1		地基承载力检验报告					
2		桩基承载力检验报告					
3		混凝土强度试验报告					
4		砂浆强度试验报告					

续表

序号	项目	安全各功能检查项目	份数	施工单位		监理单位	
				核查意见	核查人	核查意见	核查人
5	建筑与结构	屋面淋水或蓄水试验报告					
6		地下室防水效果检查记录					
7		有防水要求的地面蓄水试验记录					
8		建筑物垂直度、标高、全高测量记录					
9		抽气(风)道检查记录					
10		外窗气密性、水密性、耐风压检测报告					
11		幕墙气密性、水密性、耐风压检测报告					
12		建筑物沉降观测测量记录					
13		节能、保温测试记录					
14		室内环境检测报告					
15		土壤氡气浓度检测报告					
1	给水排水与供暖	给水管道通水试验记录					
2		暖气管道、散热器压力试验记录					
3		卫生器具满水试验记录					
4		消防管道、燃气管道压力试验记录					
5		排水干管通球试验记录					
1	通风与空调	通风、空调系统试运行记录					
2		风量、温度测试记录					
3		空气能量回收装置测试记录					
4		洁净室洁净度测试记录					
5		制冷机组试运行调试记录					
1	建筑电气	照明全负荷试验记录					
2		大型灯具牢固性试验记录					
3		避雷接地电阻测试记录					
4		线路、插座、开关接地检验记录					
1	建筑智能化	系统试运行记录					
2		系统电源及接地检测报告					
1	建筑节能	外墙热工性能					
2		设备系统节能性能					

结论:

施工单位项目负责人:　　　　　　　　　　　　　总监理工程师:

　　　年　月　日　　　　　　　　　　　　　　　　年　月　日

注:抽查项目由验收组协商确定。

表 3.25　单位工程观感质量检查记录

工程名称			施工单位			
序号		项目	抽查质量状况	质量评价		
				好	一般	差
1	建筑与结构	主体结构外观	共检查　点,其中合格　点			
2		主体结构尺寸、位置	共检查　点,其中合格　点			
3		主体结构垂直度、标高	共检查　点,其中合格　点			
4		室外墙面	共检查　点,其中合格　点			
5		变形缝	共检查　点,其中合格　点			
6		水落管、屋面	共检查　点,其中合格　点			
7		室内墙面	共检查　点,其中合格　点			
8		室内顶棚	共检查　点,其中合格　点			
9		室内地面	共检查　点,其中合格　点			
10		楼梯、踏步、护栏	共检查　点,其中合格　点			
11		门窗	共检查　点,其中合格　点			
12		雨篷、台阶、坡道、散水	共检查　点,其中合格　点			
1	给水排水与供暖	管道接口、坡度、支架	共检查　点,其中合格　点			
2		卫生器具、支架、阀门	共检查　点,其中合格　点			
3		检查口、扫除口、地漏	共检查　点,其中合格　点			
4		散热器、支架	共检查　点,其中合格　点			
1	通风与空调	风管、支架	共检查　点,其中合格　点			
2		风口、风阀	共检查　点,其中合格　点			
3		风机、空调设备	共检查　点,其中合格　点			
4		阀门、支架	共检查　点,其中合格　点			
5		水泵、冷却塔	共检查　点,其中合格　点			
6		绝热	共检查　点,其中合格　点			
1	建筑电气	配电箱、盘、板、接线盒	共检查　点,其中合格　点			
2		设备器具、开关、插座	共检查　点,其中合格　点			
3		防雷、接地、防火	共检查　点,其中合格　点			
4						
1	建筑智能化	机房设备安装及布局	共检查　点,其中合格　点			
2		现场设备安装	共检查　点,其中合格　点			
观感质量综合评价						
结论:						

　　施工单位项目负责人:　　　　　　　　　　　总监理工程师:

　　　　年　月　日　　　　　　　　　　　　　　年　月　日

注:①对质量评价为差的项目应进行返修;

　　②观感质量检查的原始记录应作为本表附件。

7）工程施工质量验收不符合要求的处理

一般情况,不合格现象在检验批验收时就应发现并及时处理,但实际工程中不能完全避免不合格情况的出现,因此工程施工质量验收不符合要求的应按下列原则进行处理:

①经返工或返修的检验批,应重新进行验收。在检验批验收时,对于主控项目不能满足验收规范规定或一般项目超过偏差限值时,应及时进行处理。其中,对于严重的质量缺陷应重新施工;一般的质量缺陷可通过返修或更换予以解决,允许施工单位在采取相应的措施后重新验收。如能够符合相应的专业验收规范要求,则应认为该检验批合格。

②经有资质的检测单位检测鉴定能够达到设计要求的检验批,应予以验收。当个别检验批发现问题、难以确定能否验收时,应请具有资质的法定检测单位进行检测鉴定。当鉴定结果认为能够达到设计要求时,该检验批可以通过验收,这种情况通常出现在某检验批的材料试块强度不满足设计要求时。

③经有资质的检测单位检测鉴定达不到设计要求,但经原设计单位核算认可能够满足安全和使用功能要求时,该检验批可予以验收。如经检测鉴定达不到设计要求,但经原设计单位核算、鉴定,仍可满足相关设计规范和使用功能的要求时,该检验批可予以验收。一般情况下,标准、规范规定的是满足安全和功能的最低要求,而设计往往在此基础上留有一些余量。在一定范围内,会出现不满足设计要求而符合相应规范要求的情况,两者并不矛盾。

④经返修或加固处理的分项、分部工程,满足安全及使用功能要求时,可按技术处理方案和协商文件的要求予以验收。经法定检测单位检测鉴定以后认为达不到规范的相应要求,即不能满足最低限度的安全储备和使用功能时,则必须按一定的技术处理方案进行加固处理,使之能满足安全使用的基本要求。这样可能会造成一些永久性的影响,如增大结构外形尺寸,影响一些次要的使用功能等。但为了避免建筑物的整体或局部拆除,避免社会财富更大的损失,在不影响安全和主要使用功能条件下,可按技术处理方案和协商文件的要求进行验收,责任方应按法律法规承担相应的经济责任和接受处罚。这种方法不能作为降低质量要求、变相通过验收的一种途径,这是应该特别注意的。

⑤经返修或加固处理仍不能满足安全或重要使用要求的分部工程及单位或子单位工程,严禁验收。分部工程及单位工程如存在影响安全和使用功能的严重缺陷,经返修或加固处理仍不能满足安全使用要求的,严禁通过验收。

⑥工程质量控制资料应齐全完整,当部分资料缺失时,应委托有资质的检测单位按有关标准进行相应的实体检测或抽样试验。实际工程中偶尔会遇到因遗漏检验或资料丢失而导致部分施工验收资料不全的情况,使工程无法正常验收。对此可有针对性地进行工程质量检验,采取实体检测或抽样试验的方法确定工程质量状况。上述工作应由有资质的检测单位完成,检验报告可用于工程施工质量验收。

3.7　建设工程质量缺陷

项目监理机构应采取有效措施预防工程质量缺陷及事故的出现。工程施工过程中一旦出现工程质量缺陷及事故,项目监理机构应按规定的程序予以处理。

3.7.1　建设工程质量缺陷

1)工程质量缺陷的涵义

工程质量缺陷是指工程不符合国家或行业的有关技术标准、设计文件及合同中对质量的要求。工程质量缺陷可分为施工过程中的质量缺陷和永久质量缺陷,施工过程中的质量缺陷又可分为可整改质量缺陷和不可整改质量缺陷。

2)工程质量缺陷的成因

(1)常见质量缺陷的成因

由于建设工程施工周期较长,所用材料品种繁杂,在施工过程中受社会环境和自然条件等方面因素的影响,产生的工程质量问题表现形式千差万别,类型多种多样。这使得引起工程质量缺陷的成因也错综复杂,一项质量缺陷往往是由于多种原因引起。虽然每次发生质量缺陷的类型各不相同,但通过对大量质量缺陷调查与分析发现,其发生的原因有不少相同或相似之处,归纳其最基本的因素主要有以下几方面:

①违背基本建设程序。基本建设程序是工程项目建设过程及其客观规律的反映。不按建设程序办事的情况包括:未搞清地质情况就仓促开工;边设计、边施工;无图施工;不经竣工验收就交付使用等。

②违反法律法规。例如,无证设计,无证施工,越级设计,越级施工,转包、挂靠,工程招投标中的不公平竞争,超常的低价中标,非法分包,擅自修改设计等均属于违反法律法规的行为。

③地质勘察数据失真。例如,未认真进行地质勘察或勘探时钻孔深度、间距、范围不符合规定要求,地质勘察报告不详细、不准确、不能全面反映实际的地基情况,从而使得地下情况不清,或对基岩起伏、土层分布误判,或未查清地下软土层、墓穴、孔洞等,均会导致采用不恰当或错误的基础方案,造成地基不均匀沉降、失稳,使上部结构或墙体开裂、破坏,或引发建筑物倾斜、倒塌等。

④设计差错。例如,盲目套用图纸、采用不正确的结构方案、计算简图与实际受力情况不符、荷载取值过小、内力分析有误、沉降缝或变形缝设置不当、悬挑结构未进行抗倾覆验算,以及计算错误等均属于设计差错的现象。

⑤施工与管理不到位。不按图施工或未经设计单位同意擅自修改设计。例如:将铰接做成刚接,将简支梁做成连续梁,导致结构破坏;挡墙不按图设滤水层、排水孔,导致压力增大,墙体破坏或倾覆;不按有关的施工规范和操作规程施工,浇筑混凝土时振捣不良,造成薄弱部位;砖砌体砌筑上下通缝,灰浆不饱满等均能导致砖墙破坏。施工组织管理紊乱,不熟

悉图纸,盲目施工;施工方案考虑不周,施工顺序颠倒;图纸未经会审,仓促施工;技术交底不清,违章作业;疏于检查、验收等。

⑥操作工人素质差。近年来,施工操作人员的素质不断下降。过去师傅带徒弟的技术传承方式逐渐过时,熟练工人的总体数量无法满足全国大量开工的基本建设需求,工人流动性大,缺乏培训,操作技能差,质量意识和安全意识差。

⑦使用不合格的原材料、构配件和设备。近年来,假冒伪劣的材料、构配件和设备大量出现,一旦把关不严,不合格的建筑材料及制品被用于工程,将导致质量隐患,造成质量缺陷和质量事故。例如,钢筋物理力学性能不良导致钢筋混凝土结构破坏;骨料中碱活性物质导致碱骨料反应使混凝土产生破坏;水泥安定性不合格会造成混凝土爆裂;水泥受潮、过期、结块,砂石含泥量及有害物含量超标,外加剂掺量等不符合要求时,影响混凝土强度、和易性、密实性、抗渗性,从而导致混凝土结构强度不足、裂缝、渗漏等质量缺陷。此外,预制构件截面尺寸不足,支承锚固长度不足,未可靠地建立预应力值,漏放或少放钢筋,板面开裂等均可能出现断裂、坍塌;变配电设备质量缺陷可能导致自燃或火灾。

⑧自然环境因素。空气温度、湿度、暴雨、大风、洪水、雷电、日晒和浪潮等。

⑨盲目抢工。盲目压缩工期,不尊重质量、进度、造价的内在规律。

⑩使用不当。例如:装修中未经校核验算就任意对建筑物加层;任意拆除承重结构部件;任意在结构物上开槽、打洞、削弱承重结构截面等。

(2)质量缺陷成因分析方法

工程质量缺陷的发生,既可能因为设计计算和施工图纸中存在错误,也可能因为施工中出现不合格或质量缺陷,也可能因为使用不当。要分析究竟是哪种原因所引起,必须对质量缺陷的特征表现以及其在施工中和使用中所处的实际情况和条件进行具体分析。分析的基本步骤如下:

①进行细致的现场调查研究,观察记录全部实况,充分了解与掌握引发质量缺陷的现象和特征。

②收集调查与质量缺陷有关的全部设计和施工资料,分析摸清工程在施工或使用过程中所处的环境及面临的各种条件和情况。

③找出可能产生质量缺陷的所有因素。

④分析、比较和判断,找出最可能造成质量缺陷的原因。

⑤进行必要的计算分析或模拟试验予以论证确认。

分析要领:

①确定质量缺陷的初始点,即所谓原点,它是一系列独立原因集合起来形成的爆发点。因其反映出质量缺陷的直接原因,而在分析过程中具有关键性作用。

②围绕原点对现场各种现象和特征进行分析,区别导致同类质量缺陷的不同原因,逐步揭示质量缺陷萌生、发展和最终形成的过程。

③综合考虑原因复杂性,确定诱发质量缺陷的起源点即真正原因。工程质量缺陷原因分析是对一堆模糊不清的事物和现象客观属性、联系的反映,它的准确性和管理人员的能力学识、经验和态度有极大关系,其结果不单是简单的信息描述,而是逻辑推理的产物,其推理

可用于工程质量的事前控制。

3.7.2　工程质量缺陷的处理

工程施工过程中,由于种种主观和客观原因,出现质量缺陷往往难以避免。对已发生的质量缺陷,项目监理机构应按下列程序进行处理,如图 3.2 所示。

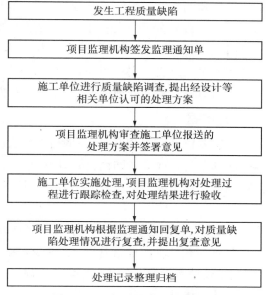

图 3.2　工程质量缺陷处理程序

3.8　建设工程质量事故

3.8.1　工程质量事故等级划分

根据《关于做好房屋建筑和市政基础设施工程质量事故报告和调查处理工作的通知》(建质〔2010〕111 号),工程质量事故是指由于建设、勘察、设计、施工、监理等单位违反工程质量有关法律法规和工程建设标准,使工程产生结构安全、重要使用功能等方面的质量缺陷,造成人身伤亡或者重大经济损失的事故。根据工程质量事故造成的人员伤亡或者直接经济损失,工程质量事故分为 4 个等级:

①特别重大事故,是指造成 30 人以上死亡,或者 100 人以上重伤,或者 1 亿元以上直接经济损失的事故。

②重大事故,是指造成 10 人以上 30 人以下死亡,或者 50 人以上 100 人以下重伤,或者 5 000 万元以上 1 亿元以下直接经济损失的事故。

③较大事故,是指造成 3 人以上 10 人以下死亡,或者 10 人以上 50 人以下重伤,或者 1 000 万元以上 5 000 万元以下直接经济损失的事故。

④一般事故,是指造成 3 人以下死亡,或者 10 人以下重伤,或者 100 万元以上 1 000 万

元以下直接经济损失的事故。

该等级划分所称的"以上"包括本数,所称的"以下"不包括本数。

3.8.2 工程质量事故处理

建设工程一旦发生质量事故,除相关行业有特殊要求外,应按照《关于做好房屋建筑和市政基础设施工程质量事故报告和调查处理工作的通告》(建质〔2010〕111 号)的要求,由各级政府建设行政主管部门按事故等级划分开展相关的工程质量事故调查,明确相应责任单位,提出相应的处理意见。项目监理机构除积极配合做好上述工程质量事故调查外,还应做好由于事故对工程产生的结构安全及重要使用功能等方面的质量缺陷处理工作,为此,项目监理机构应掌握工程质量事故所造成缺陷的处理依据、程序和基本方法。

1)工程质量事故处理的依据

进行工程质量事故处理的主要依据有 4 个方面:一是相关的法律法规;二是具有法律效力的工程承包合同、设计委托合同、材料或设备购销合同以及监理合同或分包合同等合同文件;三是质量事故的实况资料;四是有关的工程技术文件、资料、档案。

(1)相关法律法规

相关法律法规包括《中华人民共和国建筑法》《建设工程质量管理条例》等。《中华人民共和国建筑法》颁布实施,对加强建筑活动的监督管理、维护市场秩序、保证建设工程质量提供了法律保障。《建设工程质量管理条例》以及相关的配套法规的相继颁布,完善了工程质量及质量事故处理有关的法律法规体系。

(2)有关合同及合同文件

所涉及的合同文件可以是:工程承包合同;设计委托合同;设备与器材购销合同;监理合同等。有关合同和合同文件在处理质量事故中的作用是:确定在施工过程中有关各方是否按照合同有关条款实施其活动,借以探寻产生事故的可能原因。例如,施工单位是否在规定时间内通知项目监理机构进行隐蔽工程验收,项目监理机构是否按规定时间实施了检查验收;施工单位在材料进场时,是否按规定或约定进行了检验等。此外,有关合同文件还是界定质量责任的重要依据。

(3)质量事故的实况资料

要搞清质量事故的原因和确定处理对策,首先要掌握质量事故的实际情况。有关质量事故实况的资料主要来自以下几个方面:

①施工单位的质量事故调查报告。质量事故发生后,施工单位有责任就所发生的质量事故进行周密的调查、研究,掌握情况,并在此基础上写出调查报告,提交项目监理机构和建设单位。在调查报告中首先就与质量事故有关的实际情况做详尽的说明,其内容应包括:

a.质量事故发生的时间、地点、工程部位;

b.质量事故发生的简要经过,造成工程损失状况、伤亡人数和直接经济损失的初步估计;

c.质量事故发展变化的情况(其范围是否继续扩大,程度是否已经稳定等);

d.有关质量事故的观测记录,事故现场状态的照片或录像。

②项目监理机构所掌握的质量事故相关资料,其内容大致与施工单位调查报告中有关内容相似,可用来与施工单位所提供的情况对照、核实。

(4)有关的工程技术文件、资料和档案

①有关的设计文件,如施工图纸和技术说明等。在处理质量事故中,其作用一方面是可以对照设计文件,核查施工质量是否完全符合设计的规定和要求;另一方面是可以根据所发生的质量事故情况,核查设计中是否存在问题或缺陷,成为导致质量事故的原因。

②与施工有关的技术文件、档案和资料,包括:

a.施工组织设计或施工方案、施工计划。

b.施工记录、施工日志等。根据它们可以查对发生质量事故的工程施工时的情况,如:施工时的气温、降雨、风力、海浪等有关的自然条件;施工人员的情况;施工工艺与操作过程的情况;使用的材料情况;施工场地、工作面、交通等情况;地质及水文地质情况等。借助这些资料可以追溯和探寻事故的可能原因。

c.有关建筑材料的质量证明资料。例如,材料批次、出厂日期、出厂合格证或检验报告、施工单位抽检或试验报告等。

d.现场制备材料的质量证明资料。例如,混凝土拌合料的级配、水灰比、坍落度记录;混凝土试块强度试验报告;沥青拌合料配比、出机温度和摊铺温度记录等。

e.质量事故发生后,对事故状况的观测记录、试验记录或试验报告等。例如,对地基沉降的观测记录;对建筑物倾斜或变形的观测记录;对地基钻探取样记录与试验报告;对混凝土结构物钻取试样的记录与试验报告等。

上述各类技术资料对于分析质量事故原因、判断其发展变化趋势、推断事故影响及严重程度、确定处理措施等都是不可缺少的。

2)工程质量事故处理程序

工程质量事故发生后,项目监理机构可按以下程序进行处理,如图 3.3 所示。

①工程质量事故发生后,总监理工程师应签发《工程暂停令》,要求暂停质量事故部位和与其有关联部位的施工,要求施工单位采取必要的措施,防止事故扩大并保护好现场。同时,要求质量事故发生单位迅速按类别和等级向相应的主管部门上报。

②项目监理机构要求施工单位进行质量事故调查,分析质量事故产生的原因,并提交质量事故调查报告。对于由质量事故调查组处理的,项目监理机构应积极配合,客观地提供相应证据。

③根据施工单位的质量调查报告或质量事故调查组提出的处理意见,项目监理机构要求相关单位完成技术处理方案。质量事故技术处理方案一般由施工单位提出,经原设计单位同意签认,并报建设单位批准。对于涉及结构安全和加固处理等的重大技术处理方案,一般由原设计单位提出。必要时,应要求相关单位组织专家论证,以确保处理方案可靠、可行,保证结构安全和使用功能。

④技术处理方案经相关各方签认后,项目监理机构应要求施工单位制定详细的施工方

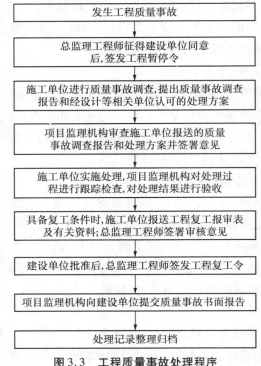

图 3.3　工程质量事故处理程序

案。对处理过程进行跟踪检查,对处理结果进行验收。必要时应组织有关单位对处理结果进行签订。

　　⑤质量事故处理完毕后,具备工程复工条件时,施工单位提出复工申请。项目监理机构应审查施工单位报送的工程复工报审表及有关资料,符合要求后,总监理工程师签署审核意见,报建设单位批准后,签发工程复工令。

　　⑥项目监理机构应及时向建设单位提交质量事故书面报告,并应将完整的质量事故处理记录整理归档。质量事故书面报告应包括如下内容:

　　a.工程及各参建单位名称。

　　b.质量事故发生的时间、地点、工程部位。

　　c.事故发生的简要经过,造成工程损伤状况、伤亡人数和直接经济损失的初步估计。

　　d.事故发生原因的初步判断。

　　e.事故发生后采取的措施及处理方案。

　　f.事故处理的过程及结果。

3)工程质量事故处理的基本方法

　　工程质量事故处理的基本方法包括工程质量事故处理方案的确定及工程质量事故处理后的鉴定验收。其目的是消除质量缺陷,以达到建筑物的安全可靠和正常使用功能及寿命要求,并保证后续施工正常进行。其一般处理原则是:正确确定事故性质,是表面性还是实质性,是结构性还是一般性,是迫切性还是可缓性;正确确定处理范围,除直接发生部位,还应检查处理事故相邻影响作用范围的结构部位或构件。其处理基本要求是;安全可靠,不留隐患;满足建筑物的功能和使用要求;技术可行,经济合理。

(1)工程质量事故处理方案的确定

工程质量事故处理方案的确定,要以分析事故调查报告中事故原因为基础,结合实地勘查成果,并尽量满足建设单位的要求。因同类和同一性质的事故常可以选择不同的处理方案,在确定处理方案时,应审核其是否遵循一般处理原则和要求,尤其应重视工程实际条件,如建筑物实际状态、材料实测性能,各种作用的实际情况等,以确保作出正确判断和选择。

尽管质量事故的技术处理方案多种多样,但根据质量事故的情况可归纳为 3 种类型的处理方案,监理人员应掌握从中选择最适用处理方案的方法,方能对相关单位上报的事故处理方案作出正确审核结论。

①修补处理。这是最常用的一类处理方案。通常当工程的某个检验批、分项或分部工程的质量虽未达到规定的规范、标准或设计要求,存在一定缺陷,但通过修补或更换构配件、设备后还可达到要求的标准,又不影响使用功能和外观要求,在此情况下,可以进行修补处理。

属于修补处理类的具体方案很多,诸如封闭保护、复位纠偏、结构补强、表面处理等。某些事故造成的结构混凝土表面裂缝,可根据其受力情况,仅作表面封闭处理;某些混凝土结构表面的蜂窝、麻面,经调查分析,可进行剔凿、抹灰等表面处理,一般不会影响其使用和外观。

对较严重的质量缺陷,可能影响结构的安全性和使用功能,必须按一定的技术方案进行加固补强处理,这样往往会造成一些永久性缺陷。如改变结构外形尺寸,影响一些次要的使用功能等。

②返工处理。当工程质量未达到规定的标准和要求,存在的严重质量缺陷,对结构的使用和安全构成重大影响且又无法通过修补处理的情况下,可对检验批、分项、分部工程甚至整个工程返工处理。例如,某防洪堤坝填筑压实后,其压实土的干密度未达到规定值,经核算将影响土体的稳定且不满足抗渗能力要求,可挖除不合格土,重新填筑,进行返工处理。对某些存在严重质量缺陷,且无法采用加固补强等修补处理或修补处理费用比原工程造价还高的工程,应进行整体拆除,全面返工。

③不做处理。某些工程质量缺陷虽然不符合规定的要求和标准构成质量事故,但视其严重情况,经过分析、论证,并由法定检测单位鉴定和设计等有关单位认可,对工程或结构使用及安全影响不大的地方,也可不做专门处理。通常不用专门处理的情况有以下几种:

a. 不影响结构安全和正常使用。例如,有的建筑物出现放线定位偏差,且严重超过规范标准规定,若要纠正会造成重大经济损失,若经过分析、论证其偏差不影响生产工艺和正常使用,在外观上也无明显影响,可不做处理。又如,某些隐蔽部位结构混凝土表面裂缝,经检查分析,属于表面养护不够的干缩微裂,不影响使用及外观,也可不做处理。

b. 有些质量缺陷,经过后续工序可以弥补。例如,混凝土墙表面轻微麻面,可通过后续的抹灰、喷涂或刷白等工序弥补,亦可不做专门处理。

c. 经法定检测单位鉴定合格。例如,某检验批混凝土试块强度值不满足规范要求,强度不足,在法定检测单位对混凝土实体采用非破损检验方法,测定其实际强度已达规范允许和设计要求值时,可不做处理。对经检测未达要求值,但相差不多,经分析论证,只要使用前经再次检测达设计强度,也可不做处理。

d. 出现的质量缺陷经检测鉴定达不到设计要求,但经原设计单位核算,仍能满足结构安全和使用功能。例如,某一结构构件截面尺寸不足或材料强度不足,影响结构承载力,但经按实际检测所得截面尺寸和材料强度复核验算,仍能满足设计的承载力,可不进行专门处理。这是因为一般情况下,规范标准给出了满足安全和功能的最低限度要求,而设计往往在此基础上留有一定余量。这种处理方式实际上是挖掘了设计潜力或降低了设计的安全系数。

不论哪种情况,特别是不做处理的质量缺陷,均要备好必要的书面文件,对技术处理方案、不做处理结论和各方协商文件等有关档案资料认真组织签认。对责任方应承担的经济责任和合同中约定的罚则应正确判定。

④选择最适用工程质量事故处理方案的辅助方法。选择工程质量处理方案,是复杂而重要的工作,它直接关系到工程的质量、费用和工期。处理方案选择不合理,不仅劳民伤财,严重的会留有隐患,危及人身安全,特别是对需要返工或不做处理的方案,更应慎重对待。下面给出一些可采取的选择工程质量事故处理方案的辅助决策方法:

a. 试验验证。即使某些有严重质量缺陷的项目,也可采取合同规定的常规试验以外的试验方法进一步进行验证,以便确定缺陷的严重程度。如,公路工程的沥青面层厚度误差超过了规范允许的范围,可采用弯沉试验检查路面的整体强度等。监理人员可根据对试验验证结果的分析、论证,再研究选择最佳的处理方案。

b. 定期观测。有些工程在发现其质量缺陷时,其状态可能尚未达到稳定状态仍会继续发展。在这种情况下一般不宜过早作出决定,可以对其进行一段时间的观测,然后再根据情况作出决定。属于这类的质量缺陷,如桥墩或其他工程的基础在施工期间发生沉降超过预计的或规定的标准;混凝土表面发生裂缝,并处于发展状态等。有些有缺陷的工程,短期内其影响可能不十分明显,需要较长时间的观测才能得出结论。对此,项目监理机构应与建设单位及施工单位协商,是否可以留待责任期解决或采取修改合同并延长责任期的办法。

c. 专家论证。某些工程质量缺陷,涉及的技术领域比较广泛,或问题很复杂,有时仅根据合同规定难以决策,这时可提请专家论证。采用这种办法时,应事先做好充分准备,尽早为专家提供尽可能详尽的情况和资料,以便使专家能够进行较充分、全面和细致地分析、研究,提出切实的意见与建议。实践证明,采取这种方法,对于监理人员正确选择重大工程质量缺陷的处理方案十分有益。

d. 方案比较。这是比较常用的一种方法。同类型和同一性质的事故可先设计多种处理方案,然后结合当地的资源情况、施工条件等逐项给出权重,作出对比;从而选择具有较高处理效果又便于施工的处理方案。例如,结构构件承载力达不到设计要求,可采用改变结构构造来减少结构内力、结构卸荷或结构补强等不同处理方案,可将其每一方案按经济、工期、效果等指标列项并分配相应权重值,进行对比,辅助决策。

(2)工程质量事故处理的鉴定验收

对于质量事故的技术处理是否达到了预期目的,是否消除了工程质量不合格和工程质量缺陷,是否仍留有隐患,项目监理机构应通过组织检查和必要的鉴定,对此进行验收并予以最终确认。

①检查验收。工程质量事故处理完成后,项目监理机构在施工单位自检合格的基础上应严格按施工验收标准及有关规范的规定进行检查,依据质量事故技术处理方案设计要求,通过实际量测,检查各种资料数据进行验收,并应办理验收手续,组织各有关单位会签。

②必要的鉴定。为确保工程质量事故的处理效果,凡涉及结构承载力等使用安全和其他重要性能的处理工作,常需做必要的试验和检验鉴定工作。如果质量事故处理施工过程中建筑材料及构配件保证资料严重缺乏,或对检查验收结果各参与单位有争议时,常见的检验工作有:混凝土钻芯取样,用于检查密实性和裂缝修补效果,或检测实际强度;结构荷载试验,确定其实际承载力;超声波检测焊接或结构内部质量;池、罐、箱柜工程的渗漏检验等。检测鉴定必须委托具有资质的法定检测单位进行。

③验收结论。对所有质量事故无论经过技术处理,通过检查鉴定验收还是不需专门处理的,均应有明确的书面结论。若对后续工程施工有特定要求,或对建筑物使用有一定限制条件,应在结论中提出。验收结论通常有以下几种:

a. 事故已排除,可以继续施工;

b. 隐患已消除,结构安全有保证;

c. 经修补处理后,完全能够满足使用要求;

d. 基本上满足使用要求,但使用时应有附加限制条件,例如限制荷载等;

e. 对耐久性的结论;

f. 对建筑物外观影响的结论;

g. 对短期内难以作出结论的,可提出进一步观测检验意见。

对于处理后符合《建筑工程施工质量验收统一标准》(GB 50300—2013)规定的,监理人员应予以验收、确认,并应注明责任方承担的经济责任。对经加固补强或返工处理仍不能满足安全使用要求的分部工程、单位(子单位)工程,应拒绝验收。

复习思考题

1. 建设工程质量有哪些特性?

2. 试述影响工程质量的因素。

3. 简述项目监理机构进行工程质量控制应遵循的原则。

4. 施工质量控制的依据主要有哪些方面?

5. 简要说明施工阶段监理工程师质量控制的工作程序。

6. 简要说明专业监理工程师审查施工组织设计的基本内容与程序。

7. 专业监理工程师对施工方案审查的重点是什么?

8. 专业监理工程师如何审查分包单位的资格?

9. 专业监理工程师如何查验施工控制测量成果?

10. 专业监理工程师如何进行施工试验室的检查?

11. 专业监理工程师如何进行进场材料构配件的质量控制?

12. 项目监理机构如何做好开工条件审查？

13. 专业监理工程师如何做好巡视与旁站？

14. 什么情况下可以签发工程暂停令？

15. 什么是建筑工程施工质量验收的主控项目和一般项目？

16. 什么是检验批？检验批的划分原则是什么？

17. 什么是单位工程？单位工程的划分原则是什么？

18. 试说明单位工程的验收程序。

19. 试说明工程施工质量验收不符合要求时应如何处理。

20. 试述工程质量缺陷处理的程序。

21. 简述工程质量事故的等级划分。

22. 工程质量事故处理的依据是什么？

23. 简述对工程质量事故原因进行分析的基本步骤和原理。

24. 简述工程质量事故处理的程序。

25. 质量事故处理方案确定的一般原则和基本要求是什么？

26. 质量事故处理可能采取的处理方案有哪几类？它们各适合在何种情况下采用？

第4章
工程造价控制

本章导读

- **学习目标** 了解建设工程造价控制基础知识;掌握工程造价计价依据、工程造价的构成、工程造价控制的措施。
- **本章重点** 建设工程监理造价在施工阶段工程计量、付款工程款、竣工结算款审核的程序及原理。
- **本章难点** 施工阶段的造价控制的任务和内容。

4.1 工程造价控制概述

4.1.1 工程造价的含义

《建设工程造价咨询成果文件质量标准》(CECA/GC 7—2012)的描述是:工程造价是工程项目在建设阶段预计或实际支出的建造费用,包括建设投资、建设期利息、固定资产投资方向调节税。

对于工程造价,一直有两种不同的理解和解释,即广义的工程造价指一个建设项目的建设费,而狭义的工程造价指发承包双方确定的建筑安装工程费用。一般情况下,我们将工程造价定义为一个工程项目的建造费用,该项目可以是一个建设项目,也可以是一个或多个单项工程、单位工程或分部分项工程,如某工厂的工程造价,某栋建筑物的工程造价,某幕墙工程的工程造价。

4.1.2　工程造价的特点

工程造价的特点是由工程项目建设的建筑产品的特点决定的。

1）大额性

任何一项工程建设项目,不仅实物形态庞大,且造价高昂,需投资几百万、几千万甚至上亿的资金。工程造价的大额性关系到多方面的经济利益,同时也对社会宏观经济产生重大影响。

2）单个性

任何一项建设工程都有特殊的用途,其功能、用途各不相同,因而使得每一项工程的结构、造型、平面布置、设备配置和内外装饰都有不同的要求。工程内容和实物形态的个别差异性决定了工程造价的单个性。

3）动态性

任何一项建设工程从决策到竣工交付使用,都有一个较长的建设期。在这期间,如人工价格、材料(包含工程设备)价格、机械价格、费率、利率、汇率等会发生变化。这种变化必然会影响工程造价的变动,直至竣工决算后才能最终确定工程造价。建设周期长,资金的时间价值突出。

4）层次性

一个建设项目往往含有多个单项工程,一个单项工程又是由多个单位工程组成,一个单位工程又是由多个分部分项工程组成。与此相适应,工程造价也由层次相对应,即建设项目总造价、单项工程造价、单位工程造价和分部分项工程造价。

5）阶段性（多次性）

建设工程周期长、规模大、投资大,不能一次确定可靠的价格,要在建设程序的各个阶段进行计价,以保证工程造价确定和控制的科学性。多次性计价是一个逐步深化、逐步细化、逐步接近最终造价的过程。

4.1.3　工程造价控制原理

工程造价控制,是在决策阶段、设计阶段、招投标阶段、施工阶段以及竣工阶段,根据国家法律法规、国家标准规范和工程资料,采取一定方法和有效措施,在满足约定的工程质量和进度要求的前提下,做好工程量和进度付款计划,把工程造价控制在合理的范围和核定的造价限额以内,随时纠正发生的偏差,以保证实现工程造价控制目标,以求工程项目在建设过程中合理使用人力、物力、财力,减少投资,取得较好的经济效益和社会效益的过程。

1）工程造价控制的动态原理

工程造价控制是工程项目控制三大目标之一。控制原理如图4.1所示。这种控制是动态的,并贯穿于工程项目建设全过程。

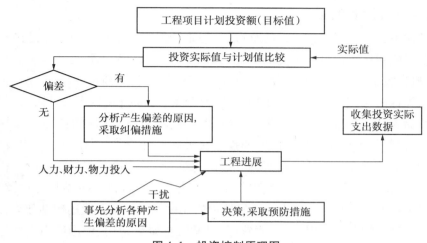

图 4.1　投资控制原理图

2）工程造价控制的原则

公平、独立、诚信、科学的原则：在建设工程监理的过程中，工程监理单位应根据建设工程监理委托合同，在建设工程监理工作中坚持公平、独立、诚信、科学地开展建设工程监理的造价控制服务活动。监理单位要在权责利的基础上，从实际出发，协调业主与各方的关系，在满足约定的工程质量和进度要求的前提下控制工程造价，维护相关利益主体的合法权利，达到互利互赢的局面。

3）工程造价控制的目标

工程造价控制的目标是工程项目建设实际支出值不超出预期计划值。

工程项目建设过程是一个周期长、投资额大的生产过程，建设者在一定时间内占有的资源是有限的，因而不可能在工程项目建设开始阶段就设置一个一成不变的工程造价控制目标。工程造价控制目标的设置需要按照建设各个程序，随着工程项目建设实施的不断深入而应分段设置。投资估算是工程设计方案选择和进行初步设计的造价控制目标，设计概算是进行技术设计和施工图设计的造价控制目标，控制价或合同价是施工阶段的造价控制目标。各个阶段的目标是有机联系又相互制约、相互补充，前者控制后者，后者补充前者，共同组成工程项目建设的工程造价控制目标。建设工程各阶段工程造价控制如图 4.2 所示。

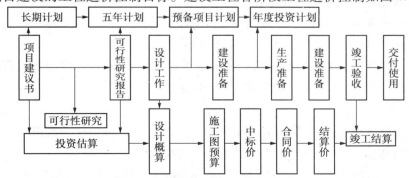

图 4.2　建设工程各阶段工程造价控制示意图

4）工程造价控制的重点

投资控制贯穿于工程项目建设的全过程,但是必须突出重点。图4.3是国外描述的不同建设阶段影响建设工程投资程度的坐标图,该图与我国情况大致是一致的。从该图可看出,对项目投资投资影响最大的阶段,是约占工程建设周期1/4的技术设计结束前的工作阶段。在初步设计阶段,影响项目投资的可能性为75%～95%;在技术设计阶段,影响项目投资的可能性为35%～75%;在施工图设计阶段,影响项目投资的可能性为5%～35%。显然,项目投资控制的重点在于施工以前的投资决策和设计阶段,而在项目作出投资决策后,项目投资控制的关键在于设计。据西方一些国家分析,设计费只相当于建设工程全寿命费用的1%以下,但正是这少于1%的费用却基本决定几乎全部随后的费用。由此可见,设计对整个建设工程的效益是何等重要。这里所说的建设工程全寿命费用包括建设投资和工程交付使用后的经常性开支费用(含经营费用、日常维护修理费用、使用期内大修理和局部更新费用)以及该项目使用期满后的报废拆除费用等。

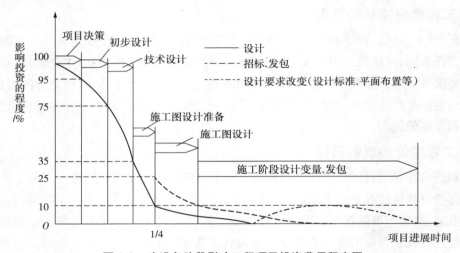

图4.3　建设各阶段影响工程项目投资费用程序图

5）工程造价控制的措施

为了有效地控制建设工程造价,应从组织、经济、技术、合同等多方面采取措施。由于建设工程的投资主要发生在施工阶段,在这一阶段需要投入大量的人力、物力、财力等,是工程项目建设费用消耗最多的时期,浪费投资的可能性比较大。因此,监理单位应督促承包单位精心地组织施工,挖掘各方面潜力,节约资源消耗,仍可以收到节约投资的明显效果。参加工程项目建设各方对施工阶段的投资控制应给予足够的重视,仅仅靠控制工程款的支付是不够的,要以技术与经济相结合的方式控制工程造价。

（1）组织措施

①成立项目监理机构,在项目管理机构中落实从工程造价控制角度进行造价跟踪的人员、任务分工和职能分工。该监理人员具备造价的执业资格。

②编制各个阶段工程造价控制工作计划、详细的工作流程图和控制细则。

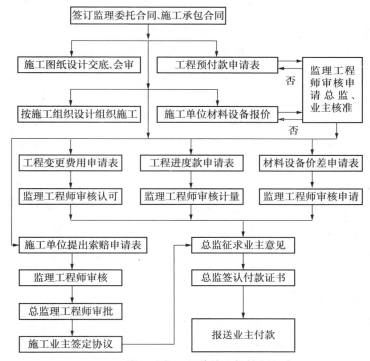

图 4.4 施工阶段工程造价目标控制程序

（2）技术措施

①对设计变更严格把关，并对设计变更进行技术经济分析和审查认可。

②进一步寻找通过施工工艺、材料、设备、设计方比选等多方面挖潜节约投资的可能。

③审核施工单位编制的施工组织设计，组织"三查四定"，并对查出的问题进行整改，对主要施工方案进行技术经济分析，审核降低造价的技术措施。

④加强设计交底和施工图会审工作，把问题解决在施工之前。

⑤建立建筑信息模型（BIM），动态控制项目建设。

（3）经济措施

①在不改变项目实质性内容的前提下，对目标值的基础性资料性进行分析、整理，以发现其中是否存在问题并且揭示合同双方可能面临的风险。

②编制资金使用计划，根据合同确定、分解工程造价控制目标。对工程项目造价控制目标进行风险分析，并制订防范性对策。

③进行已完成实物工程量的计量或复核和未完工程量的预测。

④进行现场签证工程量、材料设备。

⑤协商确定工程变更和费用索赔事宜。

⑥对工程预付款、工程进度款、工程结算款、预付款的合理回扣等审核、签发支付证书。

⑦对施工实施全过程进行投资跟踪、动态控制和分析预测，定期进行投资实际支出值与计划值的比较；发现偏差，分析产生偏差的原因，提出纠偏措施；编制监理月报或专题报告，向建设单位提交项目造价控制情况及其存在的问题。

（4）合同措施

①作好工程施工记录，保存好过程资料；参与处理工程变更、费用索赔事宜。

②参与合同的修改、补充工作，并分析研究对投资控制的影响因素。

我们应该看到，技术与经济相结合是控制项目投资最有效的手段，在工程造价控制过程中要加以利用。

4.1.4　工程造价控制的意义

1）保障业主的切身利益

工程监理单位的监理人员都具有丰富的工程监理经验，在工程监理造价控制上，能够为业主提供科学合理的建议，减少不必要的损失，节约工程造价成本，减少工程实施的期限，保障业主的切身利益。同时，对于工程监理过程中出现的问题，监理单位既可以凭借自身的经验，也可以从相关项目工程监理中汲取教训，保证项目实施的优化合理，减少业主的相关损耗。

2）防止施工单位弄虚作假

作为工程项目的监理工作人员，必须保持在施工一线现场，这样才能了解施工的实际情况，既便于监理工作合理有效地开展，切实做好施工项目的优化调整，又可以全面熟悉现场情况，严格把关，保证验收和审核的合理合法性，避免施工单位出现弄虚作假的现象。与此同时，施工现场的监理审核，又可以为工程监理的造价控制进行科学的把握，了解其真实情况，以便提出合理的节约造价成本的建议。

3）协调相关关系

工程监理单位的工作人员具有一定的工程造价经验，能够为业主做好科学的造价管理工作，对于相关施工材料和工作内容提出自己合理的建议，保证定价的合理性。同时，通过对于委托监理合同和建设工程合同的充分理解和把握，既可以保证业主的权益，又可以保障施工单位的利益，起到协调双方关系的作用，更是为了减少合同履行中因业主的不合理行为造成施工单位的索赔，减少彼此的矛盾，科学合理地降低工程造价的成本。

4.1.5　工程造价控制的要求

①项目监理机构应依据施工合同有关条款、施工图，对工程项目造价目标进行风险分析，并制订防范性对策。专业监理工程师进行风险分析主要是找出工程造价最易突破的部分（如施工合同中有关条款不明确而造成突破造价的漏洞，施工图中的问题易造成工程变更、材料和设备价格不确定等）以及最易发生费用索赔的原因和部位（如因建设单位资金不到位，施工图纸不到位，建设单位供应的材料、设备不到位等），从而制订出防范性对策，书面报告总监理工程师，经其审核后向建设单位提交有关报告。

②总监理工程师应从造价、项目的功能要求、质量和工期等方面审查工程变更的方案，并宜在工程变更实施前与建设单位、承包单位协商确定工程变更的价款。发生工程变更，无论是由设计单位或建设单位或承包单位提出的，均应经过建设单位、设计单位、承包单位和

监理单位的代表签认,并通过项目总监理工程师下达变更指令后,承包单位方可进行施工。同时,承包单位应按照施工合同的有关规定,编制工程变更预算书,报送项目总监理工程师审核、确认,经建设单位、承包单位认可后,方可进入工程计量和工程款支付程序。

③项目监理机构应按施工合同约定的工程量计算规则和支付条款进行工程量计量和工程款支付。专业监理工程师对承包单位报送的工程款支付申请表进行审核时,应会同承包单位对现场实际完成情况进行计量,对验收手续齐全、资料符合验收要求并符合施工合同规定的计量范围内的工程量予以核定。工程款支付申请中,包括合同内工作量、工程变更增减费用、经批准的索赔费用,应扣除的预付款、保留金及施工合同约定的其他支付费用。专业监理工程师应逐项审查后,提出审查意见,并报总监理工程师审核签认。

④专业监理工程师应及时建立月完成工程量和工作量统计表,对实际完成量与计划完成量进行比较、分析,制订调整措施,并应在监理月报中向建设单位报告。

⑤专业监理工程师应及时收集、整理有关的施工和监理资料,为处理费用索赔提供证据。涉及工程索赔的有关施工和监理资料包括施工合同、协议、供货合同、工程变更、施工方案、施工进度计划,承包单位工、料、机的动态记录(文字、照相等),建设单位和承包单位的有关文件、会议纪要、监理工程师通知等。

⑥项目监理机构应及时按施工合同的有关规定进行竣工结算,并应对竣工结算的价款总额与建设单位和承包单位进行协商。当无法协商一致时,应按调解合同争议的规定进行处理。

⑦未经监理人员质量验收合格的工程量,或不符合施工合同规定的工程量,监理人员应拒绝计量和拒绝该部分的工程款支付申请。

4.1.6　工程造价控制依据

①建设工程监理合同;
②国家或省级、行业建设主管部门颁发的计价规范、计量规范;
③国家或省级、行业建设主管部门颁发的计价办法;
④企业定额,国家或省级、行业建设主管部门颁发的计价定额;
⑤招标文件、工程量清单及其补充通知、答疑纪要;
⑥建设工程设计文件及相关资料;
⑦施工现场情况、工程特点、施工基础资料及批准的施工组织设计或施工方案;
⑧与建设项目相关的法律法规、标准、规范等技术资料;
⑨市场价格信息或工程造价管理机构发布的工程造价信息;
⑩其他的相关资料。

4.2　建设工程造价构成

4.2.1　我国建设项目总投资及工程造价的基本构成

工程建设项目费用是确定建设投资的依据,为合理确定工程造价,控制工程造价,提高经济效益,需要明确我国建设项目总投资及工程造价的基本构成。

根据国家发展和改革委员会、建设部联合发布的《建设项目经济评价方法与参数(第三版)》(发改投资〔2006〕1325号),住房城乡建设部、财政部关于印发《建筑安装工程费用项目组成》规范的通知(建标〔2013〕44号),中华人民共和国住房和城乡建设部、中华人民共和国国家质量监督检验检疫总局联合发布的2013版清单规范的规定,建设项目总投资是为完成工程项目建设并达到使用功能要求或生产功能条件,在建设期内计划或实际投入的全部费用。生产性建设项目总投资包括建设投资、建设期利息、固定资产投资方向调节税和铺底流动资金;非生产性建设项目总投资包括建设投资、建设期利息、固定资产投资方向调节税。其中,建设投资、建设期利息、固定资产投资方向调节税之和就是固定资产投资即工程造价。工程造价是按照明确的建设内容、建设规模、建设标准、建设结构、功能要求和使用要求等把工程项目全部建成,在建设期内计划和实际支出的建设费用。

建设投资是为完成工程项目建设,在建设期内投入并形成现金流出的全部费用。国家发展和改革委员会、建设部联合发布的《建设项目经济评价方法与参数(第三版)》(发改投资〔2006〕1325号)规定,建设投资包括工程费用、工程建设其他费用和预备费三部分。工程费用在建设期内直接用于工程建造、设备购置及安装的建设投资,可以分为设备及工器具购置费、建筑安装工程费;工程建设其他费用是指建设期发生的与土地使用费、与整个项目建设和未来企业生产经营有关的其他费用;预备费是指在建设期内为各种不可预见因素的变化而预留的可能增加的费用,包括基本预备费和价差预备费。建设项目总投资和工程造价构成如图4.5所示。

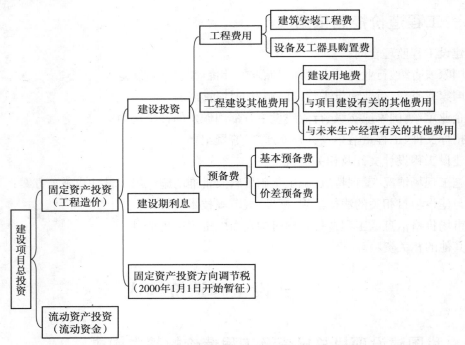

图4.5　建设项目总投资和工程造价构成示意图

4.2.2 建筑安装工程费用构成和计算

　　根据住房城乡建设部、财政部关于印发《建筑安装工程费用项目组成》的通知（建标〔2013〕44号），我国现行建筑安装工程费用项目按费用构成要素划分和按工程造价形成划分，其具体构成如图4.6和图4.7所示。

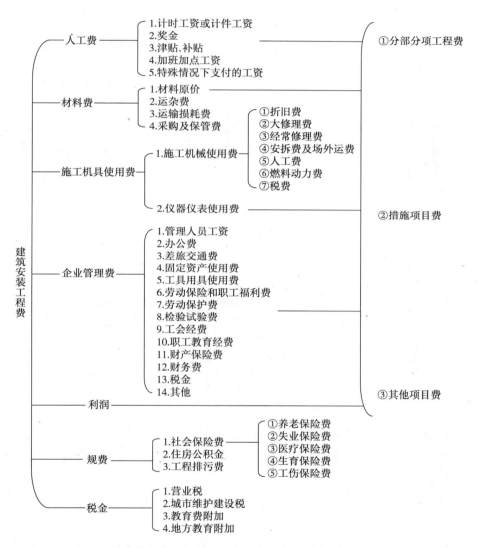

图4.6　建筑安装工程费用项目组成图（按费用构成要素划分）

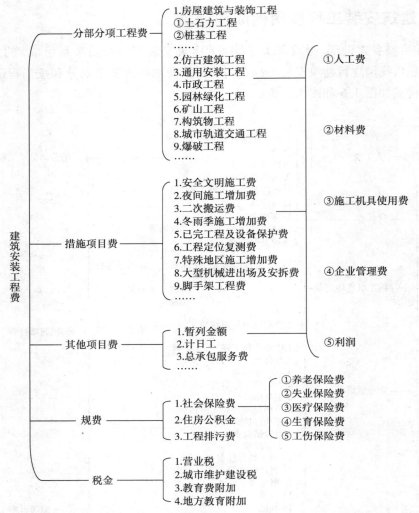

图4.7　建筑安装工程费用项目组成图（按造价形成划分）

1）建筑安装工程费用项目组成（按费用构成要素划分）

建筑安装工程费按照费用构成要素划分为人工费、材料（包含工程设备，下同）费、施工机具使用费、企业管理费、利润、规费和税金。其中，人工费、材料费、施工机具使用费、企业管理费和利润包含在分部分项工程费、措施项目费、其他项目费中。

（1）人工费

人工费是指按工资总额构成规定，支付给从事建筑安装工程施工的生产工人和附属生产单位工人的各项费用。内容包括：

①计时工资或计件工资：是指按计时工资标准和工作时间或对已做工作按计件单价支付给个人的劳动报酬。

②奖金：是指对超额劳动和增收节支支付给个人的劳动报酬。如节约奖、劳动竞赛奖等。

③津贴补贴:是指为了补偿职工特殊或额外的劳动消耗和因其他特殊原因支付给个人的津贴,以及为了保证职工工资水平不受物价影响支付给个人的物价补贴。如流动施工津贴、特殊地区施工津贴、高温(寒)作业临时津贴、高空津贴等。

④加班加点工资:是指按规定支付的在法定节假日工作的加班工资和在法定日工作时间外延时工作的加点工资。

⑤特殊情况下支付的工资:是指根据国家法律、法规和政策规定,因病、工伤、产假、计划生育假、婚丧假、事假、探亲假、定期休假、停工学习、执行国家或社会义务等原因按计时工资标准或计时工资标准的一定比例支付的工资。

(2)材料费

材料费是指施工过程中耗费的原材料、辅助材料、构配件、零件、半成品或成品、工程设备的费用。内容包括:

①材料原价:是指材料、工程设备的出厂价格或商家供应价格。

②运杂费:是指材料、工程设备自来源地运至工地仓库或指定堆放地点所发生的全部费用。

③运输损耗费:是指材料在运输装卸过程中不可避免的损耗。

④采购及保管费:是指为组织采购、供应和保管材料、工程设备的过程中所需要的各项费用。包括采购费、仓储费、工地保管费、仓储损耗。

工程设备是指构成或计划构成永久工程一部分的机电设备、金属结构设备、仪器装置及其他类似的设备和装置。

(3)施工机具使用费

施工机具使用费是指施工作业所发生的施工机械、仪器仪表使用费或其租赁费。

①施工机械使用费:以施工机械台班耗用量乘以施工机械台班单价表示。施工机械台班单价应由折旧费、大修理费、经常修理费、安拆及场外运费、人工费、燃料动力费和税费7项费用组成:

a. 折旧费:指施工机械在规定的使用年限内,陆续收回其原值的费用。

b. 大修理费:指施工机械按规定的大修理间隔台班进行必要的大修理,以恢复其正常功能所需的费用。

c. 经常修理费:指施工机械除大修理以外的各级保养和临时故障排除所需的费用。包括为保障机械正常运转所需替换设备与随机配备工具附具的摊销和维护费用,机械运转中日常保养所需润滑与擦拭的材料费用及机械停滞期间的维护和保养费用等。

d. 安拆费及场外运费:安拆费指施工机械(大型机械除外)在现场进行安装与拆卸所需的人工、材料、机械和试运转费用以及机械辅助设施的折旧、搭设、拆除等费用;场外运费指施工机械整体或分体自停放地点运至施工现场或由一施工地点运至另一施工地点的运输、装卸、辅助材料及架线等费用。

e. 人工费:指机上司机(司炉)和其他操作人员的人工费。

f. 燃料动力费:指施工机械在运转作业中所消耗的各种燃料及水、电费等。

g. 税费:指施工机械按照国家规定应缴纳的车船使用税、保险费及年检费等。

②仪器仪表使用费:是指工程施工所需使用的仪器仪表的摊销及维修费用。

(4)企业管理费

企业管理费是指建筑安装企业组织施工生产和经营管理所需的费用。内容包括:

①管理人员工资:是指按规定支付给管理人员的计时工资、奖金、津贴补贴、加班加点工资及特殊情况下支付的工资等。

②办公费:是指企业管理办公用的文具、纸张、账表、印刷、邮电、书报、办公软件、现场监控、会议、水电、烧水和集体取暖降温(包括现场临时宿舍取暖降温)等费用。

③差旅交通费:是指职工因公出差、调动工作的差旅费、住勤补助费、市内交通费和误餐补助费,职工探亲路费,劳动力招募费,职工退休、退职一次性路费,工伤人员就医路费,工地转移费以及管理部门使用的交通工具的油料、燃料等费用。

④固定资产使用费:是指管理和试验部门及附属生产单位使用的属于固定资产的房屋、设备、仪器等的折旧、大修、维修或租赁费。

⑤工具用具使用费:是指企业施工生产和管理使用的不属于固定资产的工具、器具、家具、交通工具和检验、试验、测绘、消防用具等的购置、维修和摊销费。

⑥劳动保险和职工福利费:是指由企业支付的职工退职金、按规定支付给离休干部的经费,集体福利费、夏季防暑降温、冬季取暖补贴、上下班交通补贴等。

⑦劳动保护费:是企业按规定发放的劳动保护用品的支出。如工作服、手套、防暑降温饮料以及在有碍身体健康的环境中施工的保健费用等。

⑧检验试验费:是指施工企业按照有关标准规定,对建筑以及材料、构件和建筑安装物进行一般鉴定、检查所发生的费用,包括自设试验室进行试验所耗用的材料等费用。不包括新结构、新材料的试验费,对构件做破坏性试验及其他特殊要求检验试验的费用和建设单位委托检测机构进行检测的费用。对此类检测发生的费用,由建设单位在工程建设其他费用中列支。但对施工企业提供的具有合格证明的材料进行检测不合格的,该检测费用由施工企业支付。

⑨工会经费:是指企业按《工会法》规定的全部职工工资总额比例计提的工会经费。

⑩职工教育经费:是指按职工工资总额的规定比例计提,企业为职工进行专业技术和职业技能培训,专业技术人员继续教育、职工职业技能鉴定、职业资格认定以及根据需要对职工进行各类文化教育所发生的费用。

⑪财产保险费:是指施工管理用财产、车辆等的保险费用。

⑫财务费:是指企业为施工生产筹集资金或提供预付款担保、履约担保、职工工资支付担保等所发生的各种费用。

⑬税金:是指企业按规定缴纳的房产税、车船使用税、土地使用税、印花税等。

⑭其他:包括技术转让费、技术开发费、投标费、业务招待费、绿化费、广告费、公证费、法律顾问费、审计费、咨询费、保险费等。

(5)利润

利润是指施工企业完成所承包工程获得的盈利。

(6)规费

规费是指按国家法律、法规规定,由省级政府和省级有关权力部门规定必须缴纳或计取的费用。包括:

①社会保险费。

养老保险费:是指企业按照规定标准为职工缴纳的基本养老保险费。

失业保险费:是指企业按照规定标准为职工缴纳的失业保险费。

医疗保险费:是指企业按照规定标准为职工缴纳的基本医疗保险费。

生育保险费:是指企业按照规定标准为职工缴纳的生育保险费。

工伤保险费:是指企业按照规定标准为职工缴纳的工伤保险费。

②住房公积金:是指企业按规定标准为职工缴纳的住房公积金。

③工程排污费:是指按规定缴纳的施工现场工程排污费。

其他应列而未列入的规费,按实际发生计取。

(7)税金

税金是指国家税法规定的应计入建筑安装工程造价内的营业税、城市维护建设税、教育费附加以及地方教育附加。

2)按造价形成划分建筑安装工程费用项目构成和计算

建筑安装工程费按照工程造价形成由分部分项工程费、措施项目费、其他项目费、规费、税金组成,分部分项工程费、措施项目费、其他项目费包含人工费、材料费、施工机具使用费、企业管理费和利润。

(1)分部分项工程费

分部分项工程费是指各专业工程的分部分项工程应予列支的各项费用。

①专业工程:是指按现行国家计量规范划分的房屋建筑与装饰工程、仿古建筑工程、通用安装工程、市政工程、园林绿化工程、矿山工程、构筑物工程、城市轨道交通工程、爆破工程等各类工程。

②分部分项工程:指按现行国家计量规范对各专业工程划分的项目。如房屋建筑与装饰工程划分的土石方工程、地基处理与桩基工程、砌筑工程、钢筋及钢筋混凝土工程等。

各类专业工程的分部分项工程划分见现行国家或行业计量规范。

(2)措施项目费

措施项目费是指为完成建设工程施工,发生于该工程施工前和施工过程中的技术、生活、安全、环境保护等方面的项目费用。内容包括:

①安全文明施工费包括环境保护费、文明施工费、安全施工费和临时设施费 4 个方面。

环境保护费:是指施工现场为达到环保部门要求所需要的各项费用。

文明施工费:是指施工现场文明施工所需要的各项费用。

安全施工费:是指施工现场安全施工所需要的各项费用。

临时设施费:是指施工企业为进行建设工程施工所必须搭设的生活和生产用的临时建筑物、构筑物和其他临时设施费用。包括临时设施的搭设、维修、拆除、清理费或摊销费等。

②夜间施工增加费:是指因夜间施工所发生的夜班补助费、夜间施工降效、夜间施工照明设备摊销及照明用电等费用。

③二次搬运费:是指因施工场地条件限制而发生的材料、构配件、半成品等一次运输不能到达堆放地点,必须进行二次或多次搬运所发生的费用。

④冬雨季施工增加费:是指在冬季或雨季施工需增加的临时设施、防滑、排除雨雪,人工及施工机械效率降低等费用。

⑤已完工程及设备保护费:是指竣工验收前,对已完工程及设备采取的必要保护措施所发生的费用。

⑥工程定位复测费:是指工程施工过程中进行全部施工测量放线和复测工作的费用。

⑦特殊地区施工增加费:是指工程在沙漠或其边缘地区、高海拔、高寒、原始森林等特殊地区施工增加的费用。

⑧大型机械设备进出场及安拆费:是指机械整体或分体自停放场地运至施工现场或由一个施工地点运至另一个施工地点,所发生的机械进出场运输及转移费用,以及机械在施工现场进行安装、拆卸所需的人工费、材料费、机械费、试运转费和安装所需的辅助设施的费用。

⑨脚手架工程费:是指施工需要的各种脚手架搭、拆、运输费用以及脚手架购置费的摊销(或租赁)费用。

措施项目及其包含的内容详见各类专业工程的现行国家或行业计量规范。

(3)其他项目费

①暂列金额:是指建设单位在工程量清单中暂定并包括在工程合同价款中的一笔款项,是用于施工合同签订时尚未确定或者不可预见的所需材料、工程设备、服务的采购,施工中可能发生的工程变更、合同约定调整因素出现时的工程价款调整以及发生的索赔、现场签证确认等的费用。

②计日工:是指在施工过程中,施工企业完成建设单位提出的施工图纸以外的零星项目或工作所需的费用。

③总承包服务费:是指总承包人为配合、协调建设单位进行的专业工程发包,对建设单位自行采购的材料、工程设备等进行保管以及施工现场管理、竣工资料汇总整理等服务所需的费用。

(4)规费

规费定义同建筑安装工程费用项目组成表(按费用构成要素划分)。

(5)税金

税金定义同建筑安装工程费用项目组成表(按费用构成要素划分)。

3)各费用构成要素计算方法

(1)人工费

公式1:

$$人工费 = \sum (工日消耗量 \times 日工资单价)$$

$$日工资单价 = \frac{生产工人平均月工资(计时、计件) + 平均月(奖金 + 津贴补贴 + 特殊情况下支付的工资)}{年平均每月法定工作日}$$

注:公式1主要适用于施工企业投标报价时自主确定人工费,也是工程造价管理机构编制计价定额时确定定额人工单价或发布人工成本信息的参考依据。

公式2:

人工费 $= \sum ($工程工日消耗量 $\times$ 日工资单价$)$

日工资单价是指施工企业平均技术熟练程度的生产工人在每工作日(国家法定工作时间内)按规定从事施工作业应得的日工资总额。

工程造价管理机构确定日工资单价应通过市场调查、根据工程项目的技术要求,参考实物工程量人工单价综合分析确定,最低日工资单价不得低于工程所在地人力资源和社会保障部门所发布的最低工资标准的:普工1.3倍、一般技工2倍、高级技工3倍。

工程计价定额不可只列一个综合工日单价,应根据工程项目技术要求和工种差别适当划分多种日人工单价,确保各分部工程人工费的合理构成。

注:公式2适用于工程造价管理机构编制计价定额时确定定额人工费,是施工企业投标报价的参考依据。

(2)材料费

①材料费。

材料费 $= \sum ($材料消耗量 $\times$ 材料单价$)$

材料单价 $= [($材料原价 $+$ 运杂费$) \times [1 +$ 运输损耗率$(\%)]] \times [1 +$ 采购保管费率$(\%)]$

②工程设备费。

工程设备费 $= \sum ($工程设备量 $\times$ 工程设备单价$)$

工程设备单价 $= ($设备原价 $+$ 运杂费$) \times [1 +$ 采购保管费率$(\%)]$

(3)施工机具使用费

①施工机械使用费。

施工机械使用费 $= \sum ($施工机械台班消耗量 $\times$ 机械台班单价$)$

机械台班单价 $=$ 台班折旧费 $+$ 台班大修费 $+$ 台班经常修理费 $+$ 台班安拆费及场外运费 $+$ 台班人工费 $+$ 台班燃料动力费 $+$ 台班车船税费

注:工程造价管理机构在确定计价定额中的施工机械使用费时,应根据《建筑施工机械台班费用计算规则》结合市场调查编制施工机械台班单价。施工企业可以参考工程造价管理机构发布的台班单价,自主确定施工机械使用费的报价,如租赁施工机械,公式为:

施工机械使用费 $= \sum ($施工机械台班消耗量 $\times$ 机械台班租赁单价$)$

②仪器仪表使用费。

仪器仪表使用费 $=$ 工程使用的仪器仪表摊销费 $+$ 维修费

(4)企业管理费费率

①以分部分项工程费为计算基础。

企业管理费费率$(\%) = \dfrac{\text{生产工人年平均管理费}}{\text{年有效施工天数} \times \text{人工单价}} \times$ 人工费占分部分项工程费比例$(\%)$

②以人工费和机械费合计为计算基础。

$$企业管理费费率(\%) = \frac{生产工人年平均管理费}{年有效施工天数 \times (人工单价 + 每一工日机械使用费)} \times 100\%$$

③以人工费为计算基础。

$$企业管理费费率(\%) = \frac{生产工人年平均管理费}{年有效施工天数 \times 人工单价} \times 100\%$$

注:上述公式适用于施工企业投标报价时自主确定管理费,是工程造价管理机构编制计价定额时确定企业管理费的参考依据。

工程造价管理机构在确定计价定额中企业管理费时,应以定额人工费或(定额人工费 + 定额机械费)作为计算基数,其费率根据历年工程造价积累的资料,辅以调查数据确定,列入分部分项工程和措施项目中。

(5)利润

①施工企业根据企业自身需求并结合建筑市场实际自主确定,列入报价中。

②工程造价管理机构在确定计价定额中利润时,应以定额人工费或(定额人工费 + 定额机械费)作为计算基数,其费率根据历年工程造价积累的资料,并结合建筑市场实际确定,以单位(单项)工程测算。利润在税前建筑安装工程费的比重可按不低于5%且不高于7%的费率计算。利润应列入分部分项工程和措施项目中。

(6)规费

①社会保险费和住房公积金。

社会保险费和住房公积金应以定额人工费为计算基础,根据工程所在地省、自治区、直辖市或行业建设主管部门规定费率计算。

$$社会保险费和住房公积金 = \sum (工程定额人工费 \times 社会保险费和住房公积金费率)$$

式中:社会保险费和住房公积金费率可以每万元发承包价的生产工人人工费和管理人员工资含量与工程所在地规定的缴纳标准综合分析取定。

②工程排污费。

工程排污费等其他应列而未列入的规费应按工程所在地环境保护等部门规定的标准缴纳,按实计取列入。

(7)税金

①税金计算公式。

$$税金 = 税前造价 \times 综合税率(\%)$$

②综合税率。

a.纳税地点在市区的企业:

$$综合税率(\%) = \frac{1}{1 - 3\% - (3\% \times 7\%) - (3\% \times 3\%) - (3\% \times 2\%)} - 1$$

b.纳税地点在县城、镇的企业:

$$综合税率(\%) = \frac{1}{1 - 3\% - (3\% \times 5\%) - (3\% \times 3\%) - (3\% \times 2\%)} - 1$$

c.纳税地点不在市区、县城、镇的企业：

$$综合税率(\%) = \frac{1}{1 - 3\% - (3\% \times 1\%) - (3\% \times 3\%) - (3\% \times 2\%)} - 1$$

d.实行营业税改增值税的,按纳税地点现行税率计算。

4)建筑安装工程计价参考公式

(1)分部分项工程费

$$分部分项工程费 = \sum(分部分项工程量 \times 综合单价)$$

式中:综合单价包括人工费、材料费、施工机具使用费、企业管理费和利润以及一定范围的风险费用(下同)。

(2)措施项目费

①国家计量规范规定应予计量的措施项目的计算。

其计算公式为:

$$措施项目费 = \sum(措施项目工程量 \times 综合单价)$$

②国家计量规范规定不宜计量的措施项目的计算。

a.安全文明施工费：

$$安全文明施工费 = 计算基数 \times 安全文明施工费费率(\%)$$

计算基数应为定额基价(定额分部分项工程费 + 定额中可以计量的措施项目费)、定额人工费或(定额人工费 + 定额机械费),其费率由工程造价管理机构根据各专业工程的特点综合确定。

b.夜间施工增加费：

$$夜间施工增加费 = 计算基数 \times 夜间施工增加费费率(\%)$$

c.二次搬运费：

$$二次搬运费 = 计算基数 \times 二次搬运费费率(\%)$$

d.冬雨季施工增加费：

$$冬雨季施工增加费 = 计算基数 \times 冬雨季施工增加费费率(\%)$$

e.已完工程及设备保护费：

$$已完工程及设备保护费 = 计算基数 \times 已完工程及设备保护费费率(\%)$$

上述夜间施工增加费、二次搬运费、冬雨季施工增加费、已完工程及设备保护费的措施项目的计费基数应为定额人工费或(定额人工费 + 定额机械费),其费率由工程造价管理机构根据各专业工程特点和调查资料综合分析后确定。

(3)其他项目费

①暂列金额由建设单位根据工程特点,按有关计价规定估算,施工过程中由建设单位掌握使用、扣除合同价款调整后如有余额,归建设单位。

②计日工由建设单位和施工企业按施工过程中的签证计价。

③总承包服务费由建设单位在招标控制价中根据总包服务范围和有关计价规定编制,施工企业投标时自主报价,施工过程中按签约合同价执行。

（4）规费和税金

建设单位和施工企业均应按照省、自治区、直辖市或行业建设主管部门发布标准计算规费和税金，不得作为竞争性费用。

5）相关问题的说明

①各专业工程计价定额的编制及其计价程序，均按本通知实施。

②各专业工程计价定额的使用周期原则上为5年。

③工程造价管理机构在定额使用周期内，应及时发布人工、材料、机械台班价格信息，实行工程造价动态管理，如遇国家法律、法规、规章或相关政策变化以及建筑市场物价波动较大时，应适时调整定额人工费、定额机械费以及定额基价或规费费率，使建筑安装工程费能反映建筑市场实际。

④建设单位在编制招标控制价时，应按照各专业工程的计量规范和计价定额以及工程造价信息编制。

⑤施工企业在使用计价定额时除不可竞争费用外，其余仅作参考，由施工企业投标时自主报价。

6）建筑安装工程计价程序

表4.1　建设单位工程招标控制价计价程序

工程名称：　　　　　　　　　　　　　　　　标段：

序号	内　容	计算方法	金　额/元
1	分部分项工程费	按计价规定计算	
1.1			
1.2			
1.3			
1.4			
1.5			
2	措施项目费	按计价规定计算	
2.1	其中：安全文明施工费	按规定标准计算	
3	其他项目费		
3.1	其中：暂列金额	按计价规定估算	
3.2	其中：专业工程暂估价	按计价规定估算	
3.3	其中：计日工	按计价规定估算	
3.4	其中：总承包服务费	按计价规定估算	
4	规费	按规定标准计算	

续表

序号	内　容	计算方法	金　额/元
5	税金(扣除不列入计税范围的工程设备金额)	(1 + 2 + 3 + 4) × 规定税率	
招标控制价合计 = 1 + 2 + 3 + 4 + 5			

表 4.2　施工企业工程投标报价计价程序

工程名称：　　　　　　　　　　　　　标段：

序号	内　容	计算方法	金　额/元
1	分部分项工程费	自主报价	
1.1			
1.2			
1.3			
1.4			
1.5			
2	措施项目费	自主报价	
2.1	其中:安全文明施工费	按规定标准计算	
3	其他项目费		
3.1	其中:暂列金额	按招标文件提供金额计列	
3.2	其中:专业工程暂估价	按招标文件提供金额计列	
3.3	其中:计日工	自主报价	
3.4	其中:总承包服务费	自主报价	
4	规费	按规定标准计算	
5	税金(扣除不列入计税范围的工程设备金额)	(1 + 2 + 3 + 4) × 规定税率	
投标报价合计 = 1 + 2 + 3 + 4 + 5			

表 4.3　竣工结算计价程序

工程名称：　　　　　　　　　　　　　　　　　　标段：

序号	汇总内容	计算方法	金　额/元
1	分部分项工程费	按合同约定计算	
1.1			
1.2			
1.3			
1.4			
1.5			
2	措施项目	按合同约定计算	
2.1	其中:安全文明施工费	按规定标准计算	
3	其他项目		
3.1	其中:专业工程结算价	按合同约定计算	
3.2	其中:计日工	按计日工签证计算	
3.3	其中:总承包服务费	按合同约定计算	
3.4	索赔与现场签证	按发承包双方确认数额计算	
4	规费	按规定标准计算	
5	税金(扣除不列入计税范围的工程设备金额)	(1 + 2 + 3 + 4) × 规定税率	
竣工结算总价合计 = 1 + 2 + 3 + 4 + 5			

4.2.3　设备及工器具购置费用构成及计算

设备及工器具费由设备购置费和工器具、生产家具购置费组成。它是固定资产投资中的组成部分。在生产性工程建设中,设备、工器具费用与资本的有机构成相联系。

设备、工器具费用占工程造价比重的增大,意味着生产技术的进步和资本有机构成的提高。

1)设备购置费的构成和计算

设备购置费是指为建设项目购置或自制的达到固定资产标准的各种国产或进口设备、

工具、器具的购置费用。由设备原价和设备运杂费构成。

$$设备购置费 = 设备原价 + 设备运杂费$$

式中,设备原价指国产设备或进口设备的原价;设备运杂费指除设备原价之外的关于设备采购、运输、途中包装及仓库保管等方面支出费用的总和。

2）工器具及生产家具购置费的构成和计算

工具、器具及生产家具购置费,是指新建或扩建项目初步设计规定的,保证初期正常生产必须购置的没有达到固定资产标准的设备、仪器、工卡模具、器具、生产家具和备品备件等的购置费用。一般以设备费为计算基数,按照部门或行业规定的工具、器具及生产家具费率计算。计算公式为:

$$工器具及生产家具购置费 = 设备购置费 × 定额费率$$

4.2.4　工程建设其他费的构成和计算

工程建设其他费用是指从工程筹建到工程竣工验收交付使用止的整个建设期间,除建筑安装工程费用和设备、工器具购置费以外的,为保证工程建设顺利完成和交付使用后能够正常发挥效用而发生的一些费用。

工程建设其他费用,按其内容大体可分为 3 类。第一类为建设用地费,由于工程项目固定于一定地点与地面相连接,必须占用一定量的土地,也就必然要发生为获得建设用地而支付的费用;第二类是与项目建设有关的其他费用;第三类是与未来企业生产和经营活动有关的其他费用。

1）建设用地使用费

土地使用费是指按照《中华人民共和国土地管理法》等规定,建设工程项目征用土地或租用土地应支付的费用。

（1）农用土地征用费

农用土地征用费由土地补偿费、安置补助费、土地投资补偿费、土地管理费、耕地占用税等组成,并按被征用土地的原用途给予补偿。

（2）取得国有土地使用费

取得国有土地使用费包括土地使用权出让金、城市建设配套费、拆迁补偿与临时安置补助费等。

2）与项目建设有关的其他费用

（1）建设管理费

建设管理费是指建设单位从项目筹建开始直至工程竣工验收合格或交付使用为止发生的项目建设管理费用。费用内容包括:

①建设单位管理费:是指建设单位发生的管理性质的开支。包括:工作人员工资、工资性补贴、施工现场津贴、职工福利费、住房基金、基本养老保险费、基本医疗保险费、失业保险费、工伤保险费,办公费、差旅交通费、劳动保护费、工具用具使用费、固定资产使用费、必要的办公及生活用品购置费、必要的通信设备及交通工具购置费、零星固定资产购置费、招募

生产工人费、技术图书资料费、业务招待费、设计审查费、工程招标费、合同契约公证费、法律顾问费、咨询费、完工清理费、竣工验收费、印花税和其他管理性质开支。如建设管理采用工程总承包方式,其总包管理费由建设单位与总包单位根据总包工作范围在合同中商定,从建设管理费中支出。

建设单位管理费以建设投资中的工程费用为基数乘以建设单位管理费费率计算:

$$建设单位管理费 = 工程费用 × 建设单位管理费费率$$

工程费用是指建筑安装工程费用和设备及工器具购置费用之和。

②工程监理费:是指建设单位委托工程监理单位实施工程监理的费用。由于工程监理是受建设单位委托的工程建设技术服务,属建设管理范畴。如采用监理,建设单位部分管理工作量转移至监理单位。监理费应根据委托的监理工作范围和监理深度在监理合同中商定或按当地或所属行业部门有关规定计算。

③工程质量监督费:是指工程质量监督检验部门检验工程质量而收取的费用(目前已取消)。

④招标代理费:是指建设单位委托招标代理单位进行工程、设备材料和服务招标支付的服务费用。

⑤工程造价咨询费:是建设单位委托具有相应资质的工程造价咨询企业代为进行工程建设项目的投资估算、设计概算、施工图预算、标底、工程结算等或进行工程建设全过程造价控制与管理所发生的费用。

⑥设计审查费。

(2)可行性研究费

可行性研究费是指在建设工程项目前期工作中,编制和评估项目建议书(或预可行性研究报告)、可行性研究报告所需的费用。

可行性研究费依据前期研究委托合同计列,或参照《国家计委关于印发(建设工程项目前期工作咨询收费暂行规定)的通知》(计投资〔1999〕1283号)规定计算。编制预可行性研究报告参照编制项目建议书收费标准并可适当调整。

(3)研究试验费

研究试验费是指为本建设工程项目提供或验证设计数据、资料等进行必要的研究试验及按照设计规定在建设过程中必须进行试验、验证所需的费用。

研究试验费按照研究试验内容和要求进行编制。

研究试验费不包括以下项目:

①应由科技三项费用(即新产品试制费、中间试验费和重要科学研究补助费)开支的项目。

②应在建筑安装费用中列支的施工企业对建筑材料、构件和建筑物进行一般鉴定、检查所发生的费用及技术革新的研究试验费。

③应由勘察设计费或工程费用中开支的项目。

(4)勘察设计费

勘察设计费是指委托勘察设计单位进行工程水文地质勘察、工程设计所发生的各项费用。包括：

①工程勘察费；

②初步设计费（基础设计费）、施工图设计费（详细设计费）；

③设计模型制作费。勘察设计费依据勘察设计委托合同计列,或参照国家计委、建设部《关于发布〈工程勘察设计收费管理规定〉的通知》（计价格〔2002〕10 号）规定计算。

（5）环境影响评价费

环境影响评价费是指按照《中华人民共和国环境保护法》《中华人民共和国环境影响评价法》等规定,为全面、详细评价本建设工程项目对环境可能产生的污染或造成的重大影响所需的费用。包括编制环境影响报告书（含大纲）、环境影响报告表和评估环境影响报告书（含大纲）、评估环境影响报告表等所需的费用。环境影响评价费依据环境影响评价委托合同计列,或按照国家计委、国家环境保护总局《关于规范环境影响咨询收费有关问题的通知》（计价格〔2002〕125 号）规定计算。

（6）劳动安全卫生评价费

劳动安全卫生评价费是指按照劳动部《建设工程项目（工程）劳动安全卫生监察规定》和《建设工程项目（工程）劳动安全卫生预评价管理办法》的规定,为预测和分析建设工程项目存在的职业危险、危害因素的种类和危险危害程度,并提出先进、科学、合理可行的劳动安全卫生技术和管理对策所需的费用。包括编制建设工程项目劳动安全卫生预评价大纲和劳动安全卫生预评价报告书以及为编制上述文件所进行的工程分析和环境现状调查等所需费用。

劳动安全卫生评价费依据劳动安全卫生预评价委托合同计列,或按照建设工程项目所在省（市、自治区）劳动行政部门规定的标准计算。

（7）场地准备及临时设施费

场地准备及临时设施费是指建设场地准备费和建设单位临时设施费。

①场地准备费是指建设工程项目为达到工程开工条件所发生的场地平整和对建设场地遗留的有碍于施工建设的设施进行拆除清理的费用。

②临时设施费是指为满足施工建设需要而供应到场地界区的,未列入工程费用的临时水、电、路、电信、气等其他工程费用和建设单位的现场临时建（构）筑物的搭设、维修、拆除、摊销或建设期间租赁费用,以及施工期间专用公路或桥梁的加固、养护、维修等费用。此项费用不包括已列入建筑安装工程费用中的施工单位临时设施费用。

场地准备及临时设施应尽量与永久性工程统一考虑。建设场地的大型土石方工程应列入工程费用中的总图运输费用中。

新建项目的场地准备和临时设施费应根据实际工程量估算,或按工程费用的比例计算。改扩建项目一般只计拆除清理费。

$$场地准备和临时设施费 = 工程费用 \times 费率 + 拆除清理费$$

发生拆除清理费时可按新建同类工程造价或主材费、设备费的比例计算。凡可回收材料的拆除工程采用以料抵工方式冲抵拆除清理费。

（8）引进技术和进口设备其他费

引进技术及进口设备其他费用,包括出国人员费用、国外工程技术人员来华费用、技术引进费、分期或延期付款利息、担保费以及进口设备检验鉴定费。

①出国人员费用:指为引进技术和进口设备派出人员到国外培训和进行设计联络、设备检验等的差旅费、制装费、生活费等。这项费用根据设计规定的出国培训和工作的人数、时间及派往国家,按财政部、外交部规定的临时出国人员费用开支标准及中国民用航空公司现行国际航线票价等进行计算,其中使用外汇部分应计算银行财务费用。

②国外工程技术人员来华费用:指为安装进口设备、引进国外技术等聘用外国工程技术人员进行技术指导工作所发生的费用。包括技术服务费、外国技术人员的在华工资、生活补贴、差旅费、医药费、住宿费、交通费、宴请费、参观游览等招待费用。这项费用按每人每月费用指标计算。

③技术引进费:指为引进国外先进技术而支付的费用。包括专利费、专有技术费(技术保密费)、国外设计及技术资料费、计算机软件费等。这项费用根据合同或协议的价格计算。

④分期或延期付款利息:指利用出口信贷引进技术或进口设备采取分期或延期付款的办法所支付的利息。

⑤担保费:指国内金融机构为买方出具保函的担保费。这项费用按有关金融机构规定的担保率计算(一般可按承保金的5‰计算)。

⑥进口设备检验鉴定费用:指进口设备按规定付给商品检验部门的进口设备检验鉴定费。这项费用按进口设备货价的3‰~5‰计算。

（9）工程保险费

工程保险费是指建设工程项目在建设期间根据需要对建筑工程、安装工程、机器设备和人身安全进行投保而发生的保险费用。包括建筑安装工程一切险、进口设备财产保险和人身意外伤害险等。不包括已列入施工企业管理费中的施工管理用财产、车辆保险费。不投保的工程不计取此项费用。不同的建设工程项目可根据工程特点选择投保险种,根据投保合同计列保险费用,编制投资估算和概算时可按工程费用的比例估算。

（10）特殊设备安全监督检验费

特殊设备安全监督检验费是指在施工现场组装的锅炉及压力容器、压力管道、消防设备、燃气设备、电梯等特殊设备和设施,由安全监察部门按照有关安全监察条例和实施细则以及设计技术要求进行安全检验,应由建设工程项目支付的,向安全监察部门缴纳的费用。

特殊设备安全监督检验费按照建设工程项目所在省(市、自治区)安全监察部门的规定标准计算。无具体规定的,在编制投资估算和概算时可按受检设备现场安装费的比例估算。

（11）市政公用设施建设及绿化补偿费

市政公用设施建设及绿化补偿费是指使用市政公用设施的建设工程项目,按照项目所在地省一级人民政府有关规定建设或缴纳的市政公用设施建设配套费用,以及绿化工程补偿费用。按工程所在地人民政府规定标准计列;不发生或按规定免征项目不计取。

3）与未来企业生产经营有关的其他费用

（1）联合试运转费

它是指新建项目或新增加生产能力的工程，在交付生产前按照批准的设计文件所规定的工程质量标准和技术要求，进行整个生产线或装置的负荷联合试运转或局部联动试车所发生的费用净支出（试运转支出大于收入的差额部分费用）。试运转支出包括试运转所需原材料、燃料及动力消耗、低值易耗品、其他物料消耗、工具用具使用费、机械使用费、保险金、施工单位参加试运转人员工资以及专家指导费等；试运转收入包括试运转期间的产品销售收入和其他收入。以单项工程费用总和为基数，按照工程项目的不同规模分别规定的试运转费率计算或以试运转费的总金额包干使用。

（2）专利及专有技术使用费

①专利及专有技术使用费的主要内容：国外设计及技术资料费、引进有效专利、专有技术使用费和技术保密费；国内有效专利、专有技术使用费；商标权、商誉和特许经营权费等。

②专利及专有技术使用费的计算。在专利及专有技术使用费计算时，应注意以下问题：按专利使用许可协议和专有技术使用合同的规定计列。专有技术的界定应以省、部级鉴定批准为依据。项目投资中只计算需在建设期支付的专利及专有技术使用费；协议或合同规定在生产期支付的使用费应在生产成本中核算。一次性支付的商标权、商誉及特许经营权费按协议或合同规定计列。协议或合同规定在生产期支付的商标权或特许经营权费应在生产成本中核算。为项目配套的专用设施投资，包括专用铁路线、专用公路、专用通信设施、送变电站、地下管道、专用码头等，如由项目建设单位负责投资但产权不归属本单位的，应作无形资产处理。

（3）生产准备及开办费

①生产准备及开办费的内容。

生产准备及开办费是指在建设期内，建设单位为保证项目正常生产而发生的人员培训费、提前进厂费以及投产使用必备的办公、生活家具用具及工器具等的购置费用。包括：

a. 人员培训费及提前进厂费。包括自行组织培训或委托其他单位培训的人员工资、工资性补贴、职工福利费、差旅交通费、劳动保护费、学习资料费等。

b. 为保证初期正常生产（或营业、使用）所必需的生产办公、生活家具用具购置费。

c. 为保证初期正常生产（或营业、使用）必需的第一套不够固定资产标准的生产工具、器具、用具购置费。不包括备品备件费。

②生产准备及开办费的计算。

新建项目按设计定员为基数计算，改扩建项目按新增设计定员为基数计算：

$$生产准备费 = 设计定员 \times 生产准备费指标（元／人）$$

可采用综合的生产准备费指标进行计算，也可以按费用内容的分类指标计算。

4.2.5　预备费

按我国现行规定，预备费包括基本预备费和价差预备费两种。

1)基本预备费

基本预备费是指在初步设计及概算内不可预见的工程费用,费用内容包括:

①在批准的初步设计范围内,技术设计、施工图设计及施工过程中所增加的工程费用;设计变更、局部处理等增加的费用。

②一般自然灾害造成的损失和预防自然灾害所采取的措施费用。实行工程保险的工程费用应适当降低。

③竣工验收时为鉴定工程质量,对隐蔽工程进行必要的挖掘和修复费用。

④超长、超宽、超重引起的运输增加费用等。

基本预备费估算,一般是以建设项目的工程费用和工程建设其他费用之和为基础,乘以基本预备费率进行计算,预备费率可按5% ~8%计取。基本预备费率的大小,应根据建设项目的设计阶段和具体的设计深度,以及在估算中所采用的各项估算指标与设计内容的贴近度、项目所属行业主管部门的具体规定确定。

2)价差预备费

价差预备费是指在建设期内由于人工、材料、设备、施工机械的价格及费率、利率、汇率等浮动因素引起工程造价变化的预测预留费用。此费用属工程造价的动态因素,应在总预备费用中单独列出。

价差预备费的测算方法,一般根据国家规定的投资综合价格指数,按估算年份价格水平的投资额为基数,根据价格变动趋势预测价值上涨率,采用复利方法计算。

价差预备费以第一部分工程费用总值为基数,按建设期分年度用款计划和人工、材料、设备价格年上涨系数逐年递增计算;上涨系数按项目建设所在地有关主管部门定期测定和发布的年投资价格指数计算。

计算方法:

$$价差预备费 = P \times [(1 + i)n - 1 - 1]$$

式中　P——工程费用总额;

i——年造价增长率(投资价格指数①),(%);

n——设计文件编制年至建设项目开工年加上建设项目建设期限。

4.2.6 建设期贷款利息

建设期贷款利息是指建设项目中分年使用国内贷款或国外贷款部分,在建设期内应归还的贷款利息,包括各种机构贷款、企业集资、建设债券和外汇贷款等利息。大多数的建设项目都会利用贷款来解决自有资金的不足,以完成项目的建设,从而达到项目运行获取利润的目的。利用贷款必须支付利息和各种融资费用,所以,在建设期支付的贷款利息也构成了项目投资的一部分。

建设期贷款利息的估算,根据建设期资金用款计划,可按当年借款在当年年中支用考虑,即当年借款按半年计息,上年借款按全年计息。利用国外贷款的利息计算中,年利率应综合考虑贷款协议中向贷款方加收的手续费、管理费、承诺费;以及国内代理机构向贷款方收取的转贷费、担保费和管理费等。

根据不同的奖金来源,建设期贷款利息可按以下方法分别计算。

贷款总额一次性贷出且利率固定的贷款利息 = 贷款总额 × $\{(1 + 年利率)^{n-1}\}$

总贷款分年均衡发放的贷款利息 = $\sum$ {本年度初需付息贷款本息累计 + (本年度付息贷款 ÷ 项)} × 年利率

如建设单位与贷款方达成协议采用其他方式计算,则按实际达成的协议方式计算。

4.2.7 固定资产投资方向调节税

投资方向调节税根据国家产业政策和项目经济规模实行差别税率,各固定资产投资项目按其单位工程分别适用税率。计税依据为固定资产投资项目实际完成的投资额,其中更新改造项目为建筑工程实际完成的投资。

投资方向调节税应根据《中华人民共和国固定资产方向调节税暂行条件》及其实施细则、补充规定等文件计算。

按国家财政部、国家税务总局、国家计委《关于暂停征收固定资产投资方向调节税的通知》(财税字〔1999〕299 号文件)规定,其固定资产应税项目投资方向调节税自 2000 年 1 月 1 日起新发生的投资额,暂停征收固定资产投资方向调节税。

4.2.8 铺地流动资金

指生产经营性项目按其所需流动资金的 30% 作为铺底流动资金计入建设项目总概算。竣工投产后计入生产流动资金,但不构成建设项目总造价。流动资金可采用下述方法估算。

1)扩大指标估算法

一般可参照同类生产企业流动资金占销售收入、经营成本、固定资产投资的比率,以及单位产量占用流动资金的比率进行估算。

2)分项详细估算法

当采用上述两种方法有困难时,可由建设单位提供数值或原可行性研究报告估算数值计列。

4.3 建设工程施工阶段工程造价控制

施工阶段是项目实施阶段,把设计意图变成实体的建(构)筑物,需要投入大量的人力、物力、财力等。按照中华人民共和国住房和城乡建设部、国家质量技术监督局联合发布的《建设工程监理规范》(GB/T 50319—2013)的规定,工程监理单位进行工程造价控制的主要服务任务是:在施工阶段进行工程计量、付款签证、偏差分析、竣工结算款审核、工程变更和费用索赔。工程监理单位受建设单位委托,根据法律法规、工程建设标准、勘察设计文件、招投标资料及合同,在施工阶段对建设工程造价进行控制,对工程建设相关方的关系进行协调的服务活动。主要控制任务是进行工程计量、付款签证、偏差分析、竣工结算款审核、工程变更和费用索赔。

4.3.1　工程计量和付款签证

1）处理程序

①根据工程设计文件及施工合同约定,专业监理工程师对施工单位在工程款支付报审表中提交的工程量和支付金额进行复核,确定实际完成的工程量,提出到期应支付给施工单位的金额,并提出相应的支持性材料。

②总监理工程师对专业监理工程师的审查意见进行审核,签认后报建设单位审批。

总监理工程师根据建设单位的审批意见,向施工单位签发工程款支付证书。

2）填表

工程款支付报审表应按《建设工程监理规范》(GB/T 50319—2013)的规范表 B.0.11 的要求填写,工程款支付证书应按《建设工程监理规范》(GB/T 50319—2013)的规范表 A.0.8 的要求填写。

3）计量

（1）计量原则

工程量计量是在满足质量合格条件下,按照合同约定的工程量计算规则、图纸及变更指示等进行计量。工程量计算规则应以相关的国家标准、行业标准等为依据,由合同当事人在专用合同条款中约定。

（2）计量周期

除专用合同条款另有约定外,工程量的计量按月进行。

4）付款签证

（1）付款周期

除专用合同条款另有约定外,付款周期应按照第 12.3.2 项〔计量周期〕的约定与计量周期保持一致。

（2）进度付款申请单的编制

除专用合同条款另有约定外,进度付款申请单应包括下列内容:

①截至本次付款周期已完成工作对应的金额;

②变更应增加和扣减的变更金额;

③预付款约定应支付的预付款和扣减的返还预付款;

④约定应扣减的质量保证金;

⑤应增加和扣减的索赔金额;

⑥对已签发的进度款支付证书中出现错误的修正,应在本次进度付款中支付或扣除的金额;

⑦根据合同约定应增加和扣减的其他金额。

（3）进度付款申请单的提交

①单价合同进度付款申请单的提交。

单价合同的进度付款申请单,按照单价合同的计量约定的时间按月向监理人提交,并附上已完成工程量报表和有关资料。单价合同中的总价项目按月进行支付分解,并汇总列入当期进度付款申请单。

②总价合同进度付款申请单的提交。

总价合同按月计量支付的,承包人按照总价合同的计量约定的时间按月向监理人提交进度付款申请单,并附上已完成工程量报表和有关资料。

总价合同按支付分解表支付的,承包人应按照支付分解表及进度付款申请单的编制的约定向监理人提交进度付款申请单。

③其他价格形式合同的进度付款申请单的提交。

合同当事人可在专用合同条款中约定其他价格形式合同的进度付款申请单的编制和提交程序。

(4)进度款审核和支付

①除专用合同条款另有约定外,监理人应在收到承包人进度付款申请单以及相关资料后7天内完成审查并报送发包人,发包人应在收到后7天内完成审批并签发进度款支付证书。发包人逾期未完成审批且未提出异议的,视为已签发进度款支付证书。

发包人和监理人对承包人的进度付款申请单有异议的,有权要求承包人修正和提供补充资料,承包人应提交修正后的进度付款申请单。监理人应在收到承包人修正后的进度付款申请单及相关资料后7天内完成审查并报送发包人,发包人应在收到监理人报送的进度付款申请单及相关资料后7天内,向承包人签发无异议部分的临时进度款支付证书。存在争议的部分,按照争议解决的约定处理。

②除专用合同条款另有约定外,发包人应在进度款支付证书或临时进度款支付证书签发后14天内完成支付,发包人逾期支付进度款的,应按照中国人民银行发布的同期同类贷款基准利率支付违约金。

③发包人签发进度款支付证书或临时进度款支付证书,不表明发包人已同意、批准或接受了承包人完成的相应部分的工作。

(5)进度付款的修正

在对已签发的进度款支付证书进行阶段汇总和复核中发现错误、遗漏或重复的,发包人和承包人均有权提出修正申请。经发包人和承包人同意的修正,应在下期进度付款中支付或扣除。

(6)支付分解表

①支付分解表的编制要求:支付分解表中所列的每期付款金额,应为进度付款申请单的编制的估算金额;实际进度与施工进度计划不一致的,合同当事人可按照合同的约定商定或确定修改支付分解表;不采用支付分解表的,承包人应向发包人和监理人提交按季度编制的支付估算分解表,用于支付参考。

②总价合同支付分解表的编制与审批:除专用合同条款另有约定外,承包人应根据施工进度计划约定的施工进度计划、签约合同价和工程量等因素对总价合同按月进行分解,编制支付分解表。承包人应当在收到监理人和发包人批准的施工进度计划后7天内,将支付分

解表及编制支付分解表的支持性资料报送监理人。

监理人应在收到支付分解表后 7 天内完成审核并报送发包人。发包人应在收到经监理人审核的支付分解表后 7 天内完成审批，经发包人批准的支付分解表为有约束力的支付分解表。

发包人逾期未完成支付分解表审批的，也未及时要求承包人进行修正和提供补充资料的，则承包人提交的支付分解表视为已经获得发包人批准。

③单价合同的总价项目支付分解表的编制与审批。

除专用合同条款另有约定外，单价合同的总价项目，由承包人根据施工进度计划和总价项目的总价构成、费用性质、计划发生时间和相应工程量等因素按月进行分解，形成支付分解表，其编制与审批参照总价合同支付分解表的编制与审批执行。

4.3.2 现场签证控制

现场签证是发包人现场代表与承包人现场代表就施工过程中涉及的责任事件所作的签认证明。

1)现场签证范围

①承包人应发包人要求完成合同以外的零星项目工作。

②承包人应发包人要求完成合同以外的非承包人责任事件的工作，比如基础土石变化，法律法规变化、物价变化和不可抗力等。

③合同中约定暂列材料（设备）。

2)现场签证程序

①承包人应发包人要求完成合同以外的零星项目、非承包人责任事件等工作的，发包人或监理单位应及时以书面形式向承包人发出指令，提供所需的相关资料；承包人在收到指令后，应及时向发包人提出现场签证要求。

②承包人应在收到发包人指令后的 7 天内，向发包人或监理单位提交现场签证报告，报告中应写明所需的人工、材料和施工机械台班的消耗量等内容。发包人应在收到现场签证报告后的 48 小时内对报告内容进行核实，予以确认或提出修改意见。发包人或监理单位在收到承包人现场签证报告后的 48 小时内未确认也未提出修改意见的，视为承包人提交的现场签证报告已被发包人认可。

③现场签证的工作如已有相应的计日工单价，则现场签证中应列明完成该类项目所需的人工、材料、工程设备和施工机械台班的数量。如现场签证的工作没有相应的计日工单价，应在现场签证报告中列明完成该签证工作所需的人工、材料设备和施工机械台班的数量及其单价。

④合同工程发生现场签证事项，未经发包人或监理单位签证确认，承包人便擅自施工的，除非征得发包人同意，否则发生的费用由承包人承担。

⑤现场签证工作完成后的 7 天内，承包人应按照现场签证内容计算价款，报送发包人或监理单位确认后，作为追加合同价款，与工程进度款同期支付。

3）现场签证费用的计算

现场签证费用按合同约定计算，合同约定没有按签证约定的条件计算或协协商解决。

例如：

工程签证单

工程名称	××××项目			
工程部位	一期 1#楼至 3#楼基础孔桩开挖出现坍塌，增加护壁工程量			
签证事由	人工挖孔桩由于挖回填层时候造成护壁坍塌，浇筑护壁混凝土（含钢筋）及孔桩开挖放量比设计护壁混凝土工程量增加			
签证内容	我部与贵司就人工挖孔桩因挖回填层因地下水及地质原因，桩壁严重垮塌，垮塌增加的桩护壁混凝土及挖方量进行讨论，双方对桩壁垮塌部分造成的护壁混凝土及挖方工程量增加计算达成一致意见 　　1.1#楼、2#楼、3#楼及裙楼所有桩综合包干系数按：图纸设计护壁混凝土及挖方量：垮塌增加护壁混凝土及挖方量＝1：3.5 计算 　　2.本工程桩护壁实行浪费自负，节约归己原则，过程中对垮塌部分不再收方。对回填层较厚部分桩施工单位应自行考虑安全、节约施工措施，风险包干 　　3.鉴于护壁坍塌造成的施工困难，我司请求业主方确认由此延误施工期限 25 天			
经办人意见： 　　　　　　年　月　日		施工单位（章）： 技术负责人： 　　　　　　年　月　日		
专业监理工程师意见： 　　上报情况属实，经现场实际计算（抽测 1#楼 36#、39#、43#孔桩；2#楼 1#、16#、23#孔桩；3#楼 9#、108#、212#孔桩），坍塌工程量为图纸设计护壁宽度 3.5 倍，开挖时效降低 1/3。 　　　　　　年　月　日				
监理单位（章）： 总监理工程师： 　　情况属实，数据为现场实测数据，同意总包单位上报原则，考虑 3#楼情况，A3#楼护壁增加量按 600 m^3 包干计算，1#、2#楼按图纸设计护壁砼及挖方量：垮塌增加护壁混凝土及挖方量＝1：3.5 计算，执行定额计价，工期不存在后延。 　　　　　　年　月　日				
以下为建设单位汇签				
现场代表意见： 现场情况属实 年　月　日	工程部负责人： 　同意监理单位及工程部现场工程师意见 年　月　日	合约部工程师意见： 　数据为预算部与监理单位、总包单位预算部一起现场抽测数据，数据属实，计入总结算（按定额单价执行） 年　月　日		建设单位（章） 总工办： 同意合约部意见 年　月　日

4.3.3 偏差分析

项目监理机构应编制月完成工程量统计台账,对实际完成量与计划完成量进行比较分析,发现偏差的,与参建各方一起查找原因,提出调整建议,并应在监理月报中向建设单位报告。

4.3.4 工程变更

1)处理程序

①总监理工程师组织专业监理工程师对工程变更费用及工期影响作出评估。

②总监理工程师组织建设单位、施工单位等共同协商确定工程变更的计价原则、计价方法。

③总监理工程师组织建设单位、施工单位等共同协商确定工程变更费用及工期变化,会签工程变更单。

④建设单位与施工单位没能就工程变更费用达成一致意见时,项目监理机构可先提出一个暂定价格并经建设单位同意,作为临时支付工程款的依据。工程变更事项最终结算时,应以建设单位与施工单位达成的协议为依据或按照合同约定的争议解决方式提请仲裁或诉讼。

⑤在设备制造过程中如需要对设备的原设计进行变更时,项目监理机构应审查设计变更,并应协调处理因变更引起的费用和工期调整,同时应报建设单位批准。

2)工程变更单的填写

工程变更单应按《建设工程监理规范》(GB/T 50319—2013)的规范表 C.0.2 的要求填写。

3)工程变更范围

①增加或减少合同中任何工作,或追加额外的工作;

②取消合同中任何工作,但转由他人实施的工作除外;

③改变合同中任何工作的质量标准或其他特性;

④改变工程的基线、标高、位置和尺寸;

⑤改变工程的时间安排或实施顺序。

4)变更权

①发包人和监理人均可以提出变更。变更指示均通过监理人发出,监理人发出变更指示前应征得发包人同意。承包人收到经发包人签认的变更指示后,方可实施变更。未经许可,承包人不得擅自对工程的任何部分进行变更。

②涉及设计变更的,应由设计人提供变更后的图纸和说明。如变更超过原设计标准或批准的建设规模时,发包人应及时办理规划、设计变更等审批手续。

5）变更程序

（1）发包人提出变更

发包人提出变更的，应通过监理人向承包人发出变更指示，变更指示应说明计划变更的工程范围和变更的内容。

（2）监理人提出变更建议

监理人提出变更建议的，需要向发包人以书面形式提出变更计划，说明计划变更工程范围和变更的内容、理由，以及实施该变更对合同价格和工期的影响。发包人同意变更的，由监理人向承包人发出变更指示。发包人不同意变更的，监理人无权擅自发出变更指示。

6）变更估价

（1）工程变更引起已标价工程量清单项目或其工程数量发生变化，应按照下列规定调整：

①已标价工程量清单中有适用于变更工程项目的，采用该项目的单价；但当工程变更导致该清单项目的工程数量发生变化，且工程量偏差超过15%，此时，该项目单价的调整应按照合同约定的规定调整。

②已标价工程量清单中没有适用，但有类似于变更工程项目的，可在合理范围内参照类似项目的单价。

③已标价工程量清单中没有适用也没有类似于变更工程项目的，由承包人根据变更工程资料、计量规则和计价办法、工程造价管理机构发布的信息价格和承包人报价浮动率提出变更工程项目的单价，报发包人确认后调整。承包人报价浮动率可按下列公式计算：

招标工程：承包人报价浮动率 $L = (1 - 中标价／招标控制价) \times 100\%$；

非招标工程：承包人报价浮动率 $L = (1 - 报价值／施工图预算) \times 100\%$

④已标价工程量清单中没有适用也没有类似于变更工程项目，且工程造价管理机构发布的信息价格缺价的，由承包人根据变更工程资料、计量规则、计价办法和通过市场调查等取得有合法依据的市场价格提出变更工程项目的单价，报发包人确认后调整。

（2）工程变更引起施工方案改变，并使措施项目发生变化的，承包人提出调整措施项目费的，应事先将拟实施的方案提交发包人确认，并详细说明与原方案措施项目相比的变化情况。按实施的方案经发承包双方确认后执行。该情况下，应按照下列规定调整措施项目费：

①安全文明施工费，按照实际发生变化的措施项目调整。

②采用单价计算的措施项目费，按照实际发生变化的措施项目按合同约定的规定确定单价。

③按总价（或系数）计算的措施项目费，按照实际发生变化的措施项目调整，但应考虑承包人报价浮动因素，即调整金额按照实际调整金额乘以承包人报价浮动率计算。

如果承包人未事先将拟实施的方案提交给发包人确认，则视为工程变更不引起措施项目费的调整或承包人放弃调整措施项目费的权利。

（3）如果工程变更项目出现承包人在工程量清单中填报的综合单价与发包人招标控制价或施工图预算相应清单项目的综合单价偏差超15%，则工程变更项目的综合单价可由发承包双方按照合同约定的调整。

（4）如果发包人提出的工程变更，因为非承包人原因删减了合同中的某项原定工作或工程，致使承包人发生的费用或（和）得到的收益不能被包括在其他已支付或应支付的项目中，也未被包含在任何替代的工作或工程中，则承包人有权提出并得到合理的利润补偿。

4.3.5　费用索赔

1）处理程序

①项目监理机构应及时收集、整理有关工程费用的原始资料，为处理费用索赔提供证据。

②收集、整理与索赔有关的资料。

③受理施工单位在施工合同约定的期限内提交的费用索赔意向通知书。

④受理施工单位在施工合同约定的期限内提交的费用索赔报审表。

⑤审查费用索赔报审表。需要施工单位进一步提交详细资料时，应在施工合同约定的期限内发出通知。

⑥与建设单位和施工单位协商一致后，在施工合同约定的期限内签发费用索赔报审表，并报建设单位。

⑦当施工单位的费用索赔要求与工程延期要求相关联时，项目监理机构可提出费用索赔和工程延期的综合处理意见，并应与建设单位和施工单位协商。

⑧因施工单位原因造成建设单位损失，建设单位提出索赔时，项目监理机构应与建设单位和施工单位协商处理。受理施工单位在施工合同约定的期限内提交的费用索赔意向通知书。

2）费用索赔单据的填写

费用索赔意向通知书应按《建设工程监理规范》（GB/T 50319—2013）的规范表 C.0.3 的要求填写；费用索赔报审表应按《建设工程监理规范》（GB/T 50319—2013）的规范表 B.0.13 的要求填写。

3）费用索赔依据

①法律法规；

②勘察设计文件、施工合同文件；

③工程建设标准；

④索赔事件的证据。

4）索赔成立的条件

①施工单位在施工合同约定的期限内提出费用索赔；

②索赔事件是因非施工单位原因造成，且符合施工合同约定；

③索赔事件造成施工单位直接经济损失。

5）承包人的索赔

根据合同约定，承包人认为有权得到追加付款和（或）延长工期的，应按以下程序向发包

人提出索赔:

①承包人应在知道或应当知道索赔事件发生后 28 天内,向监理人递交索赔意向通知书,并说明发生索赔事件的事由;承包人未在前述 28 天内发出索赔意向通知书的,丧失要求追加付款和(或)延长工期的权利。

②承包人应在发出索赔意向通知书后 28 天内,向监理人正式递交索赔报告;索赔报告应详细说明索赔理由以及要求追加的付款金额和(或)延长的工期,并附必要的记录和证明材料。

③索赔事件具有持续影响的,承包人应按合理时间间隔继续递交延续索赔通知,说明持续影响的实际情况和记录,列出累计的追加付款金额和(或)工期延长天数。

④在索赔事件影响结束后 28 天内,承包人应向监理人递交最终索赔报告,说明最终要求索赔的追加付款金额和(或)延长的工期,并附必要的记录和证明材料。

6)对承包人索赔的处理

①监理人应在收到索赔报告后 14 天内完成审查并报送发包人。监理人对索赔报告存在异议的,有权要求承包人提交全部原始记录副本。

②发包人应在监理人收到索赔报告或有关索赔的进一步证明材料后的 28 天内,由监理人向承包人出具经发包人签认的索赔处理结果。发包人逾期答复的,则视为认可承包人的索赔要求。

③承包人接受索赔处理结果的,索赔款项在当期进度款中进行支付;承包人不接受索赔处理结果的,按照争议解决的约定处理。

7)发包人的索赔

根据合同约定,发包人认为有权得到赔付金额和(或)延长缺陷责任期的,监理人应向承包人发出通知并附有详细的证明。

发包人应在知道或应当知道索赔事件发生后 28 天内通过监理人向承包人提出索赔意向通知书,发包人未在前述 28 天内发出索赔意向通知书的,丧失要求赔付金额和(或)延长缺陷责任期的权利。发包人应在发出索赔意向通知书后 28 天内,通过监理人向承包人正式递交索赔报告。

8)对发包人索赔的处理

①承包人收到发包人提交的索赔报告后,应及时审查索赔报告的内容、查验发包人证明材料。

②承包人应在收到索赔报告或有关索赔的进一步证明材料后 28 天内,将索赔处理结果答复发包人。如果承包人未在上述期限内作出答复的,则视为对发包人索赔要求的认可。

③承包人接受索赔处理结果的,发包人可从应支付给承包人的合同价款中扣除赔付的金额或延长缺陷责任期;发包人不接受索赔处理结果的,按争议解决约定处理。

9）提出索赔的期限

①承包人按合同约定接收竣工付款证书后，应被视为已无权再提出在工程接收证书颁发前所发生的任何索赔。

②承包人合同提交的最终结清申请单中，只限于提出工程接收证书颁发后发生的索赔。提出索赔的期限自接受最终结清证书时终止。

4.3.6 竣工结算款

1）处理程序

①专业监理工程师审查施工单位提交的竣工结算款支付申请，提出审查意见。

②总监理工程师对专业监理工程师的审查意见进行审核，签认后报建设单位审批，同时抄送施工单位，并就工程竣工结算事宜与建设单位、施工单位协商；达成一致意见的，根据建设单位审批意见向施工单位签发竣工结算款支付证书；不能达成一致意见的，应按施工合同约定处理。

2）竣工结算单据的填写

工程竣工结算款支付报审表应按《建设工程监理规范》（GB/T 50319—2013）的规范表B.0.11 的要求填写，竣工结算款支付证书应按《建设工程监理规范》（GB/T 50319—2013）的规范表 A.0.8 的要求填写。

3）竣工结算申请

除专用合同条款另有约定外，承包人应在工程竣工验收合格后 28 天内向发包人和监理人提交竣工结算申请单，并提交完整的结算资料，有关竣工结算申请单的资料清单和份数等要求由合同当事人在专用合同条款中约定。

除专用合同条款另有约定外，竣工结算申请单应包括以下内容：

①竣工结算合同价格；

②发包人已支付承包人的款项；

③应扣留的质量保证金；

④发包人应支付承包人的合同价款。

4）竣工结算审核

①除专用合同条款另有约定外，监理人应在收到竣工结算申请单后 14 天内完成核查并报送发包人。发包人应在收到监理人提交的经审核的竣工结算申请单后 14 天内完成审批，并由监理人向承包人签发经发包人签认的竣工付款证书。监理人或发包人对竣工结算申请单有异议的，有权要求承包人进行修正和提供补充资料，承包人应提交修正后的竣工结算申请单。

发包人在收到承包人提交竣工结算申请书后 28 天内未完成审批且未提出异议的，视为发包人认可承包人提交的竣工结算申请单，并自发包人收到承包人提交的竣工结算申请单后第 29 天起视为已签发竣工付款证书。

②除专用合同条款另有约定外,发包人应在签发竣工付款证书后的 14 天内,完成对承包人的竣工付款。发包人逾期支付的,按照中国人民银行发布的同期同类贷款基准利率支付违约金;逾期支付超过 56 天的,按照中国人民银行发布的同期同类贷款基准利率的两倍支付违约金。

③承包人对发包人签认的竣工付款证书有异议的,对于有异议部分应在收到发包人签认的竣工付款证书后 7 天内提出异议,并由合同当事人按照专用合同条款约定的方式和程序进行复核,或按照争议解决约定处理。对于无异议部分,发包人应签发临时竣工付款证书,上一项完成付款。承包人逾期未提出异议的,视为认可发包人的审批结果。

5）甩项竣工协议

发包人要求甩项竣工的,合同当事人应签订甩项竣工协议。在甩项竣工协议中应明确合同当事人按照第竣工结算申请及竣工结算审核的约定,对已完合格工程进行结算,并支付相应合同价款。

6）最终结清申请单

①除专用合同条款另有约定外,承包人应在缺陷责任期终止证书颁发后 7 天内,按专用合同条款约定的份数向发包人提交最终结清申请单,并提供相关证明材料。

除专用合同条款另有约定外,最终结清申请单应列明质量保证金、应扣除的质量保证金、缺陷责任期内发生的增减费用。

②发包人对最终结清申请单内容有异议的,有权要求承包人进行修正和提供补充资料,承包人应向发包人提交修正后的最终结清申请单。

7）最终结清证书和支付

①除专用合同条款另有约定外,发包人应在收到承包人提交最终结清申请单后 14 天内完成审批并向承包人颁发最终结清证书。发包人逾期未完成审批,又未提出修改意见的,视为发包人同意承包人提交的最终结清申请单,且自发包人收到承包人提交的最终结清申请单后 15 天起视为已颁发最终结清证书。

②除专用合同条款另有约定外,发包人应在颁发最终结清证书后 7 天内完成支付。发包人逾期支付的,按照中国人民银行发布的同期同类贷款基准利率支付违约金;逾期支付超过 56 天的,按照中国人民银行发布的同期同类贷款基准利率的两倍支付违约金。

③承包人对发包人颁发的最终结清证书有异议的,按争议解决的约定办理。

8）竣工结算的审核方法

①首先,核对合同条款,核对竣工工程内容是否符合合同条件要求,工程是否竣工验收合格,只有按合同要求完成全部工程并验收合格才能竣工结算;其次,应按合同规定的结算方法、计价定额、取费标准、主材价格和优惠条款等,对工程竣结算进行审核,若发现合同开口或有漏洞,应请建设单位与承包单位认真研究,明确结算要求。

②检查隐蔽验收记录。所有隐蔽工程均需进行验收,应经质量监理工程师签证确认。审核竣工结算时应核对隐蔽工程施工记录和验收签证,手续是否完整,与竣工图是否一致,

如果一致方可列入结算。

③落实设计变更签证。设计修改变更应有原设计单位出具设计变更通知单和修改的设计图纸、校审人员签字并加盖公章,经建设单位和监理工程师审查同意、签证;重大设计变更应经原审批部门审批,否则不应列入结算。

④按图核实工程数量。竣工结算的工程量应依据设计图、竣工图、设计变更单和现场签证等进行核算,并按国家统一规定的计算规则计算工程量。

⑤执行定额单价,结算单价应按合同约定或招标规定的计价定额与计价原则执行。

⑥防止各种计算误差。工程竣工结算子目多、篇幅大,往往有计算误差,应认真核算,防止因计算误差多计或少算。

4.4　相关服务阶段工程造价控制

工程监理单位受建设单位委托,按照建设工程监理合同约定,在建设工程勘察、设计、保修等阶段提供的服务活动。

4.4.1　勘察设计阶段

工程监理单位在建设工程投资规划阶段协助业主合理把握投资控制,主要工作是协助业主选择更加合理的设计方案和成熟的工艺,最大程度减少、规避施工阶段重大的设计变更或设计修改,从而对控制工程造价起到重要作用。设计阶段是影响工程造价最大的阶段,因此,设计阶段应以经济效益为中心进行合理设计,有效地避免投资失控。

1)处理程序

①应协助建设单位编制工程勘察设计任务书和选择工程勘察设计单位,并应协助签订工程勘察设计合同。

②审查勘察单位提交的勘察费用支付申请表,以及签发勘察费用支付证书,并应报建设单位。

③审核设计单位提交的设计费用支付申请表,以及签认设计费用支付证书,并应报建设单位。

④审查设计单位提出的新材料、新工艺、新技术、新设备在相关部门的备案情况。必要时应协助建设单位组织专家评审。

⑤审查设计单位提出的设计概算、施工图预算,提出审查意见,并应报建设单位。

⑥应分析可能发生索赔的原因,并应制定防范对策。

⑦可协助建设单位组织专家对设计成果进行评审。

⑧可协助建设单位向政府有关部门报审有关工程设计文件,并应根据审批意见督促设计单位予以完善。

⑨根据勘察设计合同,协调处理勘察设计延期、费用索赔等事宜。

2)勘察阶段

工程的地质条件是客观存在的。通过勘察单位比选、勘察方案的分析,选出质量、进度和经济效益较好的勘察单位。

勘察点的布置结合前期方案和场地的实际情况，要具有科学性，为地基基础设计提供依据。勘察过程中做好钻孔进尺和土层分布记录，作为签发勘察费的依据。

勘察单位通过勘察测试分析工程建设场地范围内的工程地质条件，提供较为准确的地质资料，为基础设计提供科学的依据。地勘结论决定基础设计的合理与否，施工能否顺利开展，基础费用、使用维修费及全寿命费用的高低。地质勘察的范围和深度应足以保证能尽早发现地质灾害或地质病害，即使发现地质灾害或地质病害也可以及时想办法避开，充分考虑可靠的设计方案和施工措施，减少基础设计的变更，防止引起的基础造价失去控制。

3）设计阶段

（1）设计阶段监理造价控制的基本任务

①审查各阶段的设计图纸和设计文件。对工程项目总体设计阶段设计阶段以及施工图设计阶段，应从技术、质量、造价和进度等方面对设计文件进行审查和控制。

②参与主要材料、构件和设备的选择，把好选型关。

（2）设计阶段造价控制方法

①初步设计阶段的投资控制。

初步设计阶段是通过对设计依据及基础资料，设计规模及技术范围，设计文件的审读，专业设计方案，主要设备和材料，总概算和分项概算及项目技术经济指标等的控制，且以项目已审批的投资计划额为控制目标，来实现对工程项目的投资控制。项目总监和专业监理工程师在初步设计阶段投资控制的主要职能是协助业主履行对项目投资控制的计划与决策，检查与审查，控制与协调等方面的职能。

项目总监和专监理工程师对初步设计阶段投资控制对策是严格审查设计单位是否按业主提供的设计依据和基础数据进行设计；是否按设计任务书中规定设计项目清单进行设计，设计项目规模、范围和深度是否满足要求，参与设计方案及各专业设计方案的磋商，严格控制各类设计方案的技术经济指标；审查主要设备和材料清单，控制各类设备和材料消耗量及单价；审查项目总概算及分项概算，超标设计引起的投资增加必须要报经业主审批，监理工程师无权擅自决定；协助业主协调各专业工种设计及其外部协作关系等。

②技术设计阶段的投资控制在技术设计阶段，项目总监和专业监理工程师应严格控制新技术、新工艺、新设备的研制费用、引进费用、实验费用及其有关的技术经济指标，以节约项目投资费用，并对修正总概算和分项概算严格审查，以控制项目总投资的过度增加，经修正的概算应由业主和有关部门审批。

③施工图设计阶段的投资控制。

施工图设计阶段是设计单位提交最终设计产品的阶段，并为组织工程项目施工提供正式的依据。在施工图设计阶段中，项目总监和专业监理工程师通过对设计标准及设计参数，主要设备及材料消耗和单价，设计预算及分项设计预算，以及各项技术经济指标的控制，来实现对工程项目投资的控制。一般来讲，施工图预算应控制在设计概算的范围内。

4.4.2 工程保修阶段

1）处理程序

①对建设单位或使用单位提出的工程质量缺陷,应安排监理人员进行检查和记录,并应要求施工单位予以修复,同时应监督实施,合格后应予以签认。

②应对工程质量缺陷原因进行调查,并应与建设单位、施工单位协商确定责任归属。

③对非施工单位原因造成的工程质量缺陷,应核实施工单位申报的修复工程费用,并应签认工程款支付证书,同时应报建设单位。

④工程质量保修期满,应核实施工单位申报的质量保修金,并应签认工程款支付证书,同时应报建设单位。

2）修复费用

保修期内,修复的费用按照以下约定处理:

①保修期内,因承包人原因造成工程的缺陷、损坏,承包人应负责修复,并承担修复的费用以及因工程的缺陷、损坏造成的人身伤害和财产损失。

②保修期内,因发包人使用不当造成工程的缺陷、损坏,可以委托承包人修复,但发包人应承担修复的费用,并支付承包人合理利润。

③因其他原因造成工程的缺陷、损坏,可以委托承包人修复,发包人应承担修复的费用,并支付承包人合理的利润,因工程的缺陷、损坏造成的人身伤害和财产损失由责任方承担。

3）修复通知

在保修期内,发包人在使用过程中,发现已接收的工程存在缺陷或损坏的,应书面通知承包人予以修复,但情况紧急必须立即修复缺陷或损坏的,发包人可以口头通知承包人并在口头通知后 48 小时内书面确认,承包人应在专用合同条款约定的合理期限内到达工程现场并修复缺陷或损坏。

4）未能修复

因承包人原因造成工程的缺陷或损坏,承包人拒绝维修或未能在合理期限内修复缺陷或损坏,且经发包人书面催告后仍未修复的,发包人有权自行修复或委托第三方修复,所需费用由承包人承担。但修复范围超出缺陷或损坏范围的,超出范围部分的修复费用由发包人承担。

5）承包人出入权

在保修期内,为了修复缺陷或损坏,承包人有权出入工程现场,除情况紧急必须立即修复缺陷或损坏外,承包人应提前 24 小时通知发包人进场修复的时间。承包人进入工程现场前应获得发包人同意,且不应影响发包人正常的生产经营,并应遵守发包人有关保安和保密等规定。

复习思考题

1. 简述工程造价的特性。
2. 简述工程造价控制的重点。
3. 造价控制目标的措施有哪些？
4. 简述项目监理审核施工图预算的内容。
5. 监理工程师在施工阶段对造价控制的任务有哪些？
6. 工程计量的依据有哪些？
7. 工程造价的构成有哪些？
8. 现场签证的程序有哪些？

第 5 章
建设工程进度控制

 本章导读

- **学习目标** 掌握工程进度控制的原理、方法、措施,流水施工的特点,横道图和网络图的绘制,工程施工进度计划的审查要点,横道图比较法和前锋线法检查工程进度,工程延期的审批。
- **本章重点** 施工组织的方式,工程施工进度控制的主要内容和流程,工程进度计划目标及分解,工程进度计划的调整;进度控制与质量、造价控制的关系,影响进度的因素及进度计划实施的保障体系。
- **本章难点** 工程进度计划的编制,工期延误的制约。

5.1 建设工程进度控制概述

5.1.1 建设工程进度控制的原理

1)建设工程进度控制的概念

进度控制是指对工程项目建设各阶段的工作内容、工作程序、持续时间和衔接关系根据进度总目标及资源优化配置的原则编制计划并付诸实施,然后在进度计划的实施过程中经常检查实际进度是否按计划要求进行,对出现的偏差情况进行分析,采取补救措施或调整、修改原计划后再付诸实施,如此循环,直到建设工程竣工验收交付使用。

2)建设工程进度控制的原理

建设工程进度控制是动态的,进度控制人员必须在计划执行过程中不断检查,并将实际状况与计划安排进行对比,在分析偏差及其产生原因的基础上,通过采取措施,使之能正常实施。如果采取措施后不能维持原计划,则需要对原进度计划进行调整或修正,再按新的进度计划实施。建设工程进度控制就是一个不断的计划、执行、检查、分析、调整再执行的循环动态控制。其原理流程如图 5.1 所示。

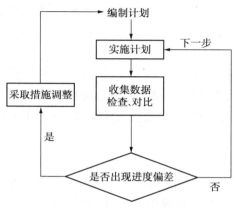

图 5.1　建设工程进度控制原理

3）建设工程进度控制的依据

（1）合同文件

满足合同规定的总工期以及分批投入使用的节点工期的要求是进度控制的目标。

（2）批准的施工组织设计

施工组织设计的总工期,是为了满足工期目标依据拟定的施工方案、施工工艺预定的施工工期,是其他进度计划的编制依据,也是检查实际施工是否能满足总工期要求的依据。

（3）批准的单位工程施工进度计划

这包括年、季、月进度计划。

（4）进度报告

进度报告提供了有关进度绩效的信息,如哪些计划的日期已经达到,哪些还没有达到;哪些进度计划是按期完成,哪些是提前或者滞后的,对后续的影响如何等。进度报告是进度检查的主要形式。

（5）变更申请

变量申请可以是直接或间接的,可以从外部或内部提出。变量申请可能是请求延缓进度或加快进度。

（6）进度调整计划

进度调整计划是指如何调整原定的计划,是进行项目进度调整的主要依据。

4）建设工程进度控制的原则

（1）目标明确原则

进度、投资、质量是工程项目的三大目标,它们之间有着相互依赖和相互制约的关系。进行进度控制应当在考虑三大目标对立统一的基础上,明确进度控制目标,包括总目标和各阶段、各部分的分目标。监理工程师应根据业主的委托要求科学、合理地确定进度控制目标。

（2）综合性措施的原则

进度控制的综合性措施包括组织措施、技术措施、合同措施等。组织协调是实现有效进度控制的关键。与建设项目进度有关的单位较多，如果不能有效地与这些单位做好协调，进度控制将十分困难。

（3）动态控制的原则

在工程项目进度计划的实施过程中，由于受到各种因素的干扰，经常造成实际进度与计划的偏差。这种偏差得不到及时纠正，必将影响进度目标的实现。为此，在项目进度的执行过程中，必须采取系统的控制措施，经常地进行实际与计划进度的比较，发现偏差，及时采取纠偏措施。

（4）系统控制的原则

进度、质量、造价控制是一个整体，项目管理的最终目的是全面实现三大目标。在采取进度控制措施时，要尽可能采取可对投资目标和质量目标产生有利影响的进度控制措施。当然，采取进度控制措施也可能对投资目标和质量目标产生不利影响。当采取进度控制措施时，不能仅仅保证进度目标的实现却不顾投资目标和质量目标，而应当综合考虑三大目标。根据工程进展的实际情况和要求以及进度控制措施选择的可能性，有以下三种处理方式：

①在保证进度目标的前提下，将对投资目标和质量目标的影响减少到最低程度；

②适当调整进度目标（延长计划总工期），不影响或基本不影响投资目标和质量目标；

③介于上述两者之间。

（5）全过程控制原则

为了有效地控制施工进度，不但要有施工进度总目标，还要将施工进度总目标从不同角度进行层层分解，形成施工进度控制目标体系。实施过程中按下级目标受上级目标的制约，下级目标保证上级目标进行控制，才会最终保证施工进度总目标的实现。关于进度控制的全过程控制，要注意以下三方面问题：

①建设的早期就应当编制进度计划。整个建设工程的总进度计划包括的内容很多，除了施工之外，还包括前期工作（如征地、拆迁、施工场地准备等）、勘察、设计、材料和设备采购、动用前准备等。应当掌握"远粗近细"的原则，在工程建设早期编制进度计划，是早期控制思想在进度控制中的反映。越早进行控制，进度控制的效果越好。

②在编制进度计划时要充分考虑各阶段工作之间的合理搭接。搭接时间越长，建设工程的总工期就越短。但是，搭接时间与各阶段工作之间的逻辑关系有关，都有其合理的限度。因此，合理确定具体的搭接工作内容和搭接时间，也是进度计划优化的重要内容。

③抓好关键线路的进度控制。进度控制的重点对象是关键线路上的各项工作，包括关键线路变化后的各项关键工作，这样可取得事半功倍的效果。由此也可看出工程建设早期编制进度计划的重要性。如果没有进度计划，就不知道哪些工作是关键工作，进度控制工作就没有重点，精力分散，甚至可能对关键工作控制不力，而对非关键工作却全力以赴，结果是

事倍功半。当然,对于非关键线路的各项工作,要确保其不要延误后而变为关键工作。

（6）全方位控制原则

影响进度的因素是多方位的,为了达到最终的目标必须对所有的影响因素进行控制,进行全方位控制要从以下几个方面考虑:

①对整个建设工程所有工程内容的进度都要进行控制,除了控制单项工程、单位工程的进度外,还包括区内道路、绿化、配套工程等的进度目标进行控制,应尽可能将它们的实际进度控制在进度目标之内。

②对整个建设工程所有工作内容都要进行控制。工作内容的控制是保证工作按时完成的前提,实际的进度控制、对工作内容进度的控制,往往表现为对工程内容的控制。

③对影响进度的各种因素都要进行控制。建设工程的实际进度受到很多因素的影响。例如:施工机械数量不足或出现故障;技术人员和工人的素质和能力低下;建设资金缺乏,不能按时到位;材料和设备不能按时、按质、按量供应;施工现场组织管理混乱,多个承包商之间施工进度不够协调;出现异常的工程地质、水文、气候条件;还可能出现政治、社会等风险。要实现有效的进度控制,必须对上述影响进度的各种因素都进行控制,采取措施减少或避免这些因素对进度的影响。

④注意各方面工作进度对施工进度的影响。任何建设工程最终都是通过施工将其建造起来。从这个意义上讲,施工进度作为一个整体,在总进度计划中的关键线路上,任何导致施工进度拖延的情况都将导致总进度的拖延。而施工进度的拖延往往是其他方面工作进度的拖延引起的。因此,要考虑围绕施工进度的需要来安排其他方面的工作进度。例如,根据工程开工时间和进度要求安排动拆迁和设计进度计划,必要时可分阶段提供施工场地和施工图纸;又如,根据结构工程和装饰工程施工进度的需要安排材料采购进度计划,根据安装工程进度的需要安排设备采购进度计划等。这样说,并不是否认其他工作进度计划的重要性,而恰恰相反,这正说明全方位进度控制的重要性,说明业主方总进度计划的重要性。

5）影响进度的因素

影响施工进度的因素,可归纳为人的因素,技术、材料、设备与构配件因素,机具因素,资金因素,水文、地质与气象因素,其他环境、社会因素以及其他难以预料的因素等。其中人的因素影响最多,包括建设单位及其上级管理部门;设计、施工单位及其供货单位;建设行政主管部门以及相关的政府部门;监理单位本身等。

按照干扰的责任及其处理,可将影响因素分为两类:一是由于承包商自身原因造成的工期延长,称为工程延误;二是由于承包商以外的原因造成的施工延长,称为工期延期。监理工程师对于工程延期的批准对业主和承包商都十分重要,因此监理工程师应按照合同的条件,公正地区分工程延误和工程延期,合理地批准工程延期的时间。

5.1.2　建设工程进度控制的内容、方法和措施

1）工程进度控制的主要内容

（1）工程进度控制的主要内容

工程进度控制的主要工作内容有:编制工程进度控制的工作细则,编制或审批施工进度

计划,编制工程年、季、月度综合进度计划,下达工程开工令,协助承包单位实施工程进度计划,监督承包单位实施过程进度计划,组织现场进度协调会,签发工程进度款支付凭证,审批工程延期,督促承包单位整理技术资料,审批竣工申请报告、协助组织竣工验收,处理争议和索赔,整理工程进度资料,工程移交等工作。

（2）工程进度控制流程

进度控制流程如图5.2所示。

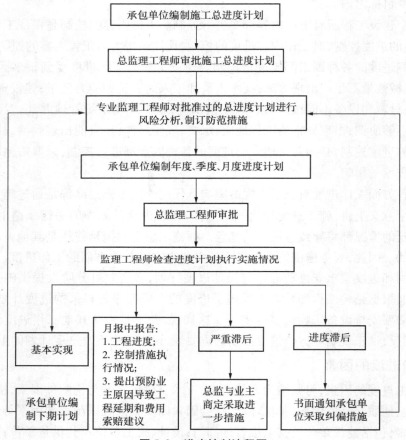

图5.2　进度控制流程图

2）建设工程进度控制的方法和措施

（1）进度控制的作用

①合理控制工期、质量和造价,使项目管理达到综合最优;

②通过审查施工进度计划及控制实际进度与计划进度差异情况,从而完善施工进度计划管理;

③充分考虑时间控制问题外,同时还考虑劳动力、材料、施工机具设备等所必需的施工资源问题,使其得到最有效、合理、经济地配置与利用;

④通过计划、组织、协调、检查与调整等手段,调动施工活动中的一切积极因素,努力实现施工过程中各个阶段的进度目标,以保证各施工过程的工期目标,确保总工期目标的

实现。

（2）进度控制的方法

①进度控制的行政方法。用行政方法控制进度,是指上级单位及上级领导,本单位领导,利用行政地位和权力,通过发布进度指令,进行指导、协调、考核。利用激励手段(奖、罚、表扬、批评),监督、督促等方式进行进度控制。

使用行政方法进行进度控制,优点是直接、迅速、有效,但要提倡科学性,防止主观、武断、片面的瞎指挥。

行政方法控制进度的重点应当是进度控制目标的决策和指导,在实施中应当有实施者自行控制,尽量减少行政干预。

②进度控制的经济方法。进度控制的经济方法,是指有关部门和单位用经济类手段对进度控制进行影响和制约。

③进度控制的管理技术方法。进度控制的管理技术方法主要是监理工程师的规划、控制和协调。规划就是确定项目的总进度目标和分解目标;控制就是在项目实施的全过程中进行计划进度与实际进度的比较,发现偏差,及时采取措施进行纠正;协调就是协调参加单位之间的进度关系。

（3）进度控制的措施

进度控制的措施有组织措施、技术措施、经济措施及合同措施。

①组织措施:建立进度控制目标体系,明确建设工程现场监理组织机构中进度控制人员及其职责分工;建立工程进度报告制度及进度信息沟通网络;建立进度计划审核制度和进度计划实施中的检查分析制度;建立进度协调会议制度,包括协调会议举行的时间、地点,协调会议的参加人员等;建立图纸审查、工程变更和设计变更管理制度。

②技术措施:审查承包商提交的进度计划,使承包商能在合理的状态下施工;编制进度控制工作细则,指导监理人员实施进度控制;采用网络计划技术及其他科学适用的计划方法,结合电子计算机的应用,对建设工程进度实施动态控制。

③经济措施:及时办理工程预付款及工程进度款支付手续;对应急赶工给予优厚的赶工费用;对工期提前给予奖励;对工程延误收取误期损失赔偿金;加强索赔管理,公正地处理索赔。

④合同措施:推行 CM 承发包模式,对建设工程实行分段设计、分段发包和分段施工;加强合同管理,协调合同工期与进度计划之间的关系,保证合同中进度目标的实现;严格控制合同变更,对各方提出的工程变更和设计变更,监理工程师应严格审查后再补入合同文件之中;加强风险管理,在合同中应充分考虑风险因素及其对进度的影响,以及相应的处理方法。

5.2　施工准备阶段进度控制

工程进度计划是对工程实施过程进行进度控制的前提,没有进度计划,也谈不上对工程进度的控制。因此在工程项目实施前,承包人应向监理工程师提交一份科学、合理的工程项目进度计划。为了确保工程进度总目标的实现,承包人要编制一套围绕工程进度总目标的计划体系,监理工程师应做好各种工程进度计划的审批,制定相应的监控措施,确保计划的落实。在施工准备阶段,监理工程师的主要工作是建立工程进度控制目标体系、做好各种进度计划的编审工作以及建立相应的目标保证体系。

5.2.1 建设工程进度控制的计划体系

1)工程进度控制目标

(1)影响工程进度控制的风险

①由于设计不当对工程质量或安全造成返工或返修而导致的工期延误。

②由于建设单位提供的地勘报告或地表以下资料实质性有误致使承包单位不得不实质性地改变依据该文件而设定的施工方案,并由此产生的返工返修导致的工期延误。

③由于建设单位提供或指定使用材料、设备及分包单位的违约或过失造成的损失或损害导致的工期延误。

④建设单位为本工程雇佣人员的违法、违约或过失造成的工期延误。

⑤除不可抗力以外的作为一个有经验的承包单位和监理单位无法预见的不利障碍或条件而导致的工期延误。

⑥在合同专用条件中约定的其他风险而导致的工期延误。

(2)工程进度控制目标的确定

保证工程项目按期建成交付使用,是施工阶段进度控制的最终目的。建设工程进度控制的总目标是建设工程的合同工期。其余工程进度控制目标根据各工程的具体要求确定,主要依据是:建设工程总进度目标对施工工期的要求;工期定额、类似工程项目的实际进度;工程难易程度和工程条件的落实情况等。

(3)进度控制目标的分解

为了有效地控制施工进度,不但要有施工进度总目标,还要将施工进度总目标从不同角度进行层层分解,形成施工进度控制目标体系。实施过程中按下级目标受上级目标的制约,下级目标保证上级目标进行控制,才会最终保证施工进度总目标的实现。

①目标分解的方式。按项目组成分解,确定各单位工程开工及动用日期;按承包单位分解,明确分工条件和承包责任;按施工阶段分解,划定进度控制分界点;按计划期分解,组织综合施工。

②施工进度目标分解的注意事项。为了提高进度计划的预见性和进度控制的主动性,在确定施工进度控制子目标时,必须全面细致地分析与建设工程进度有关的各种有利因素和不利因素。在进行施工进度目标分解时,还要考虑以下各个方面:对于大型建设工程项目,应根据尽早提供可动用单元的原则,集中力量分期分批建设,以便尽早投入使用,尽快发挥投资效益;合理安排土建与设备的综合施工;结合本工程的特点,参考同类建设工程的经验来确定施工进度目标;做好资金供应能力、施工力量配备、物资供应能力与施工进度的平衡工作,确保工程进度目标的要求而不使其落空;考虑外部协作条件的配合情况;考虑工程项目所在地区地形、地质、水文、气象等方面的限制条件。总之,要想对工程项目的施工进度

实施控制,就必须有明确、合理的进度目标;否则,控制便失去了意义。

2)工程进度控制的计划体系

工程进度控制的计划体系包括有建设单位的进度计划、施工单位的进度计划、监理单位进度计划、设计单位的进度计划等。目前,监理主要做的是施工阶段的监理,工程进度控制的计划体系一般是指施工单位的进度计划体系和监理单位的进度计划体系。

(1)施工单位的进度计划体系

为了确保工程进度目标实现,承包人要编制一套围绕工程进度总目标的计划体系,包括总体进度计划,单项(位)工程进度计划,年度计划,季度、月份生产计划,以及与这些进度计划相适应的资源供应计划(或需求计划)、资金需求计划、各项生产任务完成报告。

(2)监理单位的进度控制计划体系

科学、合理的工程进度计划是监理工程师实现进度控制的首要前提,但是进度计划的编制很难事先对项目在实施过程中可能出现的问题估计得准确无误。在项目实施过程中,由于某些因素的干扰,实际进度与计划进度往往产生偏差。如果这种偏差得不到及时纠正,必将影响进度总目标的实现。为了确保进度目标的实现,在项目施工之前,监理应当建立相应的进度控制计划体系,如进度控制工作制度(包括工作流程;进度控制措施)、进度控制方法规划、进度目标实现风险分析。

5.2.2　建设工程进度计划的表示

1)流水施工组织原理

(1)施工组织的基本方法及特点

建设工程施工组织方法很多,其基本方法可归纳为顺序作业法、平行作业法和流水作业法三种。

①顺序作业法。顺序作业就是按固定的程序组织施工。有客观要求的工艺流程和施工顺序必须按先后次序进行顺序作业;也有人为施工组织安排的各工程项目之间的顺序作业。后者才是施工组织的顺序作业法,即当若干个工程项目由一个作业班按照一定的顺序,依次完成全部工程项目的作业方法称为顺序作业法。例如,某市政管道有3条,由一个施工班组来依次完成,此时的施工组织安排就是顺序作业法。

特点:工期长、专业队施工不连续、大部分施工段上的工作面空闲。

②平行作业法。当有若干个工程项目,或者将工程项目划分几个施工段或几个作业点时,建立若干个施工班组,分别同时按工艺顺序施工的作业方法。例如,上述3条管道,同时建立3个作业班组,同时按市政管道施工顺序开工的施工组织就是平行作业法。

特点:工期短、工作面利用合理,但资源用量集中,同时要求有足够多的工作面。

③流水作业法。当有若干个工程项目或将工程项目划分几个施工段时,再将它们按不同的工作内容划分为若干道工序或施工过程,依据工序或施工过程数建立专业班组,由各专业班组依照施工顺序完成各个施工段上的施工过程,即相同的工序顺序进行,不同的工序平行进行的一种作业方法称为流水作业法。例如,上述3条管道都可分解为挖槽、铺管、砌井、

回填4个工序,分别建立4个专业班组,依次在各条管道上完成各自的工序则为流水作业施工组织。

流水作业是顺序作业和平行作业相结合的一种搭接的施工方法,保留前两种方法的优点,克服了它们的缺点,其特点是工期适中、工作面可充分利用,专业队施工连续、资源用量均衡。在进行多施工段的施工组织中,其优点显而易见。

(2)施工组织其他方法

顺序作业法、平行作业法、流水作业法在施工过程中可以单独运用,也可以根据具体条件将3种作业方法综合运用,从而形成平行流水作业法、平行顺序作业法,以及立体交叉平行作业法等其他施工组织方法。

①平行流水作业法:具有平行作业法和流水作业法的优点,可以保证在施工期限要求紧的条件下,实现均衡施工,因此在工程实际中运用广泛。

②平行顺序作业法:实质是用增加资源供应来达到缩短工期的目的,使顺序作业法和平行作业法的缺点更加突出,所以仅适用于必须突击赶工的施工情况。

③立体交叉平行流水作业法:适用于大型结构物的施工,例如大桥工程、立体交叉工程等工序数很多,工程量大且特别集中,而施工作业平面又较小,按一般施工组织安排施工需要很长的工期。为了充分利用有限的作业面,在平行流水作业的基础上,采用上、下、左、右全面施工的方法,从而达到缩短工期的目的。综上所述,目前工程施工中,主要的施工组织方法是流水作业法,下面简要介绍流水作业的施工组织原理。

(3)流水施工组织原理

①流水作业参数。流水作业参数有空间参数、工艺参数和时间参数三种。

空间参数有施工段和工作面。施工段的划分,一是自然形成的,二是人为划分的,如路面工程分为若干施工段。施工段的数目过多会引起资源集中,数目划分过少会拖延工期。一般要求施工段数目大于或等于工序数(或专业队数),以利于同一时间能进入工作面流水作业。

工作面大小要求紧前工序结束后能为紧后工序提供工作面,且应满足施工技术规范和安全操作规程的要求。

工艺参数包括工序数和流水能力。工序数的划分应与工程项目及施工组织分工相适应,对简单的施工过程,工序可分得少些,相反就多一些。工序划分应使各道工序的持续时间相差不大,以利专业队伍分工比较合理。

单位时间完成的工程数量称为流水能力。流水能力等于专业队伍的工人数或机械台数与定额的乘积。

时间参数分为流水节拍和流水步距。流水节拍是指某道工序在施工段上完成工序操作的持续时间。流水节拍与流水能力成反比。

流水步距是指相邻专业队伍相继投入同一施工段开始操作的时间间隔。流水步距数等于工序数减1。

②流水作业分类。

流水作业按其参数的特性可分为有节拍流水和无节拍流水作业两类。前者指相同的工序在各施工段的流水节拍相同,但不同工序的流水节拍相互之间不等;后者是同一工序在不同施工段上的流水节拍不完全相同。

2)工程进度计划的表示方法

目前常用的工程进度计划表示方法有横道图和网络图两种。用网络图表示的进度计划称为网络计划,网络计划又分双代号网络和单代号网络两种。

（1）横道图

横道图也称甘特图,它是用图示的方式通过活动列表和时间刻度形象地表示出任何特定项目的活动顺序与持续时间。它基本就是一线条图,横轴表示时间,纵轴表示活动（项目）,线条长度表示工作的持续时间,端点位置表示开始和结束时间。如图5.3所示为分成2个施工段的某一基础工程施工的横道图表示的进度计划。

用横道图编制实施进度计划的优点:简明、形象和直观,编制方法简单,使用方便。横道图能明确地表示出各项工作的划分、工作的开始时间和完成时间、工作的持续时间、工作之间的相互搭接关系,以及整个工程项目的开工时间、完工时间和总工期。

横道图工程进度计划的缺点:不能明确地反映出各项工作之间错综复杂的关系,当某些工作的进度提前或拖延时,不便于分析它对其他工作及总工期的影响程度,不利于工程进度的动态控制;不能明确地反映出影响工期的关键工作和关键线路,也就无法反映出整个工程项目的关键所在,因而不便于进度控制人员抓住主要矛盾;不能反映出工作所具有的机动时间,看不到计划的潜力所在,无法进行最合理的组织和指挥;不能反映工程费用与工期之间的关系,因而不便于缩短工期和降低工程成本。在计划执行过程中,横道计划进行调整也十分繁琐和费时。

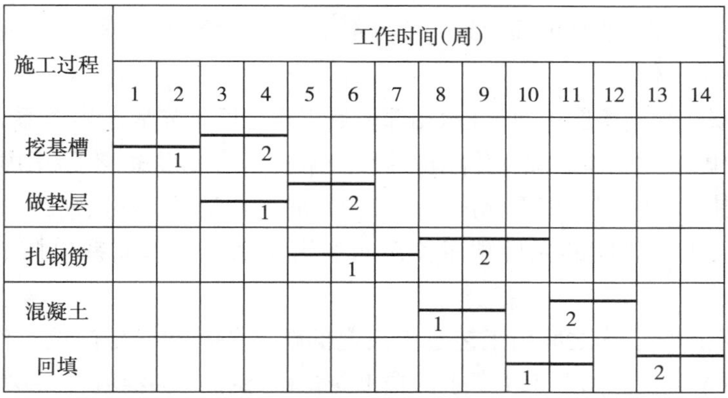

施工过程	工作时间(周)													
	1	2	3	4	5	6	7	8	9	10	11	12	13	14
挖基槽		1		2										
做垫层				1		2								
扎钢筋						1			2					
混凝土								1			2			
回填									1			2		

图5.3　用横道图表示的施工进度计划

（2）网络计划

由箭线和节点组成的,用来表示工作流程的有向、有序网状图形叫网络图。在网络图上加注工作时间参数等而编成的进度计划叫网络计划。图5.4所示是用双代号标注时间网络计划表示的上述基础工程的进度计划,图5.5是用单代号网络计划表示的上述基础工程的进度计划。作为建设工程监理工程师,必须掌握和应用网络计划技术。

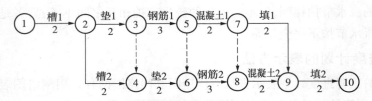

图 5.4　双代号标注时间网络计划表示进度计划

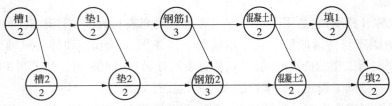

图 5.5　单代号网络计划表示的进度计划

与横道图计划相比,网络计划具有以下主要特点:

①网络计划能够明确表达各项工作之间的逻辑关系;

②通过网络计划时间参数的计算,可以找出关键线路和关键工作;

③通过网络计划时间参数的计算,可以明确各项工作的机动时间;

④网络计划可以利用电子计算机进行计算、优化和调整。

(3)网络计划的基本术语

①工作和虚工作:

a. 工作:计划任务按需要粗细程度划分而成的一个消耗时间或消耗资源的子项目或子任务。如以网络图表示一个建设项目,则一个单项工程可以是它的一项工作,一个单位工程也可以是它的一项工作,甚至可细分到一个分部工程,一个分项工程,一个施工过程,一个工序来作为它的一个工作。

b. 虚工作:双代号网络图中,只表示相邻前后工作之间的先后顺序关系,既不耗用时间,也不耗用资源的虚拟的工作。虚工作用虚箭线表示。当箭线很短,不易用虚线表示时,可以用实线表示,但其持续时间应用零标出。虚工作一般起着联系、区分、断路三个作用。

②逻辑关系:工作之间的先后顺序关系叫逻辑关系。逻辑关系包括工艺关系和组织关系。

工艺关系:生产性工作之间由工艺过程决定的顺序关系和非生产性工作之间由工作程序决定的先后顺序关系。如图 5.4 所示的槽 1→垫 1→钢筋 1→混凝土 1→填 1 的顺序关系为工艺关系。

组织关系:工作之间由于组织安排需要或者资源(人力、材料、机械设备和资金等)调配需要而规定的先后顺序关系。如图 5.4 所示的槽 1→槽 2,垫 1→垫 2 的关系为组织关系。

③紧前工作、紧后工作、平行工作:

a. 紧前工作:紧排在本工作之前的工作。本工作和紧前工作之间可能有虚工作。如图 5.4 所示:槽 1 是槽 2 的组织关系上的紧前工作;槽 1 是垫 1 的工艺关系上的紧前工作;垫 1 垫 2 之间虽然有虚工作,但垫 1 仍是垫 2 的紧前工作。

b. 紧后工作:紧排在本工作之后的工作。本工作和紧后工作之间可能有虚工作,这与紧前工作有虚工作一样。把紧前工作的关系倒过来就是紧后工作。

c. 平行工作:可与本工作同时进行的工作。

④线路和线路段:

a. 线路:网络图中从起点开始,沿箭线方向连续通过一系列箭线与节点,最后到达终点节点所经过的通路。线路可依次用该线路上的节点代号来记述,也可依次用该线路上的工作名称来记述。其中,经历时间最长的线路叫作关键线路,线路中的所有工作称为关键工作。

b. 线路段:网络图中线路的一部分叫线路段。

⑤先行工作和后续工作:

a. 先行工作:从起点节点到本工作之前各条线路段上的所有工作。紧前工作一定是先行工作,先行工作不一定是紧前工作。

b. 后续工作:本工作之后到终点节点各条线路上的所有工作。紧后工作一定是后续工作,后续工作不一定是紧后工作。

3)网络图的绘制

(1)双代号网络图的绘制原则

①网络图的节点用圆圈表示,网络图中所有节点都必须编号,所编的数码叫代号,代号必须标注在节点内。代号严禁重复,并使箭尾的代号小于箭头的代号。

②网络图必须按照已定的逻辑关系绘制。

③网络图中严禁出现从一个节点出发,顺箭线方向回到原出发点的循环回路。

④网络图中的箭线(包括虚箭线)应保持自左向右的方向,不应出现箭头指向左的水平箭线和箭头偏向左的斜向箭线。

⑤网络图中严禁出现双箭头和无箭头的连线。

⑥严禁在网络图中出现无箭尾节点箭线或者无箭头节点的箭线。

⑦严禁在箭线上引入或引出箭线。

⑧绘制网络图时,宜避免箭线交叉,当交叉不可避免时,可用过桥法或者指向法表示。

⑨网络图应只有一个起点和一个终点。除网络计划终点和起点节点外,不允许出现没有内向箭线的节点和没有外向箭线的节点。

(2)单代号网络图的绘制原则

①网络图的节点用圆圈或矩形框表示。单代号的节点所表示的工作名称、工作代号、持续时间应标注在节点内。

②网络图中有多项起始工作或者多项结束工作时,应在网络图的两端分别设置一项虚拟工作,作为该网络图的起点或终点。

③其他规则与双代号网络绘制规则相同。

(3)双代号网络图的绘制

为使所绘制的网络图中不出现逆向箭线和竖向实箭线,宜在绘制之前,先确定出各个节点的位置号,再按节点位置号绘制网络图。

①无紧前工作的开始节点位置号为零。

②有紧前工作开始节点的位置号等于其紧前工作的开始节点的位置的最大值加1。

③有紧后工作完成节点的位置号等于其紧后工作的开始节点的位置号的最小值。

④无紧后工作完成节点的位置号等于有紧后工作的完成节点的位置号的最大值加1。

（4）绘制网络图可按如下步骤进行

①在一般情况下,先给出紧前工作,故第一步应根据已知的紧前工作确定出紧后工作。

②确定出各个工作的开始节点位置号和完成节点的位置号。

③根据节点位置号和逻辑关系绘出初始网络图。

④检查逻辑关系有无错误,如与已知条件不符,则可加竖向虚工作或横向虚工作进行改正。改正后的网络图中的各个节点的位置号不一定与初始网络图中的节点位置号相同。

现举例说明如下:

【例5.1】 已知网络图的资料如表5.1所示,试绘出网络图。

表5.1 网络图资料表

工　作	A	B	C	D	E	H
紧前工作	—	—	A	A,B	B	D,C

【解】 ①列出关系表,确定出紧后工作的节点位置号,如表5.2所示。

②绘出网络图如图5.6所示。

表5.2 关系表

工　作	A	B	C	D	E	H
紧前工作	—	—	A	A,B	B	C,D
紧后工作	C,D	D,E	F	F	—	—
开始节点位置号	0	0	1	1	1	2
完成节点位置号	1	1	2	2	3	3

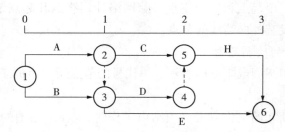

图5.6 例5.1的网络图

（5）单代号网络图的绘制

为使所绘制的网络图中不出现逆箭线和竖直箭线,宜在绘制之前先确定出各个节点的位置号,再按节点位置号绘制网络图。

单代号网络图的绘制步骤如下:

①确定出各工作的节点位置号。可令无紧前工作的工作的节点位置号为零,其他工作的位置号等于其紧前工作的节点位置号的最大值加1。若有多个无紧前工作的工作,则在位置号为零的前面再加一个S位置号,作为虚拟的始节点的位置号;若有多个无紧后工作的工作,则在最后一个节点位置号后加一个F位置号,作为虚拟的终点的位置号。

②根据节点位置号和逻辑关系绘出网络图。

③在不受节点位置号限制的情况下,可以对工作的位置进行适当的调整,以使图面更为对称,并使箭线交叉最少。

【例5.2】　已知网络图的资料如表5.1所示,试绘出单代号网络图。

【解】　①列出关系表,确定节点位置号,如表5.3所示。

②根据节点位置号和逻辑关系绘出网络图如图5.7所示,图中多加了S、F两个节点位置号以确定出虚拟的使节点和终结点。为使图对称,将E的节点位置号从1调整到2。

表5.3　关系表

工　作	A	B	C	D	E	H
紧前工作	—	—	A	A,B	B	C,D
节点位置号	0	0	1	1	1	2

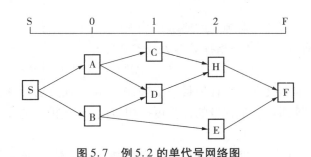

图5.7　例5.2的单代号网络图

5.2.3　施工进度计划的编制

对于采取分期分批发包又没有总承包单位的大型工程或者由若干个承包单位平行承包的建设工程,由监理工程师编制项目施工总进度计划。

1)工程施工进度编制的原则

①在规定的施工期限内完成全部的施工作业;

②安排进度应留有余地(扣除节假日、不利气候、政策限制),便于执行时调整;

③施工工艺、组织安排时遵守客观的施工顺序;

④注意劳动力和各种资源需求量的均衡;

⑤同一地点需进行的多项工作应紧凑安排,以缩短工期。

2)施工总进度计划的编制

工程项目的施工总进度计划时间为从工程开工一直到竣工为止,各个主要环节的总进度安排。它反映了工程项目包含的各单项工程或单位工程的施工顺序、施工时间及相互间衔接关系,起着控制构成工程总体的各个单位工程或各施工阶段工期的作用。

(1)施工总进度计划的主要内容

不论是用横道图或是网络图编制的施工总进度计划,均应反映出以下主要内容:

①工程项目的合同工期;

②完成各单位工程及各施工段所需的工期、最早开始和最迟结束的时间;

③各单位工程及施工段需要完成的工程量及资金需求估算;

④各单位工程及施工段所需的人力和机械数量;

⑤各单位工程或分部工程的施工方案和施工方法等。

(2)编制的依据

①工程项目承包合同及招标投标书(合同要求的总工期和节点工期);

②工程项目全部设计施工图纸及变更洽商;

③工程项目所在地区位置的自然条件和技术经济条件;

④工程项目设计概算和预算资料、劳动定额及机械台班定额等;

⑤工程项目拟采用的主要施工方案及措施、施工顺序、流水段划分等;

⑥工程项目需用的主要资源及供应条件,主要包括:劳动力状况、机具设备能力、物资供应来源条件等;

⑦建设方及上级主管部门对施工的要求;

⑧现行规范、规程和技术经济指标等有关技术规定。

(3)编制的步骤

①计算工程量。根据批准的工程项目一览表,按单位工程分别计算其主要实物工程量。工程量只需粗略地计算即可。工程量的计算可按初步设计(或扩大初步设计)图纸和有关额定手册或资料进行。

②确定各单位工程的施工期限。各单位工程的施工期限应根据合同工期确定,同时还要考虑建筑类型、结构特征、施工方法、施工管理水平、施工机械化程度及施工现场条件等因素。如果没有合同工期,则应保证计划工期不超过工期定额。

③确定各单位工程的开竣工时间和相互搭接关系。

④编制初步施工总进度计划。施工总进度计划应安排全工地性的流水作业。全工地性的流水作业安排应以工程量大、工期长的单位工程为主导,组织若干条流水线,并以此带动其他工程。施工总进度计划既可以用横道图表示,也可以用网络图表示。

⑤编制正式施工总进度计划。初步施工总进度计划编制完成后,要对其进行检查。主要看总工期是否符合要求,资源是否均衡且其供应是否能得到保证。如有问题,则应进行调整、优化。当初步施工总进度计划符合要求后,即可编制正式的施工总进度计划。

(4)单位工程进度计划的内容

①工程建设概况:拟建工程的建设单位,工程名称、性质、用途、工程投资额,开竣工日期,施工合同要求,主管部门和有关部门的文件和要求以及组织施工的指导思想等。

②工程施工情况:拟建工程的建筑面积、层数、层高、总高、总宽、总长、平面形状和平面

组合情况,基础、结构类型,室内外装修情况等。

③单位工程进度计划:分阶段进度计划,单位工程准备工作计划,劳动力需用量计划,主要材料、设备及加工计划,主要施工机械和机具需要量计划,主要施工方案及流水段划分,各项经济技术指标要求等。

5.2.4 施工进度计划的审查

不论是 FIDIC 或是我国的施工示范文本均规定:承包人在接到中标通知书之日,在合同规定的时间内容应向监理工程师提交一份其格式和细节符合合同要求的工程总进度计划,以取得监理工程师的批准。如果监理工程师提出要求,承包人还应以书面形式提交一份有关承包人完成工程而建议采用的施工方案和施工方法的总说明,供监理工程师查阅。

监理工程师在接到承包人提交的工程进度计划后,应在合同规定的时间内对进度计划进行认真的审核,检查承包人所制定的进度计划是否合理,有无可能实现,是否适合工程的实际条件和现场情况,避免以空洞的、不切实际的工程进度计划来指导施工,造成工期延误。

1)进度计划的审查步骤

监理工程师应在合同规定的期限内审批承包人提交的进度计划。只有经审查批准同意的进度计划才能作为进度控制的依据。进度计划的审查工作应按以下程序进行:

①阅读文件、列出问题、进行调查了解;

②提出问题,与承包人进行讨论或澄清;

③对有问题的部分进行分析,向承包人提出修改意见;

④审查批准承包人修改后的进度计划。

2)监理工程师审查进度计划的要点

监理工程师在审查承包人的工程进度计划时应注意下列事项:

(1)工期和时间安排的合理性

①进度计划的总工期是否符合合同对工期的要求;

②分期施工是否满足分批动用的需要和配套动用的要求;

③单位工程(包括分部。分项工程)的开、竣工时间是否合理,开工的顺序是否合理,对资源的需求是否均衡;

④工期安排对节假日、不利天气、政府限制的时间是否扣除,是否留有余地。

(2)施工准备的可靠性

劳动力、材料、构配件、设备及施工机具、水、电等生产要素的供应计划是否能保证施工进度计划的实现,供应是否均衡,需求高峰期是否有足够能力实现计划供应。

(3)计划目标与施工能力的适应性

①总包、分包单位分别编制的各项单位工程施工进度计划之间是否相协调,专业分工与计划衔接是否明确合理。

②对于业主负责提供的施工条件(包括资金、施工图纸、施工场地、采供的物资等),在施工进度计划中安排得是否明确、合理,是否有造成因业主违约而导致工程延期和费用索赔的

可能存在。

③各项施工方案和施工方法应与承包人的施工经验和技术水平相适应。

④关键线路上的施工力量安排应与非关键线路上的施工力量安排相适应。

3）监理工程师审批

监理工程师根据职责和审查程序对工程项目承包人提交的进度计划进行审批，认为计划切实可行，则应在合理的时间内同意承包人的进度计划，并书面通知承包人可以按照计划安排施工。监理工程师在批准了承包人所提交的工程进度计划之后，应在第一次工地会议上提供有关监督控制工程进度计划方面的一整套报表和有关规定。

如果监理工程师经过充分的分析和调查了解，认为承包人所提交的工程进度计划与他自己实际的技术、装备能力不相适应，尤其是计划中关键线路上的工作安排不合理，则可以要求承包人修订工程进度计划，并重新拟订一份工程进度计划，以取得监理工程师的批准。

无论何时，如果监理工程师认为工程的实际进度不符合上述已同意的工程进度计划，则承包人应根据监理工程师的要求拟定一份修订后的总进度计划，表明其对总进度计划所作的必要的修改，以保证在竣工期内完成本工程。如果监理工程师认为工程或工程的任何部分进度过慢与进度计划不相符合时，应立即通知承包人，并要求承包人采取监理工程师同意的、必要的措施加快进度，以确保工程按计划完成。

通常，工程项目进度计划的审核工作由监理工程师负责进行，但对于工程较大且复杂时，工程进度计划审核工作的工作量将很大。总监理工程师审核工程项目总进度计划；监理工程师审核其他的进度计划，向总监理工程师负责。

5.2.5　工程进度计划的实施保证体系

工程进度计划的实施保证从内容上可概括为组织保证、技术保证、合同保证、经济保证。从工程项目建设的参与方来分有承包人、监理工程师和业主，在施工监理过程中，对于监理工程师来说主要是要抓承包人和监理保证系统的落实。

1）承包人的进度计划实施保证体系

承包人的项目经理部是进度计划实施的重要保证，是保证系统的组织保证。从项目经理到项目经理部的各职能部门，为确保工程进度目标，要齐心协力，各尽其职，加强内部管理，尤其应注重人、机、料三大要素的优化配置与协调工作。项目经理应将整个工程逐项分解，由粗到细，最后形成月生产计划和周工作计划下达并上报监理工程师，以便实施和监督。对工程进度的控制应派专人记录进度的实际情况，收集反映进度的数据，统计整理汇总实际进度的数据（开、完工时间，完成的工程数量等）形成实际进度报表，并将其与计划进度进行比较和分析，以利于后续工程施工。不同层次人员有不同的进度控制职责，做到分工协作，共同组成一个纵横连接的承包人进度控制保证系统。

2）监理单位的进度计划实施保证体系

监理单位应加强内部管理，提高人员的素质。从项目总监理工程师到监理工程师以及监理员是整个施工监理的组织保证，也是施工监理进度计划实施保证系统的组织保证。这些人员将负责编制或审批项目工程的各种进度计划。监理单位不仅要加强组织保证,还要加强技术保证、合同保证和经济保证。监理人员应提高自身的监理业务水平,在严格监理的同时又能热情服务,这才符合中国特色的施工监理的要求;尤其在不良地区和不良气候条件下监理人员应具有现场处理应急事件的能力,想承包人所想,急承包人所急,及时和果断处理好现场中发生的问题,使工程的进度不受较大影响。合同保证方面应加强对承包人分包工程的管理,分包工程与承包人主承包工程的衔接也直接影响工程进度。经济保证方面应及时验收计量和签认支付,资金是影响整个工程进度中最重要的因素之一,尤其重要。

5.3　工程施工阶段的进度控制

建设工程项目在施工阶段常常由于各种因素的影响,使得原始计划的安排被打乱甚至出现进度偏差。偏差如果不能及时纠正,将会累积影响到总进度目标,因此监理工程师必须对施工进度计划的执行情况进行动态检查,随时掌握进度计划的执行情况,并对偏差产生的原因进行分析,为施工进度计划的控制提供必要的信息。

工程施工阶段进度控制的主要工作内容有:协助施工单位实施进度计划,做好工程施工进度记录,了解进度实施的动态;及时检查和审核施工单位提交的进度,统计分析资料和进度控制报表;对收集的进度数据进行整理和统计,并将计划与实际进行比较,从中发现是否有进度偏差;分析进度偏差将带来的影响并进行工程进度预测,从而提出可行的修改措施;重新调整进度计划并付诸实施;定期向建设单位汇报工程实际进展状况,按期提供必要的进度报告;组织定期和不定期的现场会议,及时分析、通报工程施工进度状况,并协调施工单位之间的生产活动。

5.3.1　影响施工进度的因素

监理工程师在批准工程进度计划后,应立即着手制订有关进度控制整套报表记录和有关规定。为保证工程进度计划的正常实施,监理工程师要安排专门人员对承包人的工程进度随时收集和记录影响工程进度的有关资料和事项,随时掌握承包人工程施工过程中存在的问题,以便及时协调和解决影响进度的各种矛盾和不利因素。

1)影响施工进度的工作内容

①实际到达现场的施工机械数量、型号、日期,并与计划相比较,看其是否一致;

②承包人的专业人员和职员到达现场的情况;

③当地劳务、材料是否已按时解决;

④业主提供现场、水、电等的时间对工程施工有无影响;

⑤各分项工程开工、完工时间,进展情况;

⑥施工机械运转的实际效率如何,是否满足计划指标;

⑦延误的情况和原因;

⑧有关进度的口头或书面指令的情况;

⑨与修订进度计划有直接关系的资料；

⑩施工现场发生的与进度有关的其他事件。

2）每日进度检查记录

专业监理工程师应要求承包人按单位工程、分项工程或工点对实际进度进行记录，并予以检查，作为掌握工程进度和进行决策的依据。每日进度检查记录应包括以下内容：

①当日实际完成的工程量和累计完成的工作量；

②当日实际参加施工的人员、机械数量及生产效率；

③当日施工停滞的人力、机械数量及原因；

④当日承包人的主管级技术人员到达现场的情况；

⑤当日发生的影响工程进度的特殊事件或原因；

⑥当日的天气情况。

5.3.2 施工进度的检查

1）施工进度的检查方式

在建设工程施工过程中，监理工程师可以通过以下方式获得其实际进展情况：

（1）定期地、经常地收集承包单位提交的有关进度报表

工程施工进度报表资料不仅是监理工程师实施进度控制的依据，同时也是核对工程进度款的依据。在一般情况下，进度报表格式由监理单位提供给施工承包单位，施工承包单位按时填写完后提交给监理工程师核查。报表的内容根据施工对象及承包方式的不同而有所区别，但一般应包括工作的开始时间、完成时间、持续时间、逻辑关系、实物工程量和工作量，以及工作时差的利用情况等。承包单位要填报进度报表，监理工程师就能从中了解到建设工程的实际进展情况。

（2）监理人员现场跟踪检查建设工程的实际进展情况

为了避免施工承包单位超报已完工程量，驻地监理人员有必要进行现场实地检查和监督。至于每隔多长时间检查一次，应视建设工程的类型、规模、监理范围及施工现场的条件等多方面的因素而定。可以每月或每半月检查一次，也可每旬或每周检查一次。如果在某一施工阶段出现不利情况时，甚至需要每天检查。

（3）监理工程师定期组织现场施工负责人召开现场会议

监理工程师定期组织现场施工负责人召开现场会议，也是获得建设工程实际进展情况的一种方式。通过这种面对面的交谈，监理工程师可以从中了解到施工过程中的潜在问题，以便及时采取相应的措施加以预防。

2）施工进度的检查方法

施工进度检查的主要方法是对比法，就是将经过整理的实际进度数据与计划进度数据进行比较，从中发现是提前、按时（正常）或拖延（延误）以及进度偏差的大小。进度检查目前主要有以下几种方法：

（1）横道图法比较法

横道图比较法是指将在项目实施中检查实际进度收集的信息，经整理后直接用横道线并列于原计划的横道线处，进行直观比较的方法。例如某基础工程在第5周结束时的施工实际进度与计划进度的比较，如图5.8所示。其中，粗实线表示进度计划，灰色线部分则表示工程实际进度。从比较中可以看出，垫层2工作未按计划完工，约延后半周，扎钢筋1未按计划完工，约延后半周。其他几项工作按时完成。通过记录与比较，为进度控制提供了实际进度与计划进度之间的偏差，为采取调整措施提供了明确的任务。

施工过程	工作时间（周）													
	1	2	3	4	5	6	7	8	9	10	11	12	13	14
挖基槽		1		2										
做垫层				1		2								
扎钢筋						1			2					
混凝土								1				2		
回填										1				2

图5.8　横道图比较法

（2）S形曲线比较法

S形曲线法是以横坐标表示进度时间，纵坐标表示累计完成任务量，而绘制出一条按计划时间累计完成任务量的S形曲线。在项目实施过程中，按规定时间将检查的实际完成任务情况，绘制在与计划S形曲线同一张图上，可得出实际进度S形曲线。比较两条S形曲线可以得到如图5.9所示的信息：

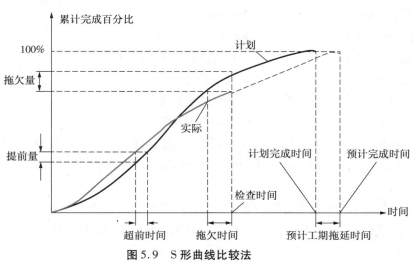

图5.9　S形曲线比较法

①工程项目实际进度与计划进度比较情况。当实际进度曲线落在计划S形曲线左侧，则表示实际进度超前计划进度；如落在右侧，表示实际进度落后计划进度；如刚好落在其上，

则表示二者一致。

②工程项目实际进度比计划进度超前或拖后的时间。

③工程项目实际进度比计划进度超额或拖欠的任务量。

④预测工程进度。

（3）香蕉形曲线比较法

把工程最早开始时间安排进度绘制的 S 形曲线（ES 曲线）和工程最迟开始时间安排进度绘制的 S 形曲线（LS 曲线）绘制在同一张图上。由于两条 S 形曲线都是从计划开始时刻开始和完成时刻结束，这样两条曲线闭合，形成一个形如香蕉的曲线故叫香蕉曲线。如果实际进度曲线落在该香蕉形曲线的区域内，则进度正常；落在左边，超前；落在右边，落后；如图 5.10 所示。

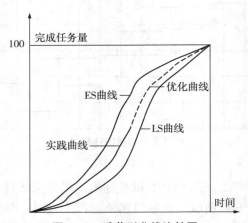

图 5.10　香蕉形曲线比较图

香蕉型曲线比较法的作用（与 S 曲线比较法相似）：

①利用香蕉形曲线对进度进行合理安排。

②对工程实际进度与计划进度作比较。

③确定在检查状态下后期工程的 ES 曲线和 LS 曲线的发展趋势。

（4）前锋线法（双代号时标网络的进度检查）

前锋线比较法是一种简单地进行工程实际进度与计划进度的比较方法。它主要适用于时标网络计划。其主要方法是从检查时刻的时标出发，首先连接与其相邻的工作箭线的实际进度点，由此再去连接相邻工作箭线的实际进度点，以此类推，将检查时刻正在进行工作的点都依次连接起来，组成一条一般为折线的前锋线，按前锋线与箭线交点的位置判定工程实际进度与计划进度的偏差。

【例 5.3】　已知网络计划如图 5.11 所示。第 5 天的检查情况是：发现 A 工作已经完成，B 工作已进行 1 天，C 工作进行 2 天，D 工作尚未进行。试用前锋线法进行实际进度与计划进度比较。

【解】　①按已知网络计划图绘制时标网络计划图，如图 5.12 所示。

②按第 5 天检查实际进度情况绘制前锋线，如图 5.12 所示。

③实际进度与计划进度比较。从图 5.12 前锋线可以看出：工作 B 拖延 1 天；工作 C 与

计一致;D 工作拖延 2 天。

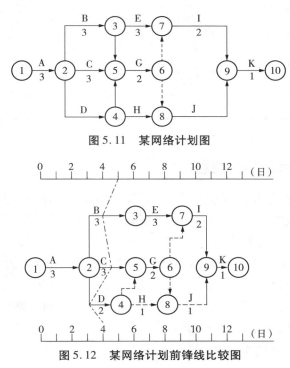

图 5.11 某网络计划图

图 5.12 某网络计划前锋线比较图

(5)列表比较法

当采用无时间坐标网络计划时,也可采用列表比较法,比较工程实际进度与计划进度的偏差情况。该方法是记录检查时应该进行的工作名称和已经进行的天数,然后列表计算有关时间参数,根据原有总时差和尚有总时差判断实际进度与计划进度的比较方法。

【例 5.4】 已知网络计划如图 5.11 所示。第 5 天的检查情况是:发现 A 工作已经完成,B 工作已进行 1 天,C 工作已进行 2 天,D 工作尚未进行。试用列表比较法进行实际进度与计划进度比较。

【解】 ①计算检查时计划应进行工作尚需作业时间 $T_{i-j}^{①}$。 如 B 工作:

$$T_{2-3}^{②} = D_{2-3} - T_{2-3}^{①} = 3 - 1 = 2(天)$$

②计算工作检查时至最迟完成时间的尚余时间 $T_{i-j}^{③}$。 如工作 B:

$$T_{2-3}^{③} = LF_{2-3} - T_2 = 6 - 5 = 1(天)$$

③计算工作尚有总时差 $TF_{i-j}^{①}$。 如工作 B:

$$TF_{2-3}^{①} = T_{2-3}^{③} - T_{2-3}^{②} = 1 - 2 = -1(天)$$

其余有关工作 C 和 D 的时间参数的计算方法相同,如表 5.4 所示。

④从表上分析工作实际进度与计划进度的偏差,将有关数据填入表格的相应栏目内,并进行情况判断,如表 5.4 所示。

表 5.4　工程进度检查表

工作代号	工作名称	检查计划时尚需作业天数 $T_{i-j}^{②}$	到最迟完成时尚余天数 $T_{i-j}^{③}$	原有总时差 TF_{i-j}	尚余总时差 $TF_{i-j}^{①}$	情况判断
2-3	B	2	1	0	−1	影响工期一天
2-5	C	1	2	1	1	正常
2-4	D	2	2	2	0	正常

5.3.3　施工进度计划的调整

通过检查发现进度偏差时,需分析偏差对后续工作及总工期产生的影响,偏差的大小及其所处的位置。如果进度偏差比较小,应在分析其产生原因的基础上采取有效措施,解决矛盾,排除障碍,继续执行原进度计划。

通过检查分析,如果发现原有进度计划已不能适应实际情况时,为了确保进度控制目标的实现或需要确定新的计划目标(适当延长工期,或改变施工速度),就必须对原有进度计划进行调整,以形成新的进度计划,作为进度控制的新依据。计划的调整一般是不可避免的,但应当慎重,尽量减少变更计划性的调整。

1)施工进度计划的调整方法

施工进度计划的调整方法主要有两种:一是通过压缩关键工作的持续时间来缩短工期;二是改变关键工作之间的逻辑关系来缩短工期。在实际工作中,应根据具体情况选用不同的方法进行进度计划的调整。

(1)压缩关键工作的持续时间来缩短工期

在压缩关键工作的持续时间时,通常需要采取一定的措施来达到目的。具体措施包括:

①组织措施:

a.增加工作面,组织更多的施工队伍;

b.增加每天的施工时间(如采用三班制等);

c.增加劳动力和施工机械的数量。

②技术措施:

a.改进施工工艺和施工技术,缩短工艺技术间歇时间;

b.采用更先进的施工方法,以减少施工过程的数量(如将现浇框架方案改为预制装配方案);

c.采用更先进的施工机械。

③经济措施:

a.实行包干奖励;

b.提高奖金数额;

c.对所采取的技术措施给予相应的经济补偿。

④其他配套措施:

a. 改善外部配合条件；

b. 改善劳动条件；

c. 实施强有力的调度等。

一般来说，不管采取哪种措施都会增加费用。因此，在调整施工进度计划时，应利用费用优化的原理选择费用增加量最小的关键工作作为压缩对象。

（2）改变关键工作之间的逻辑关系来缩短工期

工作之间的逻辑关系有工艺关系和组织关系。一般情况下，工作之间的工艺关系不能随意的改变，而组织关系可根据组织者的意图改变和调整。可以缩短工期的途径有：

①将顺序施工关系改为平行施工关系；

②将顺序施工关系改为搭接施工关系。

这种方法不改变工作的持续时间，只改变工作的开始和结束时间。不管是平行或是搭接，都会增加项目在单位时间内的资源需求。

2）进度计划调整的步骤

①用进度检查的方法计算出工期拖延量，以确定需压缩的天数。

②化简网络图。去掉已执行的部分，以进度检查日期作为新起始节点起算时间，并将每个未完工作的尚需持续时间带入正在施工的工作，保留原计划后续部分。

③以化简的网络图及带入的工作尚需时间形成的网络图计算各工作最早开始时间。

④以计算工期值反向计算工作的最迟结束时间。

⑤计算各工作的总时差和自由时差。

⑥借助自由时差来比较线路长短的方法，多次压缩关键工作的持续时间，保证做到关键工作每压缩一定值，工期也随之压缩一定值，一直压缩到合同工期为止。

5.3.4　工程延期的处理和工程延误的制约

1）工程延期的处理

（1）工程延期定义

非承包人原因或责任引起工程工期的延长叫作工程延期。工程延期是工程实施期间，监理工程师根据合同规定对工程期限的延长，即工程合同工期的顺延。它是业主给承包人时间的赔偿或补偿。

（2）工程延期审批的原则

工程延期直接影响到业主投资效益的发挥，使业主多承担了投资所付出的利息，推迟了项目运行的资金回收。但是对于非承包人责任的延误所引起的工期拖延，合同规定在申请手续齐备并符合合同的条件下由业主承担这部分损失。延期是维护承包人正当的利益，作为监理工程师应该公正地处理工程延期。延期审批应遵循以下这些原则。

①符合合同规定：

a. 非承包人原因或责任；

b. 符合合同规定的手续。

合同中规定,在申请延期之前,承包人必须提交意向通知书和详情这一手续,体现了公平合理的原则,既考虑到承包人的利益也考虑到业主的利益。有了这道手续就给业主一个避免损失扩大的机会。定期提交事件发生的详情报告是确定延期天数的依据,同时便于监理工程师和业主了解事情的经过,以利于采取措施减少损失。

②延误的事件应发生在关键线路上。关键线路上工作时间的延误,一定造成工期拖延;非关键工作的延误没有超过其总时差,工程的工期就不拖延,不需考虑给予延期。如果延误的事件是非关键工作并且延误未超过其总时差,即使符合合同规定的原因和理由也不需批准延期。

应注意关键线路是相对的,不是绝对的。工程项目或合同段工程的关键线路并非固定不变,它随着工程的进展和情况的变化会变化或转移,原来的关键会变成非关键,原来的非关键会变成关键(超总时差的非关键工作,关键线路也随之改变)。因此,我们应该关注关键线路的同时,还应该注意准关键线路上非关键工作的延误,这些延误事件容易转变成关键工作。所以监理人员应经常检查和跟踪进度情况,随时了解进度计划变化情况,为公正地处理延期提供依据。

③符合实际情况。批准延期必须符合实际情况。为此,承包人应对可获延期事件发生后的各类有关细节进行详细的记载,并及时向监理工程师提交详情报告。与此同时,监理工程师也应对施工现场进行详细考察和分析,并作好有关记录,从而为合理确定延期天数提供可靠依据。有时候,综合各方面的影响,承包人的损害要折减,此时应注意结合实际情况处理。

(3)工程延期的审批程序

当工程延期事件发生后,承包单位应在合同规定的有效期内以书面的形式通知监理工程师,随后,承包单位在合同规定的有效期内向监理工程师提交详细的申述报告。监理工程师收到报告后应及时进行调查核实,准确地确定出工期延期的时间。

①工程延期的报告受理条件:

a. 由于非承包人的责任,工程不能按原定工期完工。

b. 可获延期的情况发生后,承包人在合同规定期限内向监理工程师提交工程延期的意向通知书。

c. 承包人承诺继续按合同规定向监理工程师提交有关造成工期拖延的详细资料,并根据监理工程师需求随时提供有关证明。

d. 可获延期的事件终止后,承包人在合同规定的期限内向监理工程师提交正式的延期申请报告。

②工程延期的审批程序:

a. 收集资料,做好记录。监理工程师应在收到承包人工程延期意向通知书后,做好工地实际情况调查和日常记录,收集来自现场以外的各种文件资料与信息。

b. 审查承包人的延期申请。

延期申请格式应满足监理工程师的要求。延期申请应列明延期的细目及编号;阐明事件发生、发展的原因以及申请延期所依据的合同条款;附有延期测算方法及测算细节和延期应涉及的有关证明、文件、资料、图纸等。审查通过后,可开始下一步的评估,否则监理工程师应将申请退回承包人。

③延期评估应主要从以下几个方面进行评定:

a.承包人提交的申请资料必须真实、齐全,满足评审需要。

b.申请延期的合同依据必须准确。

c.申请延期的理由必须正确与充分。

d.申请延期天数的计算原则与方法应恰当。

监理工程师应根据现场记录和有关资料进行修订,并就修订的结果与业主和承包人进行协商。

④审查报告:

a.正文:受理承包人延期申请的工作日期;工程简况;确认的延期理由及合同依据;经调查、讨论、协商、确认的延期测算方法及由此确认的延期天数、结论等。

b.附件:监理人员对延期的评论;承包人的延期申请,包括涉及的文件、资料、证明等。

⑤确认延期。监理工程师应在确认其结论之后,签发《索赔时间/金额审批表》,主要是对时间部分的审批。可获延期的事件就是非承包人的责任将使工程不能按原定工期完工的事件。延期审批程序的其他内容详见《合同管理》中有关内容。

(4)工程延期的控制

发生工程延期事件,不仅影响工程的进展,而且会给业主带来损失。因此监理工程师应做好以下工作,以减少或避免工程延期事件的发生。

①选择合适的时机下达工程开工令。监理工程师在下达工程开工令之前,应充分考虑业主的前期准备工作是否充分。特别是征地、拆迁问题是否已解决,设计图纸能否及时提供,以及付款方面有无问题等,以避免由于上述问题缺乏准备而造成工程延期。

②提醒业主履行施工承包合同中所规定的职责。在施工过程中,监理工程师应经常提醒业主履行自己的职责,提前做好施工场地及设计图纸的提供工作,并能及时支付工程进度款,以减少或避免由此而造成的工程延期。

③妥善处理工程延期事件。延期事件发生以后,监理工程师应根据合同规定进行妥善处理。既要尽量减少工程延期时间及其损失,又要在详细调查研究的基础上合理批准工程延期时间。

此外,业主在施工过程中应尽量少干预、多协调,以避免由于业主的干扰和阻碍而导致延期事件的发生。

2)工程延误的处理

(1)工程延误的定义

由于承包单位自身的原因造成工期的拖延叫作工程延误。虽然工程延误的损失由承包人承担,但是监理工程师也应做好工作,避免工程延误的发生。

(2)工期延误的制约

如果由于承包单位自身的原因造成工期拖延,而承包单位又未按照监理工程师的指令

改变延期状态时,按照 FIDIC 合同条件的规定,通常可以采用下列手段予以制约:

①停止付款。按照 FIDIC 合同条件规定,当承包单位的施工活动不能使监理工程师满意时,监理工程师有权拒绝承包单位的支付申请。因此,当承包单位的施工进度拖后又不采取积极措施时,监理工程师可以采取停止付款的手段制约承包单位。

②误期损失赔偿。停止付款一般是监理工程师在施工过程中制约承包单位延误工期的手段,而误期损失赔偿则是当承包单位未能按合同规定的工期完成合同范围内的工作时对其的处罚。按照 FIDIC 合同条件规定,如果承包单位未能按合同规定的工期和条件完成整个工程,则应向业主支付投标书附件中规定的金额,作为该项违约的损失赔偿费。

③终止对承包单位的雇佣。为了保证合同工期,FIDIC 合同条件规定,如果承包单位严重违反合同而又不采取补救措施,则业主有权终止对其的雇佣。例如:承包单位接到监理工程师的开工通知后,无正当理由推迟开工时间,或在施工过程中无任何理由要求延长工期,施工进度缓慢,又无视监理工程师的书面警告等,都有可能受到终止雇佣的处罚。

终止雇佣是对承包单位违约的严厉制裁。因为业主一旦终止了对承包单位的雇佣,承包单位不但要被驱逐出施工现场,而且还要承担由此而造成的业主的损失费用。

复习思考题

1. 简述进度控制的定义和原理。

2. 施工进度控制的依据和原则有哪些?

3. 施工进度控制的方法、措施有哪些?

4. 施工进度控制工作内容有哪些?

5. 施工组织的方式有哪些? 流水施工组织的特点是什么?

6. 工程进度计划的表示方法有哪些,以及它们的特点是什么?

7. 施工进度计划审查要点有哪些?

8. 施工进度的检查方法有哪些?

9. 简述施工进度计划的调整步骤。

10. 申报工程延期的条件是什么?

11. 工程延期的审批原则是什么?

12. 制约工期延误的手段有哪些?

第6章

建设工程安全生产管理的监理工作

本章导读

- **学习目标** 了解建设工程安全生产管理监理工作的相关法律法规、主要内容、方法及有关现场安全检查要点，以及履行监理安全职责的来由；掌握相关工作方法。
- **本章重点** 施工现场加强施工过程中的安全监督检查，工程监理单位在工程建设中应承担相应的安全监理责任以及相关罚则；相关法律法规对工程监理安全责任的规定和现场安全检查要点。
- **本章难点** 建设工程安全生产监理工作施工准备阶段和施工阶段的工作内容；安全生产监理工作的主要工作方法。

6.1　相关法律责任

6.1.1　《建设工程安全生产管理条例》相关内容

第四条规定："建设单位、勘察单位、设计单位、施工单位、工程监理单位及其他与建设工程安全生产有关的单位，必须遵守安全生产法律、法规的规定，保证建设工程安全生产，依法承担建设工程安全生产责任。"

第十四条规定："工程监理单位应当审查施工组织设计中的安全技术措施或者专项施工方案是否符合工程建设强制性标准。

监理单位在实施监理过程中，发现存在安全事故隐患的，应当要求施工单位整改；情况严重的,应当要求施工单位暂时停止施工,并及时报告建设单位。施工单位拒不整改或者不停止施工的,工程监理单位应当及时向有关主管部门报告。

监理单位和监理工程师应当按照法律、法规和工程建设强制性标准实施监理,并对建设工程安全生产承担监理责任。"

第五十七条规定:"违反本条例的规定,工程监理单位有下列行为之一的,责令限期改正;逾期未改正的,责令停业整顿,并处 10 万元以上 30 万元以下的罚款;情节严重的,降低资质等级,直至吊销资质证书;造成重大安全事故,构成犯罪的,对直接责任人员,依照刑法有关规定追究刑事责任;造成损失的,依法承担赔偿责任:

①未对施工组织设计中的安全技术措施或者专项施工方案进行审查的;

②发现安全事故隐患未及时要求施工单位整改或者暂时停止施工的;

③施工单位拒不整改或者不停止施工,未及时向有关主管部门报告的;

④未依照法律、法规和工程建设强制性标准实施监理的。"

第五十八条规定:"注册执业人员未执行法律、法规和工程建设强制性标准的,责令停止执业 3 个月以上 1 年以下;情节严重的,吊销执业资格证书,5 年内不予注册;造成重大安全事故的,终身不予注册;构成犯罪的,依照刑法有关规定追究刑事责任。"

6.1.2 《刑法》相关内容

第一百三十四条【重大责任事故罪;强令违章冒险作业罪】:在生产、作业中违反有关安全管理的规定,因而发生重大伤亡事故或者造成其他严重后果的,处三年以下有期徒刑或者拘役;情节特别恶劣的,处三年以上七年以下有期徒刑。

强令他人违章冒险作业,因而发生重大伤亡事故或者造成其他严重后果的,处五年以下有期徒刑或者拘役;情节特别恶劣的,处五年以上有期徒刑。

第一百三十七条【工程重大安全事故罪】:建设单位、设计单位、施工单位、工程监理单位违反国家规定,降低工程质量标准,造成重大安全事故的,对直接责任人员,处五年以下有期徒刑或者拘役,并处罚金;后果特别严重的,处五年以上十年以下有期徒刑,并处罚金。

6.2 安全生产管理的监理工作主要内容

6.2.1 施工准备阶段主要内容

①熟悉工程项目安全有关的法律、法规及政府规章制度,熟悉设计文件、地勘资料及施工合同,了解施工现场及周边环境情况。

a.应熟悉建设单位向施工单位提供施工现场及毗邻区域内地上、地下管线资料和相邻建筑物、构筑物、地下工程的有关资料。

b.应审查施工单位制定的对毗邻建筑物、构筑物和地下管线等专项保护措施。

②协助建设单位办理工程项目安全监督手续。

③核查施工总承包、专业分包、劳务分包单位的资质、营业执照、安全生产许可证。

审查施工单位资质和安全生产许可证是否合法有效,检查总包单位与分包单位的安全协议签订情况。

④审查施工单位的项目经理、技术负责人、专职安全生产管理人员、特种作业人员的数量与资格。

审查项目经理和专职安全生产管理人员资格证及数量、审核特种作业人员的操作资格证书是否符合要求。

⑤审查施工单位的工程项目安全生产管理和责任体系,管理和教育培训制度。

检查施工单位在工程项目上的相关安全制度(安全生产责任制度、安全生产检查制度、安全生产教育培训制度、安全生产交底制度、安全规章与操作规程、施工现场消防管理制度和安全事故报告制度等)和安全管理机构的建立情况,督促施工单位检查各分包单位的安全生产规章、制度的建立情况;建立的安全管理目标应明确并符合合同的约定。

⑥核查施工单位特种设备验收备案手续。

a.建筑施工起重机械设备装拆前,监理人员应检查装拆单位的企业资质、设备的出厂合格证及特种作业人员上岗证;并对其编制的专项装拆方案进行审查。

b.建筑施工起重机械设备应按国家规定使用期限,经具有专业资质的检测机构检测合格后使用,监理工人员应检查建筑施工起重机械设备的进场安装验收手续和备案登记手续。

⑦审查施工组织设计中的安全技术措施或安全专项方案。

a.符合性审查:

● 施工组织设计中的安全技术措施或安全专项施工方案是否有编制人、审核人、施工单位技术负责人签认并加盖单位公章;专项施工方案须经专家认证、审查的,是否执行;不符合程序的应予退回。

● 施工组织设计中的安全技术措施或专项施工方案必须符合安全生产法律、法规、规范、工程建设强制性标准及有关安全生产的规定;必要时应附有安全验算的结果;须经专家论证、审查的项目,应附有专家审查的书面报告;安全专项施工方案还应有紧急救援措施等应急救援预案。

b.针对性审查:

安全技术措施或专项施工方案应针对本工程特点、施工部位、所处环境、施工管理模式、现场实际情况,具有可操作性。

c.施工现场安全管理目标、安全生产保证体系、人员及职责。

检查施工单位总、分包现场专职安全生产管理人员的配备是否符合规定要求。按《建筑施工企业安全生产管理机构设置及专职安全生产管理人员配备办法》〔2008〕91号文规定:

● 建筑工程、装修工程按照建筑面积:1万平方米及以下的工程至少1人;1万~5万平方米的工程至少2人;5万平方米的工程至少3人,并应当设置安全主管,按土建、机电设备等专业设置专职安全生产管理人员。

● 土木工程、线路管道、设备按照安装总造价:5 000万元以下的工程至少1人;5 000万~1亿元的工程至少2人;1亿元以上的工程至少3人,并应当设置安全主管,按土建、机电设备等专业设置专职安全生产管理人员。

● 安全生产责任制、安全生产教育制度、安全技术交底制度、安全生产规章制度和操作规程、消防安全责任制、大中型施工机械安装拆卸验收、维护保养管理制度及安全生产检查制度等。

● 对周边建筑物、构筑物及地下管道、电缆、线网等保护措施;施工现场平面布置中有关安全生产的说明:如施工区、仓库区、办公区、生活区等临时设施标准、位置、间距;现场道路和出入口;场地排水和防洪;施工用电线路埋地或架空;市区内施工的围挡封闭等。

● 冬期、雨期施工等季节性安全施工措施。

● 安全生产事故应急救援预案。

d. 经专业监理工程师进行审查后,应在报审表上填写监理意见,并由总监理工程师签认。经审查如有不遵守程序的、不符合有关规定的、缺乏针对性的应通知其重新编写或修改补充后再报审。

⑧编制含履行安全生产监理工作内容的监理规划和监理实施细则。

监理单位应根据《建设工程安全生产管理条例》的规定,按照工程建设强制性标准、《建设工程监理规范》(GB/T 50319)和相关行业监理规范的要求,编制包括履行安全生产监理工作内容的项目监理规划和监理实施细则,明确安全生产管理监理工作的范围、内容、工作程序、制度和措施等。

⑨参加安全监督部门对项目的安全监督交底。

a. 参加安全生产监督管理交底的施工单位人员应包括施工单位项目经理、技术负责人及有关的安全管理人员。

b. 安全生产监督管理交底的主要内容应包括安全生产监督管理工作的内容、程序和方法。

c. 将《建设工程安全生产管理条例》中相关单位的安全责任告知各单位。

6.2.2 施工阶段主要内容

①监督施工单位按照施工组织设计和专项施工方案组织施工。督促施工单位进行日常、专项安全生产检查工作。

检查施工单位安全生产管理机构和专职安全生产管理人员上岗履责情况、施工单位安全生产责任制、安全检查制度的执行情况等,将检查情况记入监理日记。

②检查危险性较大的分部分项工程的施工情况。对危险性较大的分部分项工程的施工情况,并按安全生产施工方案定期或不定期进行安全检查,将检查结果应写入监理日记。

③巡视、专项检查施工单位安全生产管理情况。

a. 监理人员对施工现场进行巡视时,对发现的安全问题,按其严重程度及时要求施工单位改正,并向总监、专(兼)职安全生产监督管理人员报告。

b. 项目监理机构应要求施工单位定期(一般按周、月)组织施工现场的安全防护、临时用电、起重机械、脚手架、施工防汛、消防设施等安全检查,并派人参加。

④项目监理机构在实施监理过程中,发现工程存在安全事故隐患的,应签发监理通知,要求施工单位整改;情况严重的,应签发工程暂停令,并及时报告建设单位和建设行政主管部门。

⑤阶段性检查施工单位安全生产管理资料。

a.检查安全生产许可证、安全生产人员的岗位证书、安全生产考核合格证书、特种作业人员岗位证书。

b.检查施工单位的安全生产责任制、安全管理规章制度。

c.检查施工单位的专项安全施工方案及工程项目应急救援预案。

d.安全防护、文明施工措施费的使用。

e.安全生产监督管理交底和安全生产监督管理专题会议纪要。

f.监理工程师通知单及回复单,工程暂停令及复工审批资料。

g.关于安全事故隐患、安全生产问题的报告或处理意见等有关文件。

h.关于安全事故处理的相关资料。

⑥参加安全监督部门对项目的安全监督检查、验收。

⑦配合工程安全事故的调查、分析和处理。工程施工安全事故发生后,项目监理机构应做好如下工作:

a.做好举证工作,防止监理无过错或只有轻微过错而被扩大追究安全责任。如,收集证明项目监理机构是按国家法律法规、合同、设计文件、工程建设强制性标准等进行监理的资料项目;监理机构对安全隐患已发现并书面要求施工单位整改、停工或报告等。这是一项合理规避安全责任的基础性且非常重要的工作。

b.根据编制的应急救援预案,及时对伤员组织抢救并协助施工单位妥善处理好死伤家属的赔偿、安抚工作,避免安全事故扩大化而造成社会、政治等影响。

c.在相关主管部门介入之前,应及时与施工单位相关人员就安全事故发生的初步原因、人员伤亡等情况进行分析。

d.督促施工单位成立事故调查处理领导小组,落实防范和整改措施,防止事故再次发生。

e.配合事故调查组查明事故发生经过、原因、人员伤亡情况等,主要阐述项目监理机构在"审、查、停、报"方面做的工作。

6.2.3　施工验收阶段主要内容

①整理履行安全生产管理监理职责的工作资料。

②参加竣工验收,提出监理意见。对交付使用过程中应注意的安全管理事项提出建议。

6.3　安全生产管理的监理工作主要方法

6.3.1　基本工作方法

1)审查

①审查施工单位安全许可证、现场安全生产规章制度的建立和实施情况。

施工单位现场安全生产规章制度主要包括:安全生产许可制度、安全生产责任制度、安全施工技术交底制度、安全生产检查制度、特种作业人员持证上岗制度、安全生产教育制度、机械设备(含租赁设备)管理制度、危险性较大分部分项工程安全管理制度、应急救援预案管理制度、消防安全管理制度、生产安全事故报告和调查处理制度、工伤和意外伤害保险制度等。

②特种作业人员主要包括:垂直运输机械作业人员、爆破作业人员、起重信号工、安装拆卸工、登高架设作业人员等。

③审查施工单位项目经理、专职安全管理人员和特种作业人员的资格,核查施工机械和设施的安全许可验收手续。

2)检查

项目监理机构应巡视检查危险性较大的分部分项工程专项施工方案实施情况及工程施工安全生产情况。发现未按专项方案实施和工程施工有安全隐患时,应签发《监理通知单》,要求施工单位按已批准的专项施工方案实施及整改。

3)暂停

当发现施工现场存在重大安全事故隐患时,总监理工程师应及时签发《工程暂停令》,暂停部分或全部工程的施工,并责令其限期整改;经项目监理机构复查合格,总监理工程师批准后方可复工。《工程暂停令》应抄报建设单位。

(1)暂停施工条件

①施工单位开工条件不具备(如组织机构不完备,人员、材料、机械未按计划进场,大型机械设备进场后手续不全或不符合要求,施工组织设计未经批准,临时用等方案尚未批准,质保体系、安保体系尚未上报等)擅自进入实际施工(如桩基施工、钢结构安装或幕墙施工等):

a.项目监理机构应以《工程暂停令》形式制止施工,待施工单位开工条件具备,《开工报审表》签批后方可开工;

b.部分施工准备工作(如临建搭设、三通一平、测量放线、设备试运行等)不在暂停令控制范围内,但监理可以《工作联系单》形式提醒其注意安全和工作质量;

c.因建设单位开工条件不具备(如未办理规划、施工许可证,施工图纸未审查合格等)而要求工程开工的,监理应发工作联系单提醒。

②危险性较大分部分项工程的安全专项施工方案(如深基坑、高大模板、脚手架工程、起重吊装等)未经审批通过,施工单位即开始实际实施,或施工实施内容与审批方案有较大偏离或现场管理混乱。

③大型起重机械设备未经安检合格或未取得验收备案手续就投入使用(如塔吊、人货梯、爬升脚手架、自升式模板系统等):

a.安装后未经有资质的单位检验合格即投入使用的,必须以《工程暂停令》形式制止;

b.如大型起重机械设备已经有资质的单位检验检测合格(有检测合格报告),但尚未办理备案登记手续、尚未领取"使用合格证",可以不下发《工程暂停令》,而以《工作联系单》形式要求施工单位抓紧办理相关手续,且对其行为承担全部责任。

④现场发现有重大质量安全隐患(如基坑局部塌陷,基坑渗漏严重,脚手架、模板发生较大沉降或变形,梁柱等构件尺寸、位置有严重偏差等)。

⑤施工单位对《监理通知单》等指令文件执行不力、整改不力,现场质量、安全有失控的风险:

a.施工单位对《监理通知单》拒不执行或执行不力或阳奉阴违,现场质量、安全有失控的危险(如钢筋不合格即封模拟浇筑混凝土,材料、设备未验收合格即投入使用、安装、隐蔽等),必须以书面形式制止施工;

b.一般情况下,《工程暂停令》下发前应事先与建设单位沟通,取得建设单位同意,特殊、紧急情况例外。

(2)暂停施工形式

暂停施工形式以《工程暂停令》书面形式,情况紧急时可先口头要求局部暂停施工,继而以书面形式制止施工。

4)报告

(1)报告条件

①施工现场发生安全事故情况紧急时;

②发出监理通知后拒不整改的;

③签发了工程暂停令而不停止施工的。

(2)报告形式

①专题监理报告;

②以电话、电邮等形式报告的应有通话记录,并及时补充书面报告。

(3)报告单位

需要报告的单位包括建设单位、监理单位、建设工程安全监督站或建设行政主管部门等。

6.3.2　其他工作方法

1)告知

监理人员在日常巡视中发现施工现场的一般性安全事故隐患,凡立即整改能够消除的,可通过口头指令向施工单位管理人员予以指出,监督其改正,并在监理日志中记录。

2)会议

在定期召开的监理例会上,应检查上次例会有关安全生产决议事项的落实情况,分析未落实事项的原因,确定下一阶段施工安全管理工作的内容,明确重点监控的措施和施工部位,并针对存在的问题提出意见;必要时总监应召开安全专题会议,由总监或安全生产监督管理人员主持,施工单位的项目负责人、现场技术负责人、现场安全管理人员及相关单位人员参加;监理人员应做好会议记录,及时整理会议纪要。

3)预控

①当项目监理机构评估工程施工可能会存在安全事故隐患后,应及时签发有关安全的

《工作联系单》,提醒施工单位重视,进行有效防范。《工作联系单》应抄报建设单位。

②签发安全类《工作联系单》的条件:

a.重要的分部分项工程安全预控,如针对基坑土方开挖、脚手架或支撑架搭设、幕墙工程施工等易出现安全事故的技术与管理要求。

b.当现场重复发现一般安全隐患,如临边洞口防护不到位、临时用电不规范、交叉作业、高空作业防护不够等。

6.4 建筑工程安全生产管理监理工作现场检查要点

施工过程体现在一系列的现场施工作业和管理活动中,作业和管理活动的效果将直接影响到施工过程的施工安全。监理人员应掌握施工现场关键环节,从脚手架、模板工程、基坑支护、临时用电、起重机械等影响工程施工安全方面的因素对施工单位的安全生产管理进行监督检查。

表 6.1 建筑工程安全生产管理监理工作现场检查要点

序号	类别	项 目	检查要点
1	脚手架或支撑架	立柱基础(落地式)、扫地杆、拉杆、立柱、连接及扣件	1.基础平整、夯实满足设计要求 2.底座和垫木齐全、排水措施到位。每根立杆底部应设置底座及垫板 3.在立柱底距地面 200 mm 高处,沿纵横水平方向应按纵下横上的程序设扫地杆。可调支托底部的立杆顶端应沿纵横向设置一道水平拉杆。扫地杆与顶部水平拉杆之间的间距在满足模板设计所确定的水平拉杆步距要求条件下,进行平均分配确定步距后,在每一步距处纵横向应各设一道水平拉杆。当层高在 8~20 m 时,在最顶步距两水平拉杆中间应加设一道水平拉杆;当层高大于 20 m 时,在最顶两步距水平拉杆中间应分别增加一道水平拉杆。所有水平拉杆的端部均应与四周建筑物顶紧顶牢。无处可顶时,应在水平拉杆端部和中部沿竖向设置连续式剪刀撑。扫地杆、水平拉杆应采用对接 4.立柱接长严禁搭接,必须采用对接扣件连接,相邻两立柱的对接不得在同步内,且对接接头沿竖向错开的距离不宜小于 500 mm,各接头中心距主节点不宜大于步距的 1/3。严禁将上段的钢管立柱与下段钢管立柱错开固定在水平拉杆上 5.严禁将外径 48 mm 与 51 mm 的钢管混合使用 6.对负荷面积较大和高 4 m 以上的支架立柱采用扣件式钢管、门式钢管脚手架时,除应有合格证外,对所用扣件应采用扭矩扳手进行抽检,达到合格后方可承力使用 7.严禁使用有裂缝、变形的扣件,出现滑丝的螺丝必须更换。对扣件质量有怀疑时,应要求施工单位按《钢管脚手架扣件》(GB 15831)规定抽样检测
		悬挑梁及架体稳定(悬挑式)	悬挑梁安装规范牢固、杆件固定及连接良好

续表

序号	类别	项 目	检查要点
1	脚手架或支撑架	附着支撑设置(附着升降式)	附着点稳固、主框架与附着点连接牢固
		升降装置(附着升降式)	装置齐全有效
		防坠落、导向防倾斜装置(附着升降式)	装置齐全有效
		安全装置(吊篮式)	装置齐全有效
		吊篮架体稳定性(吊篮式)	按照方案采取固定措施
		架体与建筑结构拉接	按照规定与建筑结构设置拉接且拉接牢固。按照《建筑施工扣件式钢管脚手架安全技术规范》(JGJ 130),当支架立柱高度超过 5 m 时,应在立柱周圈外侧和中间有结构柱的部位,按水平间距6~9 m、竖向间距2~3 m 与建筑结构设置一个固结点
		杆件间距	立杆及大、小横杆间距符合方案规定
		脚手板与防护栏杆	脚手板满铺、严密且搭接牢固、按照要求设置防护栏杆及挡脚板。按《建筑施工扣件式钢管脚手架安全技术规范》(JGJ 130)执行
		剪刀撑设置	是否按照方案搭设、有无缺失等。按《建筑施工扣件式钢管脚手架安全技术规范》(JGJ 130)、《建筑施工模板安全技术规范》(JGJ 162)执行。水平夹角应为45°~60°
		架体内防护	不超过10 m 设置水平防护网
		卸料平台	应符合方案要求。自身体系牢固、不得与脚手架等连接、防护到位,并有限定荷载标牌。钢丝绳与建筑物间应设置软防护
		安全通道设置	高空作业人员应通过斜道或专用爬梯以及电梯上下通行按照规定设置通道且牢固,通道脚手板上因设防滑条。架体出入口和紧临架体的通道,应在其上设置防护棚
		荷载	架体荷载不得超过规定、严禁不均匀堆放
		作业人员	无违章操作、按规定使用安全带及安全帽
		外脚手架距电力架空线间距	电压≤1 kV 为4 m,1~10 kV 为6 m
		防雷接地装置	钢管脚手架四角应设置保护接地和防雷接地装置
2	基坑支护	临边防护	防护措施到位且稳固
		坑壁支护	按照规定放坡、支护做法符合设计方案、无变形
		排水措施	按方案设置排水措施、排水畅通
		坑边荷载	物料堆放距离坑边间距符合要求

续表

序号	类别	项 目	检查要点
2	基坑支护	通道设置	上下通道符合安全要求
		作业环境	确保足够作业面、满足现场施工需要
		土石方开挖	作业人员及机械无违章操作
		其他	符合施工现场安全要求
3	模板	模板存放	大模板存放应有防倾倒措施、不得超高堆放
		施工荷载	严禁超载、不均匀施加较大荷载
		作业环境	安全防护措施到位、满足实际施工需要。制模施工是在2 m以上高处时,作业人员应有稳定可靠的作业环境
4	三安、四口防护	安全帽	施工人员进入现场必须正确戴安全帽
		安全网	是本市备案产品、按照规定设置
		安全带	按照规定佩戴,2 m以上高处作业时必须系安全带
		楼梯口、电梯进口防护	防护措施到位且牢固。楼梯口、电梯井口、预留洞口、坑井口应有防护栏杆
		预留洞口及坑井防护	防护措施到位、防护效果严密
		通道口防护	已按规定设置防护棚。通道及出入口上有防护棚
		阳台、楼板、屋面等临边防护	防护措施到位且牢固
5	施工用电	外电防护	已按要求设置防护措施
		接地与接零保护系统	用电设备,机械设备应有可靠的接地装置
		配电箱及开关箱	满足"三级配电两级保护"要求、箱内各装置灵敏有效,设置环境及高度满足要求。配电箱内有标记,下引出线整齐,有门、有锁、有防雨措施;动力开关箱应做到一机、一闸、一漏、一箱。用电开关箱应统一编号,安装位置适当,周围无杂物,箱体下边高出地面60 cm,箱内闸具齐全,熔断丝匹配
		现场照明	设置高度和照明亮度符合要求、潮湿环境应采取低压照明
		配电线路设置	无严重老化、破皮、架设或埋地符合安全要求、按照规定使用五芯电缆
		电器装置	参数与设备匹配、安装满足有关规定要求。民工宿舍宜安装限流器
		变配电装置	符合有关用电要求。施工用电变配电装置应符合规范要求;三级配电、二级保护;供电采用三相五线制;配电室应有警示牌、配备灭火器、绝缘垫、绝缘手套等用品
		用电管理	符合施工现场有关安全要求

续表

序号	类别	项　目	检查要点
6	施工升降机（人货两用电梯）	安全装置	安全装置齐全且有效
		安全防护情况	地面出入口防护措施到位、楼层出入口防护门封闭电梯底层四周设置防护围网,底层出入口上部应搭设防护棚
		荷载	严禁超载、无明显偏载
		架体稳定	垂直度满足要求、架体与建筑结构连接牢固
		电气装置安全	装置齐全、灵敏有效
		避雷	已按规定设置且符合安全要求
		其他	符合施工现场有关安全要求。电梯司机必须持证上岗。电梯操作室与各楼层须设置信号联系装置须有阶段性例检记录
7	塔吊	力矩限制器	设置齐全且灵敏有效
		限位器	设置齐全且灵敏有效
		保险装置	设置齐全且灵敏有效
		附墙装置与轨道夹	按照规定设置附墙装置和轨道夹
		基础	无积水、无覆盖情况、周边环境符合安全要求
		电气装置安全	设置齐全且灵敏有效
		现场吊装操作	无违章操作情况、符合现场要求
		多塔作业	防碰撞措施到位、现场运转符合要塔吊与塔吊、塔吊与建筑物、塔吊与架空线路之间必须符合安全距离
		其他	符合施工现场有关安全要求。塔吊应有接地、接零、漏电保护装置。塔吊司、指挥应持证上岗,需有阶段性例行检查资料
8	施工机具	搅拌机	验收手续齐全、摆放平稳、安全装置齐全、无违章操作
		圆盘锯	验收手续齐全、摆放平稳、安全装置齐全、无违章操作
		钢筋机械	验收手续齐全、摆放平稳、安全装置齐全、无违章操作
		电焊机	验收手续齐全、摆放平稳、安全装置齐全、无违章操作
		手持电动工具	验收手续齐全、摆放平稳、安全装置齐全、无违章操作
		气瓶	验收手续齐全、摆放距离和环境满足安全要求、安全装置齐全
		打桩机械	验收手续齐全、防超高装置灵敏有效、设置平稳、无违章操作
		潜水泵	保护装置齐全灵敏、无违章操作
		消防设置	警示标志齐全、灭火器材设置齐全、消防通道畅通
		临时设施	按照"三区分离"要求设置、符合安全要求和卫生、防火要求等
		保健急救	有专门的机构和人员、药品齐全
		其他	符合施工现场有关安全要求

续表

序号	类别	项　目	检查要点
9	其他	高切坡(或深开挖)	临边防护到位、排水通畅、坑边荷载符合要求、变形监测到位
		大型吊装(或安装)	起重机械手续齐全、特种作业人员证件齐全、吊点设置合理、现场警戒到位
		安全通道	高空作业人员应通过斜道或专用爬梯以及电梯上下通行

6.5　建筑工程典型安全事故分析

根据国家安全生产监督总局对某年度全国建筑业伤亡事故按事故类型统计,高处坠落、坍塌(含基坑坍塌、模板垮塌、脚手架倒塌)、物体打击、机械伤害、触电事故、其他事故(含中毒和窒息、车辆伤害、拆除等)分别约占总伤亡事故起数的40%,14%,13%,11%,9%,13%。

6.5.1　违反施工工艺,缺少防护措施,高处坠落安全事故案例

1)事故经过

2002年2月,某电厂1,2号机组续建工程现场,屋面压型钢板安装班组5名工人在2号主厂房屋面板安装压型钢板。在施工中未按要求对压型钢板进行锚固即向外安装钢板,在安装推动过程中,压型钢板两端(3人在一端,2人在另一端)用力不均,致使钢板一侧突然向外滑移,带动3人失稳坠落至三层平台死亡,坠落高度19.4 m。

2)原因分析

(1)直接原因

①临边高处悬空作业,未系安全带。

②违反施工工艺和施工组织设计要求施工。根据施工组织设计要求,铺设压型钢板一块后,应首先进行固定,再进行翻板。而实际施工中,既未固定第一张板,也未翻板,而是采取平推钢板,由于推力不均从而失稳坠落。

③施工作业面下无水平防护安全平网,缺乏有效的防坠落措施。

(2)间接原因

①教育培训不够,工人安全意识淡薄,违章冒险作业。

②项目部安全管理不到位,专职安全员无证上岗,项目部对当天的高处作业未安排专职安全员进行监督检查,致使违章和违反施工工艺的行为未能及时被发现和制止。

③施工组织设计、方案、作业指导书中的安全技术措施不全面,没有对锚固、翻板、监督提出严格的约束措施,落实按工序施工不力,缺少水平安全防护措施。

(3)事故教训

①建立健全安全生产责任制,安全管理体系要从公司到项目到班组层层落实,切忌走过场。切实加强安全管理工作,配备足够的安全管理人员,确保安全生产体系正常运作。

②进一步加强安全生产制度建设。安全防护措施、安全技术交底、班前安全活动要全面，有针对性，既符合施工要求，又符合安全技术规范的要求，并在施工中不折不扣地贯彻落实，不能只停留在方案上。施工安全必须实行动态管理，责任要落实到班组，落实到现场。

③进一步加强高处坠落事故的专项治理。高处作业是建筑施工中出现频率最高的危险性作业，事故率也最高，无论是临边、屋面、外架、设备等都会遇到。在施工中必须针对不同的工艺特点，制定切实有效的防范措施，开展高处作业的专项治理工作，控制高处坠落事故的发生。

④坚决杜绝群死群伤的恶性事故。对易发生群死群伤事故的分部分项工程要制定有针对性的安全技术措施，确保万无一失。

⑤加强建筑工人的培训教育，努力提高工人的安全意识，开展安全生产的培训教育工作，使工人树立"不伤害自己，不伤害别人，不被别人伤害"的安全意识，努力克服培训教育费时费力的思想，纠正只使用不教育的做法。

6.5.2　某广场工程基坑坍塌安全事故案例

1）事故经过

2005 年 7 月，某广场工程施工现场围墙外的海运集团职工宿舍来人反映，围墙外路面出现异常，建设单位即派工程技术人员会同设计院工程技术人员到现场察看，技术人员尚未撤离现场，深基坑即出现坍塌。本基坑坍塌造成 3 人死亡、8 人受伤的较大安全事故。

2）事故原因

①施工与设计不符，基坑施工时间过长，基坑支护受损失效，构成重大事故隐患。

②南侧岩层向基坑内倾斜，软弱强风化夹层中有渗水流泥现象，施工时未及时调整设计和施工方案，错过排除险情时机。

③基坑坡顶严重超载，致使基坑南边支护平衡打破，坡体出现开裂。

④基坑变形量明显增大及裂缝增长时未能及时作加固处理。

3）事故处理

（1）单位失责处罚

①市质安站：没及时将该项目的不良行为上报市建委和录入城市建设信息网，给予原市质安站执法科科长×××行政降级处分；对原质安站监督员××、××、××由所在单位责令作出深刻检讨。

②市建委：对施工现场的实际施工主体和申领人的主体资格未经严格核实把关，在《放线测量记录册》未经过规划部门审核盖章的情况下，发出了建筑工程施工许可证。基坑因长期施工护壁已有安全隐患，继续深挖必然会出重大事故的安全问题没有及时监管及解决，市建委向市人民政府作出书面检查。给予市建委建管处处长×××行政记大过处分；给予市建委建管处副主任科员××行政记过处分；对市建委建管处工作人员××给予调离工作岗位处理。

③城管部门：误将违法建设者提供的《余泥渣土先行排放（受纳）证明》视为合法的《余

泥渣土排放证》，造成该项目丧失正确有效的监管，也没有采取有效措施把该违法建设项目制止在萌芽状态。虽在2005年5月后对该项目的无证施工行为进行了多次查处，但对两年多的违法施工行为负有监管不到位的责任，给予城管大队副大队长××行政记大过处分；给予现任城管中队队长××行政降级处分；给予城管昌岗中队队长××和巡查员××、××等3人行政警告处分。

④渣土排放管理处：在建设单位未领取建设工程规划许可证的情况下，依据自行制定的条例违法向建设单位发放《余泥渣土先行排放（受纳）证明》，并连续两次给予办理延期手续。给予渣土排放管理处副处长××行政记大过处分；对市余泥渣土排放管理处业务科科长××由所在单位责令作出深刻检讨。

⑤人民政府：未能及时督促和组织有关部门对辖区内的重大安全事故隐患进行有效查处，对事故的发生、防范负有责任，向市人民政府作出书面检查。

（2）单位责任处罚

①建设单位：作为建设单位在未领取施工许可证之前擅自通知施工单位施工，未经招标擅自将基坑开挖支护工程直接发包给省××公司；未将施工图设计文件组织专家审查而擅自使用，未及时委托工程监理单位进行监理，未及时在开工前办理工程质量监督手续；违法将基坑挖运土石方工程发包给没有相应资质等级的××土方运输公司；故意逃避政府有关职能部门的监管，经多次责令停工后仍继续违法施工；对有关单位报告的基坑变形安全隐患未给予足够重视，错过了排险的时机，对重大安全事故的发生负主要责任。责令限期改正和罚款151.7万元。

②土方运输施工单位：作为土石方挖运施工单位，在本单位未取得建筑业土石方挖运工程专业承包企业资质、安全生产许可证的情况下非法承揽工程，并安排联营方汤××违法挖运土石方，而且对联营方汤××私自承揽基坑超挖工程的行为没有进行有效的管理。其联营方汤××土石方运输队盲目按照建设单位指令往下深挖基坑至−20.3 m，致使原支护桩变成吊脚桩，同时汤××安排大型施工机械在南侧坑顶进行土方运输作业，大大增加了基坑坡顶负荷超载。没收违法所得和罚款53.68万元。

③基坑支护施工单位：在建设单位未依法取得建筑工程施工许可证的情况下长期违法施工，无视政府有关职能部门的监管，经多次责令停工后仍继续违法施工；不认真落实《建设工程安全生产管理条例》的安全责任，没有根据基坑因长期施工已经存在的基坑支护失效的安全问题进行有效的安全验算，并采取有效措施确保安全施工；在发现基坑变形存在重大安全隐患后，虽然多次向建设单位报告，但未能采取有效措施予以消除，对重大安全事故的发生负有重要责任。责令其停业整顿、罚款3万元并建议上级建设行政主管部门暂扣安全生产许可证。

④监理单位：作为监理单位对无证施工行为未能采取有效措施加以制止；在施工单位仍不停止违法施工的情况下，并没有依法及时向有关主管部门报告；对现场周围工作环境存在的重大安全隐患未能采取果断的监理措施予以消除，对事故发生负有监督不力的责任。责令限期改正并罚款9万元，对广东××建设监理有限公司项目总监丁××依法执行逮捕。另外，根据广东省高级人民法院的判决，广东××建设监理有限公司承担了一定比例（各种经济

损失的 7.5%）的民事赔偿责任。各种经济损失总数为 10 379 万元,7.5% 即 778.4 万元。

⑤土建施工单位:在建设单位未依法取得建筑工程施工许可证的情况下违法施工;不认真履行《建设工程安全生产管理条例》第二十六条的安全责任,没有对主体结构施工涉及的基坑因长期施工已经存在支护失效的安全问题组织专家进行论证和审查,并采取有效措施确保安全施工,对重大安全事故的发生负有一定的管理责任。责令改正、停业整顿并罚款 3 万元。

⑥设计单位:市设计院作为设计单位在基坑支护结构施工设计文件中没有提出保障施工作业人员安全和预防生产安全事故的措施建议,并且承担的主体结构(条形基础工程)设计与基坑设计衔接不良,致使主体结构条形基础开挖到 −20.3 m 后基坑出现安全隐患问题,并且没有提出有效的防护措施进行加固排险,对较大安全事故的发生负有重要的管理责任。责令改正并罚款 30 万元。

⑦监测单位:基坑支护工程沉降、位移、倾斜监测的单位市设计院当事发前基坑南侧出现较大水平位移时,虽然口头上告知了建设单位观测情况,但没有书面向有关单位发出警告,也没有及时按合同规定告知设计单位及有关部门,对重大安全事故的发生负有重要的质量管理责任,责令改正和罚款 30 万元。

6.5.3　某大学剧院工程舞台屋面模板垮塌安全事故案例

1）事故简介

2002 年 7 月 25 日,某大学新校区的剧院工程,在施工中发生模板坍塌事故,造成 4 人死亡,20 人受伤。

2）事故发生经过

某大学新校区一标段工程建筑面积 39 000 m²,由 A 区(综合楼)、B 区(学生活动中心)和连廊组成。施工单位为某建设集团公司,监理单位为某监理公司。B 区由 B1、B2、B3 组成,B3 区为一幢剧院建筑,框架结构,平面为东西长 70 m,南北长 47.5 m,呈椭圆形,屋面为双曲椭圆形钢筋混凝土梁板结构,板厚 110mm,屋面标高最高处为 27.9 m,最低处为 22.8 m。

由于支模板的木工班组不具备搭设钢管扣件支架的专业知识,在搭设过程中立杆间距过大、步距不一、剪刀撑数量极少等不符合国家安全规范和施工方案要求,浇筑混凝土前模板支架又未经检查验收,且租用的钢管及扣件质量不符合要求。从 7 月 24 日开始浇筑 B3 区屋面混凝土,到 7 月 25 日凌晨发生坍塌事故,作业的 24 人坠落,其中 4 人死亡,20 人受伤。

3）事故原因分析

（1）技术方面

屋面模板施工前,虽然施工单位编制了简单的支模施工方案,但施工班组未按要求搭设,项目经理也没有认真按方案进行检查,明知搭设不符合方案要求却同意浇筑混凝土。

对于高度 27 m 的满堂脚手架,不仅要求计算立杆的间距使荷载均布,还应控制立杆的步距,以减小立杆的长细比。另外,还应特别注意竖向及水平剪刀撑的设置,以确保支架的整体稳定性,而此模板支架不仅间距、步距、剪刀撑等搭设存在严重问题,且钢管、扣件材料质量不合格,施工单位也未经检验就使用。

以上情况说明,施工单位项目负责人严重不负责任,施工管理混乱,不经检查确认合格便盲目使用,以致造成重大伤亡事故。

(2)管理方面

①建设单位及监理单位失职。该屋面模板方案由施工单位报监理审批,自5月份开始搭设,到7月24日浇筑混凝土止,始终未获监理审批。但自开始浇筑混凝土直到发生事故时,监理人员始终在施工现场,既没提出模板支架不合格需进行整改,也未对模板支架方案尚未经监理审批就浇筑混凝土的行为进行制止,且对现场租用材质不合格的钢管、扣件也未进行检查。建设单位及监理公司未尽到管理及监督责任。

②没有事先对施工班组资质进行了解。混凝土模板虽然应由木工制作安装,但其支架采用了钢管、扣件材料,且高度达27 m,实质上等于搭设一个满堂钢管扣件脚手架,必须由具有架子工资质的班组搭设,并应按钢管扣件脚手架规范进行验收。而该工程自建设单位、监理单位到施工单位完全忽视了这一重要环节,此次事故直观表现为班组操作不合格,实质上是由于整个管理混乱和不负责任造成的。

4)事故结论与教训

(1)事故的主要原因

此次事故发生的主要原因完全是由于管理混乱造成的。首先,施工单位对班组搭设的模板不符合要求之处未加改正便浇筑混凝土,是造成事故的主要原因;其次,支架材料质量不合格,也影响了模板支架的整体稳定性;最后,建设单位及监理严重失职,没有及时制止错误并进行整改,导致事故发生。

(2)事故性质

本次事故属责任事故,是因各级管理人员失职造成的事故。

(3)主要责任

项目经理对施工班组支模工程未按规定交底,搭设后未检查验收即浇筑混凝土,因此造成模板坍塌,应负违章指挥责任。

某建设集团公司主要负责人应对企业安全管理失误负有全面管理不到位责任。

5)事故的预防对策

(1)提高管理人员的素质

高架支模与一般模板不同,因立杆长细比大、稳定性差,需要经过计算确认,并制定专项施工方案。施工前应向班组交底,搭设后应经验收确认符合要求方可浇筑混凝土;并根据工程结构形式,制订混凝土浇筑程序及注意事项,在混凝土浇筑过程中设专人巡视,发现问题及时加固。

目前一些工程施工的模板支架采用了钢管、扣件材料,而一些施工人员并不熟悉钢管扣件脚手架安全技术规范的相关规定和计算要求,对钢管及扣件材料的质量标准也不清楚,以致仍按一般的经验进行管理,支架验收也掌握不住关键问题,因此影响了支架的整体稳定性。应该组织有关人员对规范进行学习,提高管理素质。

（2）严格管理程序

①按规定,模板施工前应编制专项施工方案,应有设计计算,并经审批,否则不准施工。

②班组施工之前,应由施工管理人员进行交底,包括搭设要求及间距,扣件紧固程度及连墙措施等。

③模板使用前,应由施工负责人及监理按方案进行验收,必须经各方确认合格签字后,方可浇筑混凝土。

本次事故在管理方面的原因有:第一,虽有施工方案,但未经监理审批确认;第二,虽有方案,但未向班组交底,致使搭设严重不符合要求;第三,虽有方案,但在浇筑混凝土之前,未经各方验收,未做到确认模板搭设合格后再使用,由于严重违反管理程序,在模板支架的承载力不足、稳定性不够的情况下浇筑混凝土,导致了坍塌事故。

6) 专家点评

目前,一些建筑工程虽不属高层建筑或建筑物的总高度不高,但由于有些局部建筑部位如舞台屋面、大厅天井屋面净高(层高)高度大,给建筑施工带来了难题。有的施工企业在遇高架支模工程时,不能掌握施工关键,不能认识施工的危险性,对模板支架不进行设计计算,不会编制模板支架施工方案,以致作业人员操作时无所适从。支架搭设后,检查验收又抓不住关键问题,因此在企业承包工程施工管理中形成了盲点。今后建设单位在发包工程时,应特别注意建筑物的局部净高;选择施工企业时,应格外了解企业的施工能力,并在施工过程中,对高支模部分,要求必须编制专项施工方案并加强监理检查工作。

6.6　安全文明施工监理

6.6.1　现场安全文明施工监理重点

现场安全文明监理安全履责工作主要是监督施工人员的不安全行为,控制物的不安全文明状态,督促施工单位做好作业环境的防护工作,其具体工作有:

①贯彻执行"安全第一,预防为主"的方针,国家现行的安全生产的法律、法规,建设行政主管部门的安全生产的规章和标准。

②督促施工单位落实安全生产的组织保证体系,建立健全安全生产责任制,检查责任制的建立健全和考核、经济承包合同或协议中安全生产指标、各工程安全技术操作规程、专(兼)职安全员设置。

③督促施工单位对工人进行安全生产教育及分部分项工程的安全技术交底。

④审查施工方案或施工组织设计中有否保证工程质量和安全的具体措施,使之符合安全施工的要求,并督促其实施;核查施工组织设计和专项施工方案的种类和编审手续,安全措施的合理科学性。

⑤检查并督促施工单位,按照建筑施工安全技术标准和规范要求,落实分部、分项工程或各工序、关键部位的安全防护措施。

⑥定期检查工程安全技术交底的涉及面、针对性及履行签字手续情况;检查承包商安全检查制度、检查记录、整改情况;检查承包商安全教育制度,以及新工人三级教育和变换工程教育的内容、时间等;检查从事特种作业人员的培训持证上岗情况(复验时间、单位名称);对不安全因素,及时督促施工单位整改。

⑦监督检查施工现场的消防工作、冬季防寒、夏季防暑、文明施工、卫生防疫等项工作。

⑧不定期组织安全综合检查,按《建筑施工安全检查标准》(JGJ 59)进行评价,提出处理意见并限期整改。

⑨发现违章冒险作业的要责令其停止施工,发现隐患的要责令其停工整改。

6.6.2 安全文明施工监理的工作内容

①检查施工单位安全生产管理职责;检查施工单位工程项目部安全管理组织结构图;检查施工单位安全保证体系要素、职能分配表;检查施工单位项目人员的安全生产岗位责任制。

②检查施工单位安全生产保证体系文件。该文件包括:安全生产保证体系程序文件、施工安全各项目管理制度、经济承包责任制;要有明确的安全指标和包括奖惩在内的保证措施、支持性文件、内部安全生产保证体系审核记录,检查施工单位内部安全生产保证体系审核记录。

③审查施工单位安全设施,保证安全所需的材料、设备及安全防护用品到位。

④强化分包单位安全管理,检查施工总承包单位对分包施工安全管理。

⑤检查施工单位安全技术交底及动火审批。检查交底及动火审批目录、记录说明。检查总包对分包的进场安全总交底;对作业人员按工种进行安全操作规程交底;施工作业过程中的分部、分项安全技术交底;安全防护设施交接验收记录。检查动火许可证、模板拆除申请表,检查施工单位之间的安全防护设施交接验收记录。

⑥督促和检查施工单位对安全施工的内部检查。检查施工单位安全检查记录表、脚手架搭设验收单、特殊类脚手架搭设验收单、模板支撑系统验收单、井架与龙门架搭设验收单、施工升降机安装验收单、落地操作平台搭设验收单、悬挂式钢平台验收单、施工现场临时用电验收单、接地电阻测验记录、移动手持电动工具定期绝缘电阻测验记录、电工巡视维修工作记录卡、施工机具验收单,并对安全检查进行记录。

⑦检查施工单位事故隐患控制;检查事故隐患控制记录、事故隐患处理表、违章处理登记表、事故月报表。

⑧检查施工单位安全教育和培训;检查安全教育和培训目录及记录说明。对新进施工现场的各类施工人员必须进行安全教育并做好记录。

⑨检查施工单位职工劳动保护教育卡汇总表,提醒施工单位加强对全体施工人员节前后的安全教育并做好记录。

⑩抽查施工单位班前安全活动、周讲评记录。检查施工单位安全员及特种作业人员名

册,持证人员的证件。

6.6.3　安全文明施工监理措施

①开工前,项目监理部针对所监项目特点召开安全施工专题讨论会,加强安全知识的深化学习,进一步强化监理人员的安全意识。

②项目监理部制定安全管理职责,落实安全责任制,总监负全责,各专业监理工程师各负其责。

③审核施工组织设计中安全管理的条款以及开工条件中安全施工的准备工作情况,否则不予开工。

④发现施工过程中存在的安全隐患时,责令停工整改。

⑤监理工程师对现场采取定期或不定期巡查或旁站,对施工现场及办公生活区的安全措施进行检查,对发现的问题及时发监理整改通知,同时及时收集现场安全方面的信息,及时对信息进行处理。

⑥通过例会、专题会议解决安全施工中出现的问题。

⑦及时、多渠道地向业主汇报工程安全方面的信息。

⑧建立安全施工状况登记制度,即在监理日记、监理月报、监理总结等监理文件中准确、及时地记录安全状况。

⑨制定安全施工管理中的奖罚机制,对成绩优异的监理人员实行奖励,对责任心不强的监理人员进行处罚,直至调离监理工作岗位。

表 6.2　现场文明施工监理控制要点

内　容	监理督促检查内容
施工现场挂牌	挂牌内容齐全,"五牌一图"挂放整齐、醒目
封闭式管理	现场统一服装,佩戴出入证,确立门卫制度,杜绝人员混杂
现场围挡	围挡高度应不低于当地主管部门要求,整齐、安全,无残缺
总平面布置	构件、料具及设施布置严格按经审定的总平面实施,道路畅通,无大面积积水
现场住宿	施工作业区与住宿区必须隔离,住宿环境安全、卫生
生活设施	厕所必须符合卫生要求,卫生饮水保证供应,食堂符合卫生要求
保健急救	现场应配备医疗室及经培训的急救人员,具备急救措施和器材
垃圾、污水	垃圾集中堆放,及时清运,排污符合环卫要求
防火	必须配备经培训的消防人员,配置充足的消防器材、消防水源,有严格的消防措施
宣传	现场有安全标语、安全标志
施工人员	外来施工人员必须办理暂住证及计划生育证

复习思考题

1. 简述《建设工程安全管理条例》中关于监理责任的条款。
2. 简述安全生产管理监理工作的主要内容。
3. 简述安全生产管理监理工作的主要方法。
4. 简述项目监理机构在何种条件下签发安全监理通知、工程暂停令和监理报告。
5. 工程安全事故发生后,项目监理机构该做好哪些工作?

第 7 章

建设工程合同管理

本章导读

- **学习目标** 了解建设工程合同管理基本的系统;了解该课程的基本框架;了解国际工程合同和建设工程相关合同;掌握施工合同管理的程序和方法。
- **本章重点** 施工合同管理,合同管理的原则和工作内容;合同进度管理;工程变更管理;工程索赔管理;合同争议的调节;施工合同的解除。
- **本章难点** 施工合同管理;合同管理的原则和工作内容;合同进度管理;工程变更管理;工程索赔管理;合同争议的调节;施工合同的解除。

7.1 建设工程合同及相关法规

7.1.1 建设工程合同管理的基本知识

1)建设工程合同管理的概念

①建设工程合同:是承包人进行工程建设、发包人支付价款的合同。进行工程建设行为包括勘察、设计、施工、监理等。

②根据建设行为内容,建设工程合同可划分为:工程勘察合同、工程设计合同、工程施工合同、工程监理合同等。

③建设工程合同管理:各级工商行政管理机关、建设主管部门、金融机构以及工程项目业主、承包方和监理单位,依据法律、法规、规章制度,采取法律的、行政的和经济的手段对建设工程合同进行组织、协调、监督其履行,保护合同当事人的合法权益,处理合同执行过程中

发生的纠纷,防止和制裁违法合同行为,保证合同贯彻实施等一系列活动。

④建设工程合同管理的依据是委托监理合同的规定和我国工程建设的法律、法规和技术标准、规定等。

2)建设工程合同管理的任务

建设工程中,监理在合同管理的任务主要是对施工合同的管理,目前我国监理较少参与到设计、勘察阶段,这与国外监理的工作范围有一定的区别。在合同授权范围内,我国监理主要工作如下:

①协助业主确定本建设项目的合同结构。合同结构是指合同的框架、主要部分和条款构成。对于在以工程建设和开发为主业的业主来说,已经有比较成熟和严密的合同格式条款,监理参与度较低。但是对于非工程建设方面的业主,监理工程师就可以提供专业的咨询服务,实际上就起到了咨询工程师的作用。

②协助业主起草合同及参与合同谈判。参加建设合同在签订前的谈判和拟订合同初稿,提供业主决策。同第一条工作一样,监理工程师可为非工程类业主服务,其角色和咨询工程师类似。

③合同的管理和检查。在建设项目实施阶段,对施工合同、材料与设备采购合同、运输合同等履行监督、检查管理。这项工作是监理工程师比较普遍的工作任务,也是监理合同管理的重要内容。

④协调合同纠纷,处理索赔和反索赔。协助业主和秉公处理建设工程各阶段中产生的索赔;参与协商、调解、仲裁甚至法院解决合同的纠纷。索赔是监理的日常工作内容,也是控制投资的重要手段。索赔中,监理要做到中立和公正,并要得到参与各方认可和接受。

⑤其他。合同的签订和合同涉及第三方等关系的处理,除以上内容以外有关合同的所有事项。

7.1.2 建筑工程施工合同

1)施工合同概述

(1)施工合同的概念

建设工程施工合同是发包人与承包人就完成具体工程项目的建筑施工、设备安装、设备调试、工程保修等工作内容,确定双方权利和义务的协议。如《××工程施工总承包合同》《××项目建设工程专业分包合同》均是建设工程施工合同。

施工合同是建设工程合同的一种,是双务有偿合同。

施工合同的标的是将设计图纸变为满足功能、质量、进度、投资预期目标的建筑产品。

(2)施工合同特点

①合同标的的特殊性。每个施工合同的标的物不同于工厂批量生产的产品,具有单件性的特点。它不能像汽车等工业产品一样通过流水线来生产。

②合同履行期限的长期性。由于建设工程项目结构复杂、体积大、建筑材料类型多、工

作量大,使得工期都较长。如三峡大坝从 1994 年 12 月正式开工,到 2006 年 5 月 20 日完工,历时 12 年。

③合同内容的复杂性。施工合同涉及的主体有许多种,内容的约定还需与其他相关合同相协调,如专业分包合同、设备安装与采购合同、劳务分包合同等。

（3）施工合同的形式

工业与民用建筑工程通常采用住房和城乡建设部和国家工商行政管理总局于 2013 年 4 月 3 日发布的《建设工程施工合同（示范文本）》（GF—2013—0201）。2013 年版（GF—2013—0201）于 2013 年 7 月 1 日起正式实施,包括协议书、通用条款和专业条款 3 个部分,并附有 3 个附件。同样,交通部、水利部、铁道部等部委也会同国家工商总局发布了施工合同的示范文本。各行业编制的施工合同示范文本中,其"专用合同条款"可结合施工项目的具体特点,对标准的"通用合同条款"进行补充和细化。除"通用合同条款"明确"专用合同条款"可作出不同约定外,补充和细化的内容不得与"通用合同条款"的规定相抵触,否则抵触内容无效。

2）施工合同文件的组成及解释顺序

组成建设工程施工合同的文件包括:

①施工合同协议书;

②中标通知书;

③投标函及其附件;

④施工合同专用条款;

⑤施工合同通用条款;

⑥标准、规范及其有关技术文件;

⑦图纸;

⑧工程量清单;

⑨其他合同文件。

双方有关工程的洽商、变更等书面协议或文件视为协议书的组成部分。

上述合同文件应能够互相解释、互相说明。当合同文件中出现不一致时,上面的顺序就是合同的优先解释顺序。在不违反法律和行政法规的前提下,当事人可以通过协商变更施工合同的内容。这些变更的协议或文件,效力高于其他合同文件,且签署在后的协议或文件效力高于签署在先的协议或文件。

3）施工合同发包方工作

根据专用条款约定的内容和时间,发包方应分阶段或一次完成以下的工作:

①办理土地征用、拆迁补偿、平整施工场地等工作,使施工场地具备施工条件,并在开工后继续解决以上事项的遗留问题。

②将施工所需水、电、通信线路从施工场地外部接至专用条款约定地点,并保证施工期间需要。

③开通施工场地与城乡公共道路的通道,以及专用条款约定的施工场地内的主要交通

干道,满足施工运输的需要,保证施工期间的畅通。

④向承包方提供施工场地的工程地质和地下管线资料,保证数据真实,位置准确。

⑤办理施工许可证和临时用地、停水、停电、中断道路交通、爆破作业以及可能损坏道路、管线、电力、通信等公共设施法律、法规规定的申请批准手续,及其他施工所需的证件(证明承包方自身资质的证件除外)。

⑥确定水准点与坐标控制点,以书面形式交给承包方,并进行现场交验。

⑦组织承包方和设计单位进行图纸会审和设计交底。

⑧协调处理施工现场周围地下管线和邻近建筑物、构筑物(包括文物保护建筑)、古树名木的保护工作,并承担有关费用。

⑨发包方应做的其他工作,双方在专用条款内约定。

发包方可以将上述部分工作委托承包方办理,具体内容由双方在专用条款内约定,其费用由发包方承担。发包方不按合同约定完成以上义务,导致工期延误或给承包方造成损失的,赔偿承包方的有关损失,延误的工期相应顺延。

4)施工合同承包方工作

承包方按专用条款约定的内容和时间完成以下工作:

①根据发包方的委托,在其设计资质允许的范围内,完成施工图设计或与工程配套的设计,经工程师确认后使用,发生的费用由发包方承担。

②向工程师提供年、季、月工程进度计划及相应进度统计报表。

③按工程需要提供和维修非夜间施工使用的照明、围栏设施,并负责安全保卫。

④按专用条款约定的数量和要求,向发包方提供在施工现场办公和生活的房屋及设施,发生费用由发包方承担。

⑤遵守有关部门对施工场地交通、施工噪声以及环境保护和安全生产等的管理规定,按管理规定办理有关手续,并以书面形式通知发包方。发包方承担由此发生的费用,因承包方责任造成的罚款除外。

⑥已竣工工程未交付发包方之前,承包方按专用条款约定负责已完工程的成品保护工作,保护期间发生损坏,承包方自费予以修复。要求承包方采取特殊措施保护的单位工程的部位和相应追加的合同价款,在专用条款内约定。

⑦按专用条款的约定做好施工现场地下管线和邻近建筑物、构筑物(包括文物保护建筑)、古树名木的保护工作。

⑧保证施工场地清洁符合环境卫生管理的有关规定。交工前清理现场,达到专用条款约定的要求,承担因自身原因违反有关规定造成的损失和罚款。

⑨承包方应做的其他工作,双方在专用条款内约定。

承包方不履行上述各项义务,造成发包方损失的,应对发包方的损失给予赔偿。

5)工程师的产生和职权

(1)工程师的产生和易人

工程师包括监理单位委派的总监理工程师和发包方指定的履行合同的负责人。

①发包方委托监理。发包方可以委托监理单位,全部或者部分负责合同的履行。对于国家规定实行强制监理的工程施工,发包方必须委托监理;对于国家未规定实施强制监理的工程施工,发包方也可以委托监理。工程施工监理应当依照法律、行政法规及有关的技术标准、设计文件和建设工程施工合同,对承包方在施工质量、建设工期和建设资金使用等方面代表发包方实施监督。发包方应当将委托的监理单位名称、监理内容及监理权限以书面形式通知承包方。

监理单位委托、委派的总监理工程师在施工合同中称为工程师。总监理工程师是经监理单位法定代表人授权,派驻施工现场监理组织的总负责人,行使监理合同赋予监理单位的权利和义务,全面负责受委托工程的建设监理工作。

②发包方派驻代表。发包方派驻施工场地履行合同的代表在施工合同中也称工程师。发包方代表是经发包方单位法定代表人授权,派驻施工现场的负责人,其姓名、职务、职责在专用条款内约定,但职责不得与监理单位委派的总监理工程师职责相互交叉。双方职责发生交叉或不明确时,由发包方明确双方职责,并以书面形式通知承包方。

③工程师易人。工程师易人,发包方应至少于易人前 7 天以书面形式通知承包方,后任继续履行合同文件约定的前任的权利和义务,不得更改前任作出的书面承诺。

（2）工程师的职责

工程师按约定履行职责。发包方对工程师行使的权力范围一般都有一定的限制。工程师的具体职责如下:

①工程师委派具体管理人员。在施工过程中,不可能所有的监督和管理工作都由工程师亲自完成。工程师可委派具体管理人员,行使自己的部分权力和职责,并可在认为必要时撤回委派。委派和撤回均应提前 7 天以书面形式通知承包方,负责监理的工程师还应将委派和撤回通知发包方。工程师代表在工程师授权范围内向承包方发出的任何书面形式的函件,与工程师发出的函件效力相同。

②工程师发布指令、通知。工程师的指令、通知由其本人签字后,以书面形式交给承包方代表,承包方代表在回执上签署姓名和收到时间后生效。确有必要时,工程师可发出口头指令,并在 48 小时内给予书面确认,承包方对工程师的指令应予执行。工程师不能及时给予书面确认,承包方应于工程师发出口头指令后 7 天内提出书面确认要求。工程师在承包方提出确认要求后 48 小时内不予答复,应被视为承包方要求已被确认。

承包方认为工程师指令不合理,应在收到指令后 24 小时内提出书面申告,工程师在收到承包方申告后 24 小时内作出修改指令或继续执行原指令的决定,并以书面形式通知承包方。紧急情况下,工程师要求承包方立即执行的指令或承包方虽有异议但工程师决定仍继续执行的指令,承包方应予执行。因指令错误发生的费用和给承包方造成的损失由发包方承担,延误的工期相应顺延。

对于工程师代表在其权限范围内发出的指令和通知,视为工程师发出的指令和通知。但工程师代表发出指令失误时,工程师可以纠正。除工程师和工程师代表外,发包方驻工地的其他人员均无权向承包人发出任何指令。

③工程师应当及时完成自己的职责。工程师应按合同约定,及时向承包方提供所需指

令、批准、图纸并履行其他约定的义务,否则承包方在约定时间后 24 小时内将具体要求、需要的理由和延误的后果通知工程师。工程师收到通知后 48 小时内不予答复,应承担延误造成的追加合同价款,并赔偿承包方有关损失,顺延延误的工期。

④工程师作出处理决定。在合同履行中,发生影响承发包双方权利或义务的事件时,负责监理的工程师应根据合同在其职权范围内客观公正地进行处理。为保证施工正常进行,承发包双方应尊重和执行工程师的决定。承包方对工程师的处理有异议时,按照合同约定的争议处理的办法解决。

7.1.3 工程监理合同

1)监理合同概述

(1)监理合同的概念

建设工程监理合同简称监理合同,是指委托人与监理人就委托的工程项目管理内容签订的明确双方权利、义务的协议。

(2)监理合同的特征

监理合同是委托合同的一种,具有以下 3 个特征:

①监理合同的当事人应当具有民事权力能力和民事行为能力、取得法人资格的企事业单位、其他社会组织,个人在法律允许的范围内也可以成为合同的当事人。

②监理合同委托的工作内容必须符合工程项目建设程序,遵守有关法律、行政法规。

③监理合同的标的是服务,即监理工程师凭据自己的知识、经验、技能,受建设单位委托为其所签订的其他合同的履行实施监督和管理。

建设工程实施阶段所签订的其他合同,如勘察设计合同、施工承包合同、物资采购合同、加工承揽合同的标的物是产生新的物质成果或信息成果。

2)工程监理合同的条款结构

监理合同条款的组成结构包括:

①合同内所涉及的词语定义和遵循的法规;

②监理人的义务;

③委托人的义务;

④监理人的权利;

⑤委托人的权利;

⑥监理人的责任;

⑦委托人的责任;

⑧合同生效、变更与终止;

⑨监理报酬;

⑩其他;

⑪争议的解决。

3）委托监理合同双方的权利和义务

（1）委托人的权利

①委托人有选定工程总承包人以及与其订立合同的权利。

②委托人有对工程规模、设计标准、规划设计、生产工艺设计和设计使用功能要求的认定权，以及对工程设计变更的审批权。

③监理人调换总监理工程师需事先经委托人同意。

④委托人有权要求监理人提供监理月报及监理业务范围内的专项报告。

⑤当委托人发现监理人员不按监理合同履行监理职责，或与承包人串通给委托人或工程造成损失的，委托人有权要求监理人更换监理人员，直到解除合同并要求监理人承担相应的赔偿责任或连带赔偿责任。

（2）委托人的义务

①委托人在监理人开展监理业务之前应向监理人支付预付款。

②委托人应当负责工程建设的所有外部关系的协调，为监理工作提供外部条件。如将部分或全部协调工作委托监理人承担，则应在专用条款中明确委托的工作和相应的报酬。

③委托人应当在双方约定的时间内免费向监理人提供与工程有关的、为监理工作所需要的工程资料。

④委托人应当在专用条款约定的时间内，就监理人书面提交并要求做出决定的一切事宜作出书面决定。

⑤委托人应当授权一名熟悉工程情况、能在规定时间内作出决定的常驻代表（在专用条款中约定），负责与监理人联系。更换常驻代表，要提前通知监理人。

⑥委托人应当将授予监理人的监理权利，以及监理人主要成员的职能分工、监理权限，及时书面通知已选定的合同承包人，并在与第三人签订的合同中予以明确。

⑦委托人应当在不影响监理人开展监理工作的时间内提供如下资料：

a. 与本工程合作的原材料、购配件、设备等生产厂家名录；

b. 与本工程有关的协作单位、配合单位的名录。

⑧委托人应免费向监理人提供办公用房、通信设施、监理人员工地住房及合同专用条件约定的设施。对监理人自备的设施给予合理的经济补偿（补偿金额：设施在工程使用时间占折旧年限的比例×设施原值+管理费）。

⑨根据情况需要或双方约定，由委托人免费向监理方提供其他人员，应在监理合同专用条件中予以明确。

4）监理人的权利

监理人在委托人委托的工程范围内，享有以下权利：

①选择工程总承包人的建议权。

②选择工程分包人的认可权。

③对工程建设有关事项包括工程规模、设计标准、规划设计、生产工艺设计和使用功能

要求,向委托人的建议权。

④对工程设计中的技术问题,按照安全和优化的原则,可向设计人提出建议。如果提出的建议可能会提高工程造价或延长工期,应当事先征得委托人的同意。当发现工程设计不符合国家颁布的设计工程质量标准或设计合同约定的质量标准时,监理人应当书面报告委托人并要求设计人更正。

⑤审批工程施工组织设计和技术方案,按照保质量、保工期和降低成本的原则,向承包人提出建议,并向委托人提出书面报告。

⑥主持工程建设有关协作单位的组织协调,重要协调事项应当事先向委托人报告。

⑦征得委托人同意,监理人有权发布开工令、停工令、复工令,但应当事先向委托人报告。如在紧急情况下未能事先报告时,则应在 24 小时内向委托人作出书面报告。

⑧工程上使用的材料和施工质量的检验权。对于不符合设计要求和合同约定及国家质量标准的材料、构配件、设备,有权通知承包人停止使用。对于不符合规范和质量标准的工序、分部、分项工程和不安全施工作业,有权通知承包人停工整改、返工。承包人得到监理机构复工令才能复工。

⑨工程施工进度的检查、监督权,以及工程实际竣工日期提前或超过工程施工合同规定的竣工期限的签认权。

⑩在工程施工合同约定的工程价格范围内,工程款支付的审核和签认权,以及工程结算的复核确认权与否决权。未经总监理工程师签字确认,委托人不支付工程款。

监理人在委托人授权下可对任何承包人合同规定的义务提出变更。如果由此严重影响了工程费用或质量或进度,则这种变更须经委托人事先批准。在紧急情况下未能事先报委托人批准时,监理人所作的变更也应尽快通知委托人。在监理过程中如发现工程承包人员工作不力,监理机构可要求承包人调换有关人员。

在委托的工程范围内,委托人或承包人对对方的任何意见和要求(包括索赔要求),均必须首先向监理机构提出,由监理机构研究处理意见,再同双方协商确定。当委托人和承包人发生争执时,监理机构应根据自己的职能,以独立的身份判断,公正地进行调解。当双方的争议由政府建设行政主管部门调解或仲裁机构仲裁时,应当提供作证的事实材料。

5)监理人的义务

①监理人按合同约定派出监理工作需要的监理机构及监理人员。向委托人报送委派的总监理工程师及其监理机构的主要成员名单、监理规划,完成监理合同专用条件中约定的监理工程范围内的监理业务。在履行合同义务期间,应按合同约定,定期向委托人报告监理工作。

②监理人在履行本合同的义务期间,应认真勤奋地工作,为委托人提供与其水平相适应的咨询意见,公正维护各方面的合法利益。

③监理人使用委托人提供的设施和物品属委托人的财产。在监理工作完成或中止时,应将其设施和剩余的物品按合同约定的时间和方式移交委托人。

④在合同期内和合同终止后,未征得有关方同意,不得泄漏与本工程、本合同业务有关

的保密资料。

6）委托监理合同双方的责任

（1）监理人责任

①监理人的责任期即委托监理合同有效期。在监理过程中，如果因工程建设进度的推迟或延误而超过书面约定的日期，双方应进一步约定相应延长合同期。

②监理人在责任期内，应当履行约定的义务。如果因监理人过失而造成了委托人的经济损失，应当向委托人赔偿，累计赔偿总额不应超过监理报酬总额（除去税金）。

③监理人对承包人违反合同规定的质量和要求完工（交货、交图）时限，不承担责任。因不可抗力导致委托监理合同不能全部或部分履行，监理人不承担责任。但对违反认真工作规定引起的与之有关的事宜，应向委托人承担赔偿责任。

④监理人向委托人提出赔偿要求不能成立时，监理人应当补偿由于该索赔所导致委托人的各种费用支出。

（2）委托人责任

①委托人应当履行委托监理合同约定的义务，如有违反则应当承担违约责任，赔偿给监理人造成的经济损失。

②监理人处理委托业务时，非监理人原因受到损失的，可向委托人要求补偿损失。

③委托人如果向监理人提出的赔偿要求不能成立，则应当补偿由于该索赔所导致监理人的各种费用支出。

7.2 建设工程施工合同管理

7.2.1 合同管理的原则和基本方法

1）合同管理的原则

合同管理贯穿于建设工程项目建设的全过程，它是进行建设工程质量控制、进度控制及成本控制的重要手段和风险控制方法之一。甚至在某些时候，优秀的合同管理产生的经济效益会大于技术优化产生的经济效益。同时，合同管理也对保护建设各方利益，完善和发展建筑市场起着重要作用。

①合同管理应以法律为依据，只有以合法为前提进行合同管理，才能切实保障合同各方的根本利益，促进工程的顺利建设。与建设工程合同管理密切相关的法律概括起来有两类：一类是包括《物权法》《合同法》在内的民事商事法律，一类是包括《建筑法》《招标投标法》在内的经济法。合同管理人员应熟知以上法律并能够较为熟练地应用，以保证合同条款的合法性，从而才能保证条款的有效性。

②合同管理应以建设工程的实际情况为出发点和突破点，保证建设工程在实现质量、进度、成本三大目标的前提下顺利竣工并投入使用。合同管理应根据建设工程的实际情况制订出科学的合同管理的方案，编制出可操作性较强的合同条款，并且，工程在质量、进度、成

本方面的目标应是包括合同管理工作在内的所有工程管理工作的纲领,任何合同甚至任何合同条款都应体现和贯彻以上目标,合同管理才会在建设工程项目管理中发挥出较大的推进作用。

③合同管理应以预防为主,减少甚至避免纠纷和索赔的发生。预防是进行风险控制的有效方法之一,合同管理应综合考虑项目管理过程中的各种风险,并尽可能制订出相应的风险控制方法并体现在具体合同条款中。同时,应确保合同条款的明确、具体,避免歧义和含糊。

④最大限度地将建设工程参建各方的权利、义务及责任纳入到合同管理的范围中,使参与项目建设的任何一方都能以合同为依据,享有权利,履行义务,共同保证建设工程的顺利竣工和投入使用。

⑤作为业主委托的专业项目管理公司,监理人进行建设工程合同管理应以最大限度保护业主的合法利益为出发点,以推进项目顺利建设为中心,尽可能实现包括业主在内的项目各参建方的共赢。

任何合同条款都包含了合同主体之间利益的相互制约和相互促进,建设工程的各类合同中,业主与其他工程参建方的利益不会是完全的对抗关系,也不可能是完全的一致关系,它们之间的利益通过各个合同条款表现出相互制约和相互促进的特点。项目管理公司在进行合同管理时应把握业主的合法利益与非法利益的界限,把握保护业主利益的恰当限度,应以推进项目顺利建设为中心,因为项目的顺利建设是实现包括业主在内的所有参建方利益共赢的唯一途径。

2)合同管理的基本方法

①做好合同管理规划工作,制订出完善可行的合同管理架构图。合同管理架构是合同管理的基本规划,在项目管理工作开始的前期,应详细分析建设工程项目合同管理的一切影响因素,在与相关方充分沟通的前提下制订出科学合理而又符合建设工程项目实际情况的合同架构图,使之成为进行建设工程合同管理甚至整个工程管理的纲领性文件和最具指导性的文件之一;同时,制订建设工程项目合同架构图也是进行项目管理的基础性工作,做好这项工作能为今后的管理工作创造非常有利的条件。

②结合项目特点,编制合法、完善、严谨的合同文件,从而建立起科学的合同文件体系。建设工程项目合同架构体系的复杂性决定了合同文件编制的复杂性。合同架构体系中包含的合同管理思想必须通过具体的合同文件来实现,因此,整个建设工程项目合同文件条款的严谨、完善、系统性是整个建设工程项目合同管理甚至是整个项目管理的决定性阶段之一。而且,编制严密的合同文件不但能够最大限度地避免工程建设中的纠纷、索赔的发生,督促项目的参建各方严格按照合同约定参与项目建设,而且,即使发生了纠纷、索赔,合同主体也能依据合同约定保护自己的合法权益。

③加强建设工程项目合同履行管理。合同履行管理是督促建设工程项目各参建方严格按照合同约定履行合同义务,顺利完成建设工程项目建设任务的阶段。该阶段是建设工程项目管理主要思想、管理方法的实施、实现阶段,它涉及进度管理、索赔管理、工程变更等。

管理合同履行管理也是项目管理过程中的关键阶段。

④制订出完善可行的一系列合同管理制度,如合同评审会签制度、合同交底制度、合同文件资料归档保管制度等。

7.2.2　合同进度管理

1)合同履行涉及的几个时间节点

(1)合同工期

合同工期是指在合同中规定的承包人完成合同工期的时间期限,以及按照合同条款通过变更和索赔程序应给予顺延工期的时间之和。合同工期是判定承包人是否按期竣工的标准。它是从建设速度角度反映投资效果的指标。建设工期的计算,一般以建设项目或者单项工程的建设投产年月减去开工年月求得,就是工作的期限,时间的长短。

(2)施工期

承包人施工期从监理人发出的开工通知中写明的开工日起算,至工程接收证书中写明的时间竣工日止。计算施工工期有两种方法:

①从开工到竣工按全部日历天数计算,不扣除停工日数,称为"日历工期"。例如:计划工期 300 个日历天,意思是合同的起始日至结束日期,包括周末、大小月日历天数的和。

②从全部日历天数中扣除节假日未施工的天数及因设计、材料、气候等原因停工的天数,称为"实际工期"。

一般承包合同规定采用日历工期,以便于检查合同执行情况;实际工期由于排除了客观因素的影响,便于分析工期定额执行的情况。

(3)缺陷责任期

缺陷责任期是一种当工程保修期(国际上称为缺陷责任期)内出现质量缺陷时,承包商应当负责维修的担保形式。维修保证可以包含在履约保证之内,这时履约保证有效期要相应地延长到承包商完成了所有的缺陷修复。缺陷责任期是指建设工程质量不符合工程建设强制性标准、设计文件,以及承包合同的约定。

缺陷责任期一般有 6 个月,12 个月或者 24 个月,具体由发承包双方在合同管理中约定。缺陷责任期的起算日期必须以工程的实际竣工日期为准,与之相对应的工程照管义务期的计算时间是以业主签发的工程接收证书起。对于有一个以上交工日期的工程,缺陷责任期应分别从各自不同的交工日期起算。

(4)保修期

保修期自实际竣工日起算,发包人和承包人按照有关法律、法规的规定,在专用条款中约定工程质量保修范围、期限和责任。国务院的《建筑工程质量管理条例》第四十条规定:"在正常使用条件下,建设工程的最低保修期限为:

(一)基础设施工程、房屋建筑的地基基础工程和主体结构工程,为设计文件规定的该工程的合理使用年限。

(二)屋面防水工程、有防水要求的卫生间、房间和外墙面的防渗漏,为 5 年。

（三）供热与供冷系统，为 2 个采暖期、供冷期。

（四）电气管线、给排水管道、设备安装和装修工程，为 2 年。

其他项目的保修期限由发包方与承包方约定。建设工程的保修期，自竣工验收合格之日起计算。

2）工程延期和延误

（1）工程延期和延误的概念

工程延期是由于并非承包人的原因所造成的，经监理工程师书面批准将竣工期限合理延长。存在下列情况：

①非承包单位的责任造成工程不能按合同原定日期开工。

②工程量的实质性变化和设计变更。

③非承包单位原因停水、停电（地区限电除外）、停气造成停工时间超过合同的约定。

④政府有关部门正式发布的不可抗力事件。

⑤异常不利的气候条件，是合格的承包人无法预见的。

⑥建设单位同意工期相应顺延的其他情况。

由于承包人原因造成工程的拖延，由此所造成的一切损失均应由承包单位自行承担，同时，建设单位还有权依据施工合同对承包单位执行违约误期罚款，如施工单位完成的工程质量不合格而造成返工引起工程拖延就属于工程延误。

（2）工程延期的审批程序

①申报工程延期意向。承包人必须在发生延期后，在合同规定的时间内，向项目监理机构提交工程延期意向书并抄报业主。否则，监理工程师有权拒绝受理。

②监理工程师指令。在接到承包人提交工程延期意向书后，项目监理机构应对施工单位提交的阶段性工程临时延期报审表进行审查，并应签署工程临时延期审核意见后报建设单位。

③搜集详细资料和证明材料。为证明延期项目的成立，承包人应在延期事件发生后及时搜集有关证据，做好现场记录，同时项目监理机构应搜集与延期有关的资料，并做好详细记录。

④申报工程延期申请报告。延期事件终止后，承包人必须在合同规定的时间内提交《延期申请表》、延期申请报告及延期详细资料交项目监理机构审查。

⑤项目监理机构应对施工单位提交的工程最终延期报审表进行审查，并应签署工程最终延期审核意见后报建设单位。

（3）工程延期的审批原则

项目监理机构批准工程延期应符合以下原则：

①依据合同约定。施工单位在施工合同约定的期限内提出工程延期；非施工单位原因造成施工进度滞后；施工单位因工程延期提出费用索赔时，项目监理机构应按施工合同约定进行处理。

②影响工程总工期。发生工期延误的部位，无论其是否发生在施工进度的关键线路上，

只有工期延误的时间超过其总时差时,才能批准工程延期。

③协商。项目监理机构在作出工程临时延期批准和工程最终延期批准前,均应与建设单位和施工单位协商。

④客观公正。证据资料真实可靠,批准的工期延误必须符合实际情况,实事求是。

（4）工程延期的控制

发生工程延期事件,不仅影响工程的进展,增加监理的工作量,而且会给建设单位带来损失。若处理不当,还会影响到参建各方的关系,甚至导致工程目标的失败。因此,对于工期拖延问题应尽量避免和减少,使工程能按期或提前完工,发挥其工程效益。因此,项目监理机构应加强工程进度控制和合同管理,加大控制力度,做好以下工作:

①充分认识到进度控制的重要意义,把进度控制当成主要职责之一。项目监理机构要对影响进度目标实现的因素进行分析,制定防范性对策,体现监理的预控措施、主动控制措施,督促承包单位编制切实可行的进度计划并进行认真、细致的审核。

②建立进度控制管理体系,设置里程碑控制点,明确关键线路控制点、重要工序交叉点,实施有效地监控。

③选择合适的时机下达工程开工令。总监理工程师在下达工程开工令之前,应充分考虑业主的前期准备工作是否充分。特别是征地、拆迁问题是否到位,施工图纸能否及时提供,以及付款方面有无问题等,以避免由于上述问题缺乏准备而造成工期延期,引起承包单位的索赔。

④项目监理机构要加强现场的巡视检查,监督进度计划的实施,检查承包单位的计划执行情况,对出现的偏差及时分析原因,提出纠偏的建议和措施,特别是对处在关键线路上的工程项目要高度重视,避免或减少其产生偏离。

⑤提醒建设单位履行施工合同中所规定的职责。在施工过程中,监理工程师应经常提醒和告知建设单位履行自己的职责,提前做好施工场地、设计图纸的提供工作,并能及时支付工程预付款、进度款,以减少或避免由此造成的工程延期。

⑥加强协调管理。项目监理机构应凭借技术优势、知识优势、管理优势对设计方、业主、总包商、分包商、供应商之间的矛盾进行协调,使他们步调一致,通力合作,从而实现制订的目标。

⑦妥善处理工程拖延事件。当拖延事件发生以后,项目监理机构应依据合同规定进行妥善处理。对工程延期既要尽量减少延期时间及其损失,又要在详细调查研究的基础上合理批准工程延期时间。

（5）工程延误的制约

由于承包单位自身的原因造成工程延期,而承包单位又未按照监理工程师的指令改变延期状态,其实质是承包单位的行为已构成了违约。按照施工合同条款的有关规定,项目监理机构可采取以下手段予以制约:

①指令承包单位采取补救措施。如对进度计划进行重新调整,增加施工人员、材料设备、资金的投入,采取更加先进的施工方法等,以加快工程进度,挽回损失的工期。

②停止支付。当承包单位的施工活动不能使项目监理机构满意时,有权拒绝承包单位

的支付申请。因此,当承包单位工期延误且未按监理工程师的指令采取赶工措施时,项目监理机构可以采取停止支付的手段制约承包单位。

③误期损失赔偿。误期损失赔偿是当承包单位未能按合同规定的工期完成合同范围内的工作时对其的处罚,是建设单位对承包单位提出的反索赔。如果承包单位未能按合同规定的工期和条件完成整个工程,则应向建设单位支付投标书附件中规定的金额,作为该项违约的损失赔偿费。

④终止对承包单位的合同。终止合同是对承包单位违约的严重制裁,因为建设单位一旦终止合同,承包单位不但要被驱逐出施工现场,而且还要承担由此造成的损失费用。

3)工程暂停

工程暂停令由总监理工程师依据施工合同和监理合同约定签发,其停工范围根据停工原因的影响范围和影响程度决定。出现下列情况应及时进行工程暂停:

①建设单位要求暂停施工且工程需要暂停施工。

②施工单位未经批准擅自施工或拒绝项目监理机构管理。

③施工单位未按审查通过的工程设计文件施工。

④施工单位未按批准的施工组织设计、(专项)施工方案施工或违反工程建设强制性标准。

⑤施工存在重大质量、安全事故隐患或发生质量、安全事故。

在工程暂停时,项目监理机构应按合同约定做好下列工作:

①总监理工程师签发工程暂停令应征得建设单位同意,在紧急情况下未能事先报告,应在事后及时向建设单位作出书面报告。

②暂停事件发生时,如实记录暂停情况。

③总监理工程师应会同有关各方按合同约定,处理因为工程暂停引起的与工期、费用有关的问题。

④因施工单位原因暂停施工时,应检查、验收施工单位的停工整改过程、结果。

4)工程复工

工程复工必须在暂停原因消失、具备复工条件后方可进行。由施工单位提出复工申请的,项目监理机构应审查施工单位报送的工程复工报审表及有关材料,符合要求后,总监理工程师应及时签署审查意见,并应报建设单位批准后签发工程复工令;施工单位未提出复工申请的,总监理工程师应根据工程实际情况指令施工单位恢复施工。

7.2.3 工程变更管理

在工程项目的实施过程中,经常有来自建设方对项目要求的修改、设计方由于建设单位要求的变化或现场施工环境、施工技术的要求而产生的设计变更以及承包单位对施工组织设计的更改。对于这些在工程项目实施过程中,按照合同约定的程序对部分或全部工程在材料、工艺、功能、构造、尺寸、技术指标、工程数量及施工方法等方面做出的改变,统称为工程变更。

1）工程变更的分类

（1）按变更的性质和影响划分

一般可以分为三类：

①第一类变更（重大变更），包括改变技术标准和设计方案的变更：如结构形式的变更，重大防护设施的变更，桥隧位置的变更以及其他特殊设计的变更。

②第二类变更（重要变更），包括不属于第一类变更的重要变更：如标高、位置和尺寸变动，变动工程的性质、质量和类型等。

③第三类变更（一般变更），如变更设计图纸中的差错、碰、漏，局部修改，不降低原设计标准下的材料代换等。

（2）按提出变更的各方当事人来划分

可以分为以下几类：

①承包方提出的变更。承包方根据现场实际情况的变化，遇到不能预见的地质条件发生变化或者地下障碍，以及为加快进度或者节约建设工程成本，可以提出变更。

②建设单位提出的变更。建设单位根据自己的实际情况要求变更。

③项目监理机构提出的变更。监理机构根据现场情况，综合考虑认为需要变更。

④设计单位提出的变更。设计单位为了完善设计方案提出变更。

⑤工程建设的其他第三方提出的变更。如政府和当地群众等提出的变更。

2）工程变更管理的程序

①施工单位提出的工程变更申请，总监理工程师组织专业监理工程师进行审查。对涉及工程设计文件修改的工程变更，应由建设单位转交原设计单位修改工程设计文件。必要时，项目监理机构应建议建设单位组织设计、施工等单位召开论证工程设计文件的修改方案的专题会议。

②设计单位提出工程变更，应填写《工程变更单》并附设计变更文件，提交建设单位，并签转项目监理机构。

③建设单位提出工程变更，应填写《工程变更单》经项目监理机构签转。必要时应委托设计单位编制设计变更文件，并签转项目监理机构。

④分包工程的工程变更应通过承包单位办理。

⑤有关各方应及时将工程变更的内容反映到施工图纸上。

工程变更记录的内容均应符合合同文件及有关规范、规程和技术标准的规定，并表达准确、图示规范。

⑥总监理工程师组织专业监理工程师对工程变更费用及工期影响作出评估。

⑦总监理工程师组织建设单位、施工单位等共同协商确定工程变更费用及工期变化，会签工程变更单。

⑧项目监理机构根据批准的工程变更文件监督施工单位实施工程变更。

3）工程变更的计价管理

①项目监理机构可在工程变更实施前与建设单位、施工单位等协商确定工程变更的计

价原则、计价方法或价款。合同中已有适用于变更工程的价格,按合同已有的价格变更合同价款;合同中只有类似于变更工程的价格,可以参照类似价格变更合同价款;合同中没有适用或类似于变更工程的价格,由承包人提出适当的变更价格,经建设单位、项目监理机构确认后执行。

②建设单位与施工单位未能就工程变更费用达成协议时,项目监理机构可提出一个暂定价格并经建设单位同意,作为临时支付工程款的依据。工程变更款项最终结算时,应以建设单位与施工单位达成的协议为依据。

7.2.4　工程索赔管理

1)工程索赔概念和特征

(1)施工索赔的概念

索赔是当事人在合同实施过程中,根据法律、合同规定及惯例,对不应由自己承担责任的情况造成的损失,向合同的另一方当事人提出给予赔偿或补偿要求的行为。在工程建设各个阶段,都有可能发生索赔,但在施工阶段索赔发生较多。

对施工合同的双方来说,都有通过索赔维护自己合法利益的权利,依据双方约定的合同责任,构成正确履行合同义务的制约关系。

(2)索赔的特征

①索赔是双向的,不仅承包人可以向发包人索赔,发包人同样也可以向承包人索赔。

②只有实际发生经济损失或权利损害时,一方才能向对方索赔。

③索赔是一种未经对方确认的单方行为。

2)工程索赔的分类

(1)按索赔的合同依据分类

①合同中明示的索赔。合同中明示的索赔是指承包人所提出的索赔要求。

②合同中默示的索赔。即承包人的该项索赔要求,虽然在工程项目的合同条款中没有专门的文字叙述,但可以根据该合同的某些条款的含义,推论出承包人有索赔权。

(2)按索赔目的分类

①工期索赔。由于非承包人责任的原因而导致施工进度延误,要求批准顺延合同工期的索赔,称之为工期索赔。

②费用索赔。费用索赔的目的是要求经济赔偿。当施工的客观条件改变导致承包人增加开支,要求对超出计划成本的附加开支给予补偿,以挽回不应由其承担的经济损失。

(3)按索赔事件的性质分类

①工程延误索赔。因发包人未按合同要求提供施工条件,如未及时交付设计图纸、施工现场、道路等,承包人对此提出索赔。

②工程变更索赔。由于发包人或监理工程师指令承包人增加或减少工程量、变更工程,造成工期延长和费用增加,承包人对此提出索赔。

③合同被迫终止的索赔。由于发包人或承包人违约及不可抗力事件等原因造成合同非

正常终止,无责任的受害方因蒙受经济损失而向对方提出索赔。

④工程加速索赔。由于发包人或监理工程师指令承包人加快施工进度,缩短工期,引起承包人财、物的额外开支而提出的索赔。

⑤意外风险不可预见因素索赔。在过程实施过程中,因人力不可抗拒的自然灾害、特殊风险以及一个有经验的承包人通常不能合理预见的不利施工条件或外界障碍(如地下水、地质断层、溶洞、地下障碍物等)引起的索赔。

⑥其他索赔。如因货币贬值、汇率变化、物价上涨、工资上涨、政策法令变化等原因引起的索赔。

3)处理索赔的依据

项目监理机构处理费用索赔的主要依据应包括下列内容:

①法律法规。国家相关部委、工程所在地省市政府等部门颁发的相关法律法规、文件等。

②勘察设计文件、施工合同文件。

③工程建设标准。

④索赔事件的证据。证据必须真实、有效、满足规定时限。

4)索赔程序

(1)承包人的索赔

①承包人提出索赔要求。

a.发出索赔意向通知。索赔事件发生后,承包人应在索赔事件发生后的 28 天内向项目监理机构递交索赔意向通知。

b.递交索赔报告。索赔意向通知提出后的 28 天内,或在项目监理机构可能同意的其他合理时间,承包人应递送正式的索赔报告。

②工程师审核索赔报告。

a.审核承包人的索赔申请。接到承包人的索赔意向通知后,客观分析事件发生的原因,其次通过对事件的分析,项目监理机构再依据合同条款划清责任界限,必要时还可以要求承包人进一步补充资料。最后再审查承包人提出的索赔补偿要求,剔除其中不合理的部分,计算合理的索赔款额和工期顺延天数。

b.判定索赔成立的原则:

● 承包人在施工合同约定的期限内提出费用索赔。

● 索赔事件是因非承包人原因造成,且符合施工合同约定。

● 索赔事件造成承包人直接经济损失。

上述三个条件没有先后主次之分,应当同时具备。只有项目监理机构认定索赔成立后,才处理应给予承包人的补偿额。

③对索赔报告的审查。

a.事态调查。通过对合同上述的跟踪、分析,了解事件经过、前因后果,掌握事件详细情况。

b. 损害事件原因分析。即分析索赔事件是由何种原因引起,责任应由谁来承担。

c. 分析索赔理由。主要依据合同判明索赔事件是否属于履行合同规定义务或未正确履行合同义务导致,是否在合同规定的赔偿范围之内。

d. 实际损失分析。即分析索赔事件的影响,主要表现为工期延长和费用增加。

e. 证据资料分析。主要分析证据资料的有效性、合理性、正确性,这也是索赔要求有效的前提条件。

f. 项目监理机构收到承包人送交的索赔报告和有关资料后,于28天内答复或要求承包人进一步补充索赔理由和证据。

④确定合理的补偿额。

a. 项目监理机构与建设单位、承包人协商补偿。与建设单位和施工单位协商一致后,在施工合同约定的期限内签发费用索赔报审表,并报建设单位。

b. 当施工单位的费用索赔要求与工程延期要求相关联时,项目监理机构可提出费用索赔和工程延期的综合处理意见,并应与建设单位和施工单位协商。

⑤承包人是否接受最终索赔处理。

承包人接受最终的索赔处理决定,索赔事件的处理即告结束。如果承包人不同意,就会导致合同争议。如达不成谅解,承包人有权提交仲裁或诉讼解决。

(2)发包人的索赔

《建设工程施工合同(示范文本)》规定,承包人未能按合同约定履行自己的各项义务或发生错误而给发包人造成损失时,发包人也应按合同约定向承包人提出索赔。

合同内规定建设单位可以索赔的条款如表7.1所示。

表 7.1　建设单位可以索赔的条款

序号	条款号	内　容
1	7.5	拒收不合格的材料和工程
2	7.6	承包人未能按照工程师的指示完成缺陷补救工作
3	8.6	由于承包人的原因修改进度计划导致建设单位有额外投入
4	8.7	拖期违约赔偿
5	2.5	建设单位为承包人提供的电、气、水等应收款项
6	9.4	未能通过竣工检验
7	11.3	缺陷通知期的延长
8	11.4	未能补救缺陷
9	15.4	承包人违约终止合同后的支付
10	18.2	承包人办理保险未能获得补偿的部分

5)监理工程师的索赔管理

(1)监理工程师索赔管理的基本目标

索赔管理是监理工程师进行工程项目管理的主要任务之一,其基本目标是:

①预防和减少索赔事件的发生,将索赔事件消失在萌芽中;

②索赔事件发生后,公平合理地处理索赔。

(2)监理工程师索赔管理任务

①预测和分析导致索赔的原因和可能性。监理工程师在工作中应能预测到自己行为的后果,堵塞漏洞。起草文件、下达指令、做出决定、答复请示时都应注意到完备性和严密性;颁发图纸、做出计划和实施方案时都应考虑其正确性和周密性。

②通过有效的合同管理减少索赔事件发生。工程师应对合同实施进行有力的控制,这是其主要工作。通过对合同的监督和跟踪,不仅可以及早发现干扰事件,也可以及早采取措施降低干扰事件的影响,减少双方损失,还可以及早了解情况,为合理地解决索赔提供条件。

③公平合理地处理和解决索赔。索赔的合理解决,是指承包人得到按合同规定的合理补偿,而又不使发包人投资失控,合同双方都心悦诚服,对解决结果满意,持续保持友好的合作关系。

(3)监理工程师处理索赔的原则

①公平合理地处理索赔。监理工程师作为施工合同的管理核心,必须公平地行事。以没有偏见的方式解释和履行合同,独立地作出判断,行使自己的权力。

②及时作出决定和处理索赔。在工程施工中,监理工程师必须及时地(有的合同规定具体的时间,或"在合理的时间内")行使权力,作出决定,下达通知、指令,表示认可等。

③尽可能通过协商达成一致。监理工程师在处理和解决索赔问题时,应及时地与发包人和承包人沟通,保持经常性的联系。在作出决定,特别是作出调整价格、决定工期和费用补偿决定前,应充分地与合同双方协商,最好达成一致,取得共识。

④诚实信用。监理工程师有很大的工程管理权力,对工程的整体效益有关键性的作用。发包人出于信任,将工程管理的任务交给监理人,承包人希望监理人公平行事。

(4)监理工程师对索赔的预防和减少

①正确理解合同规定。发包人、工程师和承包人都应该认真研究合同文件,以便尽可能在诚信的基础上正确、一致地理解合同的规定,减少索赔的发生。

②做好日常监理工作,随时与承包人保持协调。监理工程师在日常工作中,应善于预见、发现和解决问题,与承包人随时保持协调,就可以避免发生与此有关的索赔。

③尽量为承包人提供力所能及的帮助。承包人在施工过程中肯定会遇到各种各样的困难。从共同努力建设好工程这一点来讲,还是应该尽可能地提供一些帮助。

④建立和维护监理工程师处理合同事务的威信,努力营造一种"和谐、共赢"的工程建设环境,从而减少提出索赔的数量。

7.2.5 合同争议的调节

1)合同争议的概念

合同争议又称合同纠纷,是指合同当事人之间对合同订立、履行等相关内容及因此产生的法律后果所产生的各种纠纷。

凡是合同双方当事人对合同是否成立、合同成立的时间、合同内容的解释、合同的效力、合同的履行、违约责任，以及合同的变更、中止、转让、解除、终止等发生的争议，均应包括在合同争议之内。

2）工程建设合同争议的特点

①引发争议的因素较多。因素包括由合同主体引发的争议、工程款支付引发的争议、工程质量引发的争议、不可抗力引发的争议、安全事故引发的争议。

②争议金额大。工程建设合同一般标的较大，大型工程项目合同金额动辄上亿元。

③责任认定复杂。由于引发因素复杂，认定程序较多，部分责任认定困难。

④争议持续时间长。从工程合同履行期开始甚至可能持续多年都难以解决。

3）合同争议的解决方法

（1）和解

和解是合同争议双方自愿协商，达成协议，没有第三人参加。和解的应用很灵活，可以在多种情形下达成和解协议：诉讼前和解、诉讼中的和解、执行中和解。

和解达成的协议不具有强制的约束力，如果一方当事人不按照和解协议执行，另一方当事人不可以要求人民法院强制执行，但可以要求对方就不执行该和解协议承担违约责任。

（2）调解

调解是在第三方主持下进行疏导、劝说，使之相互谅解，自愿达成协议。调解的形式包括民间调解、行政调解、法院调解、仲裁调解。

对于具有强制约束力的法院调解和仲裁调解，如果一方当事人不按照调解协议执行，另一方当事人可以申请法院强制执行。而对于不具有强制约束力的民间调解和行政调解，如果一方当事人不按照调解协议执行，另一方当事人不可以要求人民法院强制执行，但可以要求对方就不执行该和解协议承担违约责任。

（3）争议评审

争议评审与其他争议解决机制相比的优势是：专业性、快速反应、现场解决问题、创造良好气氛、争议双方不需要律师的介入，以及双方最终仍保留诉讼或仲裁的救济途径。

《中华人民共和国标准施工招标文件》中规定，采用争议评审的，发包人和承包人应在开工日后的28天内或在争议发生后，协商成立争议评审组。争议评审组由有合同管理和工程实践经验的专家组成。合同双方的争议，应首先由申请人向争议评审组提交一份详细的评审申请报告，并附必要的文件、图纸和证明材料，申请人还应将上述报告的副本同时提交给被申请人和监理人。被申请人在收到申请人评审申请报告副本后的28天内，向争议评审组提交一份答辩报告，并附证明材料。被申请人应将答辩报告的副本同时提交给申请人和监理人。除专用合同条款另有约定外，争议评审组在收到合同双方报告后的14天内，邀请双方代表和有关人员举行调查会，向双方调查争议细节；必要时争议评审组可要求双方进一步提供补充材料。除专用合同条款另有约定外，在调查会结束后的14天内，争议评审组应在不受任何干扰的情况下进行独立、公正的评审，作出书面评审意见，并说明理由。在争议评审期间，争议双方暂按总监理工程师的确定执行。

（4）仲裁

仲裁，是指双方当事人在争议发生之前或者争议发生之后达成协议，自愿将争议交给第三方作出裁决。争议双方有义务执行该裁决，从而解决争议的法律制度。

仲裁协议应当采用书面形式，口头方式达成的仲裁意思表示无效。仲裁协议既可以表现为合同中的仲裁条款，也可以表现为独立于合同而存在的仲裁协议书。在实践中，合同中的仲裁条款是最常见的仲裁协议形式。

仲裁协议应当具有下列内容：①请求仲裁的意思表示；②仲裁事项；③选定的仲裁委员会。这三项内容必须同时具备，仲裁协议才能有效。

当事人申请仲裁，应当符合下列条件：①有仲裁协议；②有具体的仲裁请求和事实、理由；③属于仲裁委员会的受理范围。当事人申请仲裁，应当向仲裁委员会递交仲裁协议、仲裁申请书及副本。

仲裁委员会收到仲裁申请书之日起 5 日内，认为符合受理条件的应当受理，并通知当事人；认为不符合受理条件的，应当书面通知当事人不予受理，并说明理由。

《仲裁法》规定，仲裁决定作出后，当事人应当履行裁决。一方当事人不履行的，另一方当事人可以依照《民事诉讼法》的有关规定，向人民法院申请执行。申请仲裁裁决强制执行必须在法律规定的期限内提出。

（5）诉讼

民事诉讼，就是人民法院在双方当事人和其他诉讼参与人的参加下，依法审理和解决民事纠纷案件和其他案件的各种诉讼活动，以及由此所产生的各种诉讼法律关系的总和。

4）监理工作

根据《建设工程监理规范》（GB/T 50319—2013）规定，项目监理机构处理施工合同争议时应进行下列工作：

①了解合同争议情况。

②及时与合同争议双方进行磋商。

③提出处理方案后，由总监理工程师进行协调。

④当双方未能达成一致时，总监理工程师应提出处理合同争议的意见。

⑤项目监理机构在施工合同争议处理过程中，对未达到施工合同约定的暂停履行合同条件的，应要求施工合同双方继续履行合同。

⑥在施工合同争议的仲裁或诉讼过程中，项目监理机构应按仲裁机关或法院要求提供与争议有关的证据。

7.2.6　施工合同的解除

1）合同解除的概念

合同解除是指合同有效成立以后，当具备合同解除条件时，因当事人一方或双方的意思表示而使合同关系自始消灭或向将来消灭的一种行为。

合同解除根据解除的方式可分为单方解除和协议解除；根据解除的依据可分为法定解

除和约定解除。

2）建设工程施工合同解除的程序

符合解除合同的约定条件后，享有合同解除的当事人提出解除合同的通知并送达对方，在通知到达后，解除合同生效。

3）监理工作

根据《建设工程监理规范》（GB/T 50319—2013）规定，在合同解除时项目监理机构应进行下列工作：

①因建设单位原因导致施工合同解除时，项目监理机构应按施工合同约定与建设单位和施工单位从下列款项中协商确定施工单位应得款项，并签认工程款支付证书：

a. 施工单位按施工合同约定已完成的工作应得款项。

b. 施工单位按批准的采购计划订购工程材料、构配件、设备的款项。

c. 施工单位撤离施工设备至原基地或其他目的地的合理费用。

d. 施工单位人员的合理遣返费用。

e. 施工单位合理的利润补偿。

f. 施工合同约定的建设单位应支付的违约金。

②因施工单位原因导致施工合同解除时，项目监理机构应按施工合同约定，从下列款项中确定施工单位应得款项或偿还建设单位的款项，并应与建设单位和施工单位协商后，书面提交施工单位应得款项或偿还建设单位款项的证明：

a. 施工单位已按施工合同约定实际完成的工作应得款项和已给付的款项。

b. 施工单位已提供的材料、构配件、设备和临时工程等的价值。

c. 对已完工程进行检查和验收、移交工程资料、修复已完工程质量缺陷等所需的费用。

d. 施工合同约定的施工单位应支付的违约金。

③因非建设单位、施工单位原因导致施工合同解除时，项目监理机构应按施工合同约定处理合同解除后的有关事宜。

7.3　国际工程合同

7.3.1　国际工程合同的概念和特点

1）国际工程的概念

国际工程合同是指不同国家的有关法人之间为了实现在某个工程项目中的特定目的而签订的确定相互权利和义务的协议。

2）国际工程合同的特点

由于国际工程是跨国的经济活动，因而国际工程合同远比一般国内的合同复杂。国际工程合同具有如下特点：

（1）合同管理是核心

国际工程合同从前期准备（指编制招标文件）、招投标、谈判、修改、签订到实施，都是国际工程中十分重要的环节，合同有关任何一方都不能粗心大意。只有订立一个好的合同才能保证项目的顺利实施，很多项目就是因为合同没有订好而失败。合同订没订好并不是对某一方来说的，如果合同的订立偏向于业主，必然影响承包商的利益，严重的时候会导致承包商亏损倒闭最终损害业主的利益。所以订立好的合同必须是以利益均衡为基础的。

（2）合同文件内容全面

国际工程合同文件包括合同协议书、中标函、投标书、合同条件、技术规范、图纸、资料表等多个文件。编制合同文件时，各部分的论述都应力求详尽具体，这样在实施中就可以减少矛盾和争论。

（3）具有完善的合同范本

国际工程咨询和承包在国际上已有上百年历史，经过不断地总结经验，在国际上已经有了一批比较完善的合同范本，这些范本还在不断地修订和完善，可供我们学习和借鉴。

（4）合同管理各具特点

"项目"本身就是不重复的、一次性的活动，国际工程项目由于处于不同的国家和地区，具有不同的工程类型、不同的资金条件、不同的合同模式、不同的业主和咨询工程师、不同的承包商和供应商，每个项目都是不相同的，每个项目的合同管理也就各具特点。研究国际工程合同管理时，既要研究各国际工程的共性，更要认真研究其特性。

（5）合同制订时间长，实施时间更长

一个合同实施期短则 1～2 年，长则 20～30 年（如 BOT 项目），因而合同中的任一方都必须十分重视合同的订立和实施，依靠合同来保护自己的权益。

（6）合同是综合性的商务活动

实施一个国际工程除主合同外，还可能需要签订多个合同，如融资贷款合同、各类货物采购合同、分包合同、劳务合同、联营体合同、技术转让合同、设备租赁合同等其他合同均是围绕主合同，为主合同服务的，但每一个合同的订立和管理都会影响到主合同的实施。

由此可见，合同的制订和管理是搞好国际工程项目的关键。工程项目管理包括进度管理、质量管理与造价管理，而这些管理均是以合同规定和合同管理的要求为依据的。

7.3.2　国际工程合同文件简介

1）世界银行贷款项目工程采购标准招标文件

世界银行招标文件标准文本是国际上通用的（传统的）工程建设管理模式招标文本中的高水平、权威性、有代表性的文本。世界银行工程采购的标准招标文件（Standard Bidding Documents，缩写为 SBDW）最新版本为 2006 年 5 月编制。

世行编制的工程采购的 SBDW 有以下规定和特点：

①SBDW 在全部或部分世行贷款额超过 1 千万美元的项目中必须强制性使用。

②SBDW 中的"投标人须知"和合同条件第一部分——"通用合同条件"对任何工程都

是不变的,如要修改,可放在"招标资料"和"专用合同条款"中。使用本文件的所有较重要的工程均应进行资格预审,否则,经世行预先同意,可在评标时进行资格后审(Postqualification)。

③对超过 5 千万美元的合同(包括不可预见费)需强制采用三人争端审议委员会(DRB)的方法而不宜由工程师来充当准司法(quasi-judicial)的角色。低于 3 千万美元的项目的争端处理办法由业主自行选择,可选择三人 DRB,或一位争端审议专家(DRE),或提交工程师作决定,但工程师必须独立于业主之外。

④SBDW 招标文件适用于单价合同如用于总价合同,必须对支付方法、调价方法、工程量表、进度表等重新改编。

2004 年 5 月编制并开始使用的"工程采购标准招标文件"主要包括以下 16 部分内容:投标邀请书,投标人须知,招标资料,合同通用条件,合同专用条件,技术规范,投标书,投标书附录和投标保函格式,工程量表,协议书格式,履约保函格式,银行保函格式,图纸,说明性注解,资格后审,争端解决程序。

2)FIDIC 编制的工程承包合同条件

(1)FIDIC 简介

FIDIC 是指国际咨询工程师联合会法语的缩写,读音"菲迪克",它是国际工程咨询行业的权威性非官方组织,是一个国际性的非官方组织,英文名称是 International Federation of Consulting Engineers。FIDIC 成立于1913 年。最初的成员是欧洲境内的英国、法国、比利时 3 个独立的咨询工程师协会。1959 年,美国、南非、澳大利亚和加拿大也加入了联合会,FIDIC 从此打破了地域的划分,成为了一个真正的国际组织。FIDIC 的成员有来自全球各地 70 多个国家和地区的咨询协会,代表了约 400 000 位独立从事咨询工作的工程师。我国也是国际咨询工程师协会的正式成员。中国工程咨询协会 1996 年代表中国正式加入了 FIDIC,是亚太地区工程技术咨询发展计划组织正式成员和主要单位。

独立性是 FIDIC 组织的特点之一。在创立之初,FIDIC 组织最重要的职业道德准则之一就是咨询工程师的行为必须独立于承包商、制造商和供应商之外,他必须以独立的身份向委托人提供工程咨询服务,为委托人的利益尽责,并仅以此获得报酬。

(2)FIDIC 系列合同范本简介

FIDIC 专业委员会编制了许多规范性的文件,这些文件不仅在许多国家采用,世界银行、亚洲开发银行、非洲开发银行的招标范本也常常采用。FIDIC 最享有盛名就是其编制的系列工程合同条件,在 1999 年以前,FIDIC 编制出版的知名合同条件包括:

①《土木工程施工合同条件》(FIDIC "红皮书",1984 年第 4 版,1992 年修订版)。

②《电气和机械工程合同条件》(FIDIC "黄皮书",1987 年第 3 版)。

③《土木工程施工分包合同条件》(1994 年第 1 版,与红皮书配套使用)。

④《业主/咨询工程师标准服务协议书》(1990 年版,白皮书)。

⑤《设计——建造与交钥匙工程合同条件》(FIDIC "橘皮书")。

为了适应国际工程建筑市场的需要,FIDIC 于 1999 年出版了一套新型的合同条件,旨在

逐步取代以前的合同条件。这套新版合同条件共四本,它们是:

①《施工合同条件》(Conditions of Contract for Construction)(新红皮书,1999 年第 1 版)。

②《生产设备与设计——施工合同条件》(Conditions of Contract for Plant and Design-Build)(新黄皮书,1999 年第 1 版)。

③《设计采购施工(EPC)/交钥匙工程合同条件》(Conditions of Contract for EPC/Turnkey Projects)(银皮书,1999 年第 1 版)。

④《简明合同格式》(Short Form of Contract)(绿皮书,1999 年第 1 版)。

除了以上合同条件之外,FIDIC 还有其他文件,比如:《招标程序》《工程咨询业质量管理指南》《大型土木工程项目保险》《咨询分包和联营体协议应用指南》《联营体协议书》《风险管理手册》等。FIDIC 制定的建设项目管理规范与标准合同文本,已被联合国有关组织和世界银行、亚洲开发银行等国际组织普遍承认并广泛采用,它提出的有关工程咨询行业管理和职业道德准则等也为各国工程咨询界共同遵守。从某种意义上说,FIDIC 条款已成为全球工程咨询业国际惯例的同义语。

3)NEC 合同文件

(1)英国 ICE 简介

英国土木工程师学会(Institute of Civil Engineers, ICE)创建于 1981 年,是在英国代表土木工程师的专业机构及资质评定组织,在国际上也颇有影响。ICE 的成员包括从专业土木工程师到学生在内的会员 8 万多名,其中五分之一在英国以外的 140 多个国家和地区。ICE 是根据英国法律具有注册资格的教育、学术研究与资质评定的团体。ICE 出版的合同条件目前在国际上亦得到广泛的应用。

(2)NEC 系列合同范本简介

多年来,ICE 编制的许多合同文件被世界各国广泛采用和借鉴,其中使用最多的便是《ICE 合同条件(土木工程施工)》。FIDIC 的合同条件,如《土木工程施工合同条件》(红皮书)第四版及以前的版本主要借鉴了 ICE 合同条件,ICE 也为分包合同、设计——建造模式制定了合同范本。但是鉴于传统模式的 ICE 合同条件存在的缺点:合同当事人出自不同的商业利益,在合同实施过程中容易产生冲突;咨询工程师在合同管理中,特别是在出现争端时的公正性日益受到质疑,因而在此类传统的模式下的合同管理中,各方容易引起争端和索赔。为了解决上述问题,ICE 组织了以马丁·鲍恩斯博士(Dr. Martin Barnes)为首的专家工作组,包括资深工程师、工料测量师、律师、项目经理等专业人士,经过几年努力,研究制订了一套崭新的合同范本,1993 年 3 月出版了新工程合同(New Engineering Contract, NEC),并于 1995 年出版了第二版,更名为"工程设计与施工合同"。NEC 系列合同范本包括以下文件:

①工程设计与施工合同(Engineering and Construction Contract, ECC,黑皮书):适用于所有领域的工程项目。

②工程设计与施工分包合同(Engineering and Construction Subcontract, ECS):与 ECC 配套使用。根据主合同,部分工作和责任可转移至分包商。

③专业服务合同(Professional Services Contract，PSC)：适用于项目聘用的专业顾问、项目经理、设计师、监理工程师等专业技术人才。

④工程设计与施工简要合同(Engineering and Construction Short Contract，ECSC)：适用于工程结构简单、风险较低、对项目管理要求不太苛刻的项目。

⑤裁决人合同(Adjudicators Contract，AjC)：业主聘用裁决人的合同。

4)AIA 合同文件

(1)美国建筑师学会简介

始创于 1857 年的美国建筑师学会(The American Institute of Architects，以下用 AIA)是美国主要的建筑师专业社团。该机构致力于提高建筑师的专业水平，促进其事业的成功并通过改善居住环境提高大众的生活标准。AIA 的成员主要是来自美国及全世界的注册建筑师，目前总数已超过 70 000 名。AIA 出版的系列合同文件在美国建筑业界及国际工程承包界特别在美洲地区具有较高的权威性。

(2)AIA 合同文件简介

美国建筑师学会的一个重要成就是制定并发布了一系列的标准化合同文件。AIA 合同文件是为适应美国建筑业的需要最早出版于 1888 年。当时该文件仅仅是一份业主和承包商之间的协议书，称为"规范性合同"(Uniform Contract)。1911 年，AIA 首次出版了"建筑施工一般条件"(General Conditions for Construction)。经过多年的发展，AIA 形成了一个包括 80 多个独立文件在内的复杂体系。目前最新版的合同条件是于 1997 年发布的第 14 版。

作为在美国应用最为广泛的合同文件之一，AIA 合同文件有很多独到之处。AIA 文件力图采取中立的立场，均衡项目参与各方的利益，合理分担风险，不偏袒包括建筑师在内的任何一方。

AIA 文件在不断的修订的过程中，既参考了最新的法律变更又反映了不断变化的科技与建筑工业实践。AIA 合同文件形式灵活，通过适当的修改可适应具体项目的需要。AIA 文件的用词力图通俗易懂，尽量避免使用晦涩的法律语言。

传统 AIA 合同文件仅以印刷方式出版。新技术的发展使电子出版成为可能。AIA 合同文件目前也以软件的方式发售。使用者可通过 AIA 提供的软件根据项目的需要生成合同文件。电子格式合同文件更便于使用和管理。项目参与各方之间也可以通过电子方式(电子邮件等)互相传递文件。此外，AIA 合同软件还提供了一项功能即可生成一份报告，详细说明用户的合同文件与标准合同文件之间的差异。但其合同软件在功能与使用方面还有很多不完善之处。

(3)AIA 标准合同文件系列

AIA 合同文件经过多年的发展已经系列化形成了包括 80 多个独立文件在内的复杂体系。这些文件适用于不同的工程建设管理模式、项目类型、甚至项目的不同具体方面。根据文件的不同性质，AIA 文件分为 A，B，C，D，G，INT 6 个系列。

A 系列：业主与总承包商之间的合同文件(协议书及合同条件)以及与招投标有关的文件，如承包商资格申报表，各种保证标准格式等。

B系列:业主与建筑师之间的合同文件。

C系列:建筑师与专业咨询机构之间的合同文件。

D系列:建筑师行业有关文件。

G系列:合同和办公管理中使用的文件。

INT系列:用于国际工程项目的合同条件(为B系列的一部分)。

(4)AIA系列合同的特点

①AIA合同条件主要用于私营的房屋建筑工程,并专门编制用于小型项目的合同条件。

②AIA系列合同条件的核心是"通用条件"。采用不同的工程项目管理,不同的计价方式时,只需选用不同的"协议书格式"与"通用条件"结合。AIA合同文件的计价方式主要有总价、成本补偿合同及最高限定价格法。

复习思考题

1.施工合同包括哪些文件?

2.监理工程师如何处理变更的有关问题?

3.项目监理机构处理施工合同争议时应该做哪些工作?

4.工程延期的审批原则是什么?

第8章
建设工程监理文件资料管理

本章导读

- **学习目标** 了解建设工程监理文件资料管理、建设监理信息管理的基础知识；掌握工程建设施工阶段监理的基础性工作；能够按照地方工程项目资料管理机构规定的监理文件管理职责、相关要求及时、准确、完善地收集、整理、编制、传递监理文件资料。
- **本章重点** 建设工程监理文件资料管理的常用监理文件资料的编制和表格的填写。
- **本章难点** 建设工程监理文件资料管理的内容分类。

8.1 建设工程监理文件资料管理的内容

8.1.1 工程建设监理文件资料管理的意义

所谓工程建设监理文件资料管理,是指监理单位受业主的委托,在进行工程建设监理的工作期间,对工程建设实施过程中形成的文件资料进行收集积累、加工整理、立卷归档和检索利用等一系列工作。工程建设监理文档管理的对象是监理文件资料,它们是工程建设监理信息的载体。

①对监理文件资料进行科学管理,可以为工程建设监理工作的顺利开展创造良好的前提条件。工程建设监理的主要任务是进行工程项目的目标控制,而控制的基础是信息。如果没有信息,监理工程师就无法实施控制。在工程建设实施过程中产生的各种信息,经过收

集、加工和传递,以监理文件资料的形式进行管理和保存,就会成为有价值的监理信息资源,它是监理工程师进行工程建设目标控制的客观依据。

②对监理文件资料进行科学管理,可以提高工程建设监理工作的效率。监理文件资料经过系统、科学的整理归类,形成监理文件资料库,当监理工程师需要时,就能及时有针对性地提供完整的资料,从而迅速地解决监理工作中的问题。反之,如果文件资料分散管理,就会导致混乱,甚至散失,最终影响监理工程师的正确决策。

③对监理文件资料进行科学管理,可以为工程建设监理档案的建立提供可靠保证。监理文件资料的管理,是把工程建设监理的各项工作中形成的全部文字、声像、图纸及报表等文件资料进行统一管理和保存,从而确保文档资料的完整性。一方面,在项目建成竣工以后,监理工程师可将完整的监理文件资料移交业主和档案管理部门,作为建设项目的档案资料;另一方面,完整的监理文档资料是工程监理单位具有重要历史价值的资料,监理工程师可以从中获得宝贵的监理经验,有利于不断提高工程建设监理工作水平。

8.1.2　工程建设监理文件资料管理的主要内容

工程建设监理文件资料管理的主要内容,包括监理文件资料传递、登录、分类存放及立卷归档等。

1)工程建设监理文件资料的传递流程

工程建设监理组织中的信息管理部门是专门负责工程建设信息管理工作的,其中包括监理文件资料的管理,因此,在工程建设全过程中形成的所有文件资料,都应统一归口传递到信息管理部门,进行集中收发和管理。

首先,在监理组织内部,所有文件资料都必须先送交信息管理部门,进行统一整理分类,归档保存,然后由信息管理部门根据总监理工程师的指令和监理工作需要,分别将文件资料传递给有关的监理工程师。当然,任何监理人员都可以随时自行查阅经整理分类后的文件资料。其次,在监理组织外部,在发送或接收业主、设计单位、承包商、材料供应单位及其他单位的文件资料时,也应由信息管理部门负责进行,这样使所有的文件资料只有一个进出口通道,从而在组织上保证了监理文件资料的有效管理。

工程建设监理文件资料的管理和保存,主要由资料管理人员负责。作为文件资料管理的监理人员,应熟悉监理业务,通过分析研究监理文件资料的特点和规律,对其进行系统、科学的管理,使其在工程建设监理工作中得到充分利用。除此之外,监理资料管理人员还应全面了解和掌握工程建设进展和监理工作开展的实际情况,结合文件资料的整理分析,参与编写有关专题材料,对重要文件资料进行摘要综述,包括编写监理工作月报等。

2)工程建设监理文件资料的登录与分类存放

工程建设监理信息管理部门在获得各种文件资料之后,首先要对这些资料进行登记,建立监理文件资料的完整记录。登录一般应包括文件资料的编号、名称和内容、收发单位、收发日期等内容。对文件资料进行登录。这样做不仅有据可查,而且也便于分类、加工和整理。此外,监理资料管理人员还可以通过登录掌握文档资料及其变化情况,有利于文件资料的清点和补缺等。

随着工程建设的进展,所积累的文件资料会越来越多,如果随意存放,不仅查找困难,而且极易丢失。因此,为了能在工程建设监理过程中有效地利用和传递这些文件资料,必须按照科学的方法将它们分类存放。工程建设监理文件资料可以分为以下几类:

①技术资料:包括勘察、设计文件;工程变更、设计交底和图纸会审会议纪要。

②合同资料:包括建设工程监理合同、施工合同和其他相关合同。

③审查、验收资料:包括开工令、复工令、工程暂停令、开工/复工报审文件资料;施工组织设计、(专项)施工方案、施工进度计划报审文件资料;施工控制测量成果报验文件资料;分包单位资格报审文件资料;工程材料、设备、构配件报验文件资料;见证取样和平行检验文件资料;工程质量检查报验资料及工程有关验收资料;费用索赔及工程延期文件资料;工程计量、工程款支付文件资料;工程质量/生产安全事故处理文件资料等。

④监理工作日常记录和编制资料:包括总监授权书及项目监理机构人员组成任命书;监理规划、监理实施细则和监理旁站方案;监理通知单、工作联系单与监理报告;第一次工地会议、监理例会、专题会议等会议纪要;监理月报、监理日志、旁站记录;监理日常管理台账;工程质量评估报告及竣工验收监理文件资料和监理工作总结。

⑤施工单位技术管理资料:包括施工组织设计、方案及审批;相关报验资料等。

⑥业主、承包方和主管部门来文和函件。

⑦技术参考资料:包括监理、工程管理、勘察设计、工程施工及设备、材料等方面的技术参考资料。

上述文件资料应集中保管,对零散的文件资料应分门别类存放于文件夹中,每个文件夹的标签上要标明资料的类别和内容,以便于文件资料的分类存放,并利用计算机进行管理。应按上述分类方法建立监理文件资料的编码系统。这样,所有文件资料都可按编码结构排列在资料库里,不仅易于查找,也为监理文件资料的立卷归档提供了方便。

8.1.3　工程建设监理文件资料的立卷归档

为了做好工程建设档案资料的管理工作,充分发挥档案资料在工程建设及建成后维护中的作用,应将工程建设监理文件资料整理归档,即进行工程建设监理文件资料的编目、整理及移交等工作。

1)编制案卷类目

案卷类目是为了便于立卷而事先拟订的分类提纲。案卷类目也叫"立卷类目"或"归卷类目"。工程建设监理文件资料可以按照工程建设监理的实施控制、管理内容的进行分类。例如,某工程项目的监理文档按其实施控制、管理按质量、进度、投资划分。

根据监理文件资料的数量及存档要求,每一卷文档还可再分为若干分册。

2)案卷的整理

案卷的整理一般包括:清理、拟题、编排、登录、书封、装订、编目等工作。

（1）清理

清理即对所有的监理文件资料进行彻底的整理。它包括收集所有的文件资料,并根据工程技术档案的有关规定,剔除不归档的文件资料。同时,要对归档范围内的文件资料再进行一次全面的分类整理,通过修正、补充,乃至重新组合,使立卷的文件资料符合实际需要。

（2）拟题

文件归入案卷后,应在案卷封面上写上卷名,以备检索。

（3）编排

编排即编排文件的页码。卷内文件的排列要符合事物的发展过程,保持文件的相互关系。

（4）登录

每个案卷都应该有自己的目录,简介文件的概况,以便于查找。目录的项目一般包括顺序号、发文字号、发文单位、发文日期、文件内容、页号等。

（5）书封

按照案卷封皮上印好的项目填写,一般包括机关名称、立卷单位名称、标题(卷名)、类目条款号、起止日期、文件总页数、保管期限等。

（6）装订

立成的案卷应当装订,每卷的厚度一般不得超过 4 cm。卷内金属物均应清除,以免锈污。

（7）编目

案卷装订成册后,就要进行案卷目录的编制,以便统计、查考和移交。目录项目一般包括案卷顺序号、案卷类目号、案卷标题、卷内文件起止日期、卷内页数、保管期限、备注等。

3）案卷的移交

案卷目录编成,立卷工作即宣告结束,然后按照有关规定准备案卷的移交。建设项目监理文档案卷数量应满足业主、档案馆及监理单位归档保存需要。

8.1.4　电脑辅助监理文档管理

为了对工程建设监理文件资料进行有效的管理,应充分利用监理管理软件、电脑存储潜力大和信息处理速度快等特点,建立电脑辅助监理文档管理系统。

1）电脑辅助监理文档管理系统功能概述

电脑辅助监理文档管理系统是一个相对独立的系统。

电脑辅助监理文档管理系统的主要功能是对工程建设实施过程中与监理工程师有关的各种往来文件、图纸、资料以及各种重要会议和重大事件等信息进行管理。

2）电脑辅助监理文档管理系统的组成

（1）收文管理

收文管理就是输入、修改、查询、统计、打印收文的各种信息。

①输入、修改收文信息。内容包括:收文日期、来文名称、来文单位、主题词、文件分类、文件字号、收文份数、发文日期、存档编号、文件内容(利用扫描输入设备录入)。此外,对于要求回复的文件,还要输入应回复日期。当文件已经回复,则输入实际回复日期。

②查询收文信息。根据设定的各种查询条件进行收支信息的查询,其中包括对应回复而尚未回复的文件的查询,以便提醒有关人员及时回复。

③打印收文信息。按不同的要求打印不同的收文信息表。

④统计收文信息。统计有关收文情况,并打印输出有关统计结果。

(2)发文管理

发文管理就是输入、修改、查询、统计有关发文信息,并可打印有关文件。

①输入、修改发文信息。内容包括:发文日期、发文名称、文件字号、主题词、文件分类、发文份数、签发人、主送单位、抄送单位、文件内容。此外,如果文件需要收文单位回复时,还应输入回复期限及实际回复日期。

②查询发文信息。根据设定的各种查询条件进行发文信息的查询,其中包括对应回复而尚未回复曲文件的查询,以便于监理工程师督促对方回复。

③打印发文信息。按不同的要求打印不同的发文信息表。

④发文打印。系统提供标准的文件打印格式,以便于打印监理通知、函件等文件资料。

⑤发文信息统计。统计有关发交情况,并打印输出有关统计结果。

(3)图纸管理

图纸管理就是对图纸收发信息的输入、修改、查询、统计及打印。

①输入图纸收发信息。内容包括:收图日期、图纸编号、图纸名称、图纸分类、收图份数、发图日期、发送承包商名称、设计修改通知号、发图份数。

如果有设计图纸电子文档,可以将有关图纸建立专门文件夹保存于电脑中,以备查询使用。

②查询图纸收发信息。根据设定的各种查询条件进行图纸收发信息的查询。

③统计图纸收发信息。统计图纸收发的有关情况,并打印输出统计结果。

④打印图纸收发信息。按不同的要求打印不同的图纸收发信息表。

(4)会议信息管理

会议信息管理就是输入、修改、查词、统计及打印工程会议的有关信息,并能打印会议纪要。

①输入、修改会议信息。内容包括:会议召开日期、会议名称、会议议题、会议召开地点、会议主持人、会议参加人数及主要参加人员、会议结论、会议类别(施工措施、设计变更、经济问题、合同纠纷、事故处理等)、会议主题词、备注。

②查询会议信息。根据设定的各种查询条件进行会议信息的查询。

③打印会议信息。按不同的要求打印不同的会议信息表。

④打印会议纪要。输入会议纪要并打印输出。

（5）会议信息统计

统计会议有关情况，并打印输出统计结果。

（6）重大事件信息管理

重大事件信息管理就是输入、修改、查询、统计及打印重大事件的有关信息，并能打印事件报告。

①输入、修改事件信息。内容包括：事件发生日期、事件发生时间、事件发生地点、事件主题词、事件属性、事件发生工程部位、事件发生原因、事件处理概要、备注。

②查询事件信息。根据设定的各种查询条件进行事件信息的查询。

③打印事件信息。按不同的要求打印不同的事件信息表。

④打印事件报告。输入事件报告内容并打印输出。

⑤事件信息统计。统计事件有关情况，并打印输出统计结果。

3）常用监理文档资料的编制

（1）《监理日志》

《监理日志》主要内容：

①天气和施工环境情况；

②施工进展情况；

③监理工作情况（包括旁站、巡视、见证取样、平行检验等情况）；

④存在的问题及协调解决情况；

⑤其他有关事项。

监理月报是项目监理机构定期编制并向建设单位和工程监理单位提交的重要文件。

（2）《监理月报》

《监理月报》的具体内容：

①本月工程实施概况，包括：

a.工程进展情况；实际进度与计划进度的比较；施工单位人、机、料进场及使用情况；本期在施部位的工程照片。

b.工程质量情况；分项分部工程验收情况；工程材料、设备、构配件进场检验情况；主要施工试验情况；本期工程质量分析。

c.施工单位安全生产管理工作评述。

d.已完工程量与已付工程款的统计及说明。

②本月监理工作情况，包括：

a.工程进度控制方面的工作情况；

b.工程质量控制方面的工作情况；

c.安全生产管理方面的工作情况；

d.工程计量与工程款支付方面的工作情况；

e.合同其他事项的管理工作情况；

f.监理工作统计及工作照片。

③本月工程实施的主要问题分析及处理情况,包括:

a. 工程进度控制方面的主要问题分析及处理情况;

b. 工程质量控制方面的主要问题分析及处理情况;

c. 施工单位安全生产管理方面的主要问题分析及处理情况;

d. 工程计量与工程款支付方面的主要问题分析及处理情况;

e. 合同其他事项管理方面的主要问题分析及处理情况。

④下月监理工作重点,包括:

a. 在工程管理方面的监理工作重点;

b. 在项目监理机构内部管理方面的工作重点。

(3)《监理规划》

《监理规划》主要内容:

①工程概况;

②监理工作的范围、内容、目标;

③监理工作依据;

④监理组织形式、人员配备及进退场计划、监理人员岗位职责;

⑤工程质量控制;

⑥工程造价控制;

⑦工程进度控制;

⑧安全生产管理的监理工作;

⑨合同与信息管理;

⑩组织协调;

⑪监理工作制度;

⑫监理工作设施。

(4)《监理实施细则》

《监理实施细则》主要内容:

①专业工程特点;

②监理工作流程;

③监理工作要点;

④监理工作方法及措施。

(5)《监理工作总结》

《监理工作总结》主要内容:

①工程概况;

②项目监理机构;

③建设工程监理合同履行情况;

④监理工作成效;

⑤监理工作中发现的问题及其处理情况;

⑥说明和建议。

（6）《质量、安全事故监理书面报告》

《质量、安全事故监理书面报告》的主要内容：

①工程及各参建单位名称；

②事故发生的时间、地点、工程部位；

③事故发生的简要经过、造成工程损伤状况、伤亡人数和直接经济损失的初步估计；

④事故发生原因的初步判断；

⑤事故发生后采取的措施及处理方案；

⑥事故处理的过程及结果。

（7）《工程质量评估报告》

《工程质量评估报告》的主要内容：

①工程概况；

②工程各参建单位；

③工程质量验收情况；

④工程质量事故及其处理情况；

⑤竣工资料审查情况；

⑥工程质量评估结论。

（8）《监理会议纪要》

《监理会议纪要》的主要内容：

①应有对施工单位管理工作的监理评述；

②应有对施工单位下一步工作的意见或建议；

③有会议一致决定事项或就某些事项达成共识时，应整理进入纪要。

4）常见监理工作用表的填写

（1）《总监理工程师任命书》

①根据监理合同约定，由工程监理单位法定代表人任命有类似工程管理经验的注册监理工程师担任项目总监理工程师。负责项目监理机构的日常管理工作。

②工程监理单位法定代表人应根据相关法律法规、监理合同及工程项目和总监理工程师的具体情况明确总监理工程师的授权范围。

（2）《工程开工令》

①建设单位对《开工报审表》签署同意意见后，总监理工程师才可签发《工程开工令》。

②《工程开工令》中的开工日期作为施工单位计算工期的起始日期。

（3）《监理通知单》

①本表用于项目监理机构按照监理合同授权，对施工单位提出要求。监理工程师现场发出的口头指令及要求，也应采用此表予以确认。

②内容包括：针对施工单位在施工过程中出现的不符合设计要求、不符合施工技术标准、不符合合同约定的情况、使用不合格的材料、构配件和设备等行为，提出纠正施工单位在

工程质量、进度、造价等方面的违规、违章行为的指令和要求。

③施工单位收到《监理通知单》后,须使用《监理通知回复单》回复,并附相关资料。

(4)《监理报告》

①项目监理机构在实施监理过程中,发现工程存在安全事故隐患,发出《监理通知单》或《工程暂停令》后,施工单位拒不整改或者不停工时,应当采用本表及时向政府主管部门报告;

②情况紧急下,项目监理机构可先通过电话、传真或电子邮件方式向政府主管部门报告,事后应以书面形式监理报告送达政府主管部门,同时抄报建设单位和工程监理单位。

③"可能产生的后果"是指:基坑坍塌;模板、脚手支撑倒塌;大型机械设备倾倒;严重影响和危及周边(房屋、道路等)环境;易燃易爆恶性事故;人员伤亡等。

④本表应附相应《监理通知单》或《工程暂停令》等证明监理人员所履行安全生产管理职责的相关文件资料。

(5)《工程暂停令》

①本表适用于总监理工程师签发指令要求停工处理的事件。

②总监理工程师应根据暂停工程的影响范围和程度,按照施工合同和监理合同的约定签发暂停令。

③签发工程暂停令时,必须注明停工的部位。

(6)《旁站记录》

①本表是监理人员对关键部位、关键工序的施工质量,实施全过程现场跟踪监督活动的实时记录。

②表中施工情况是指旁站部位的施工作业内容,主要施工机械、材料、人员和完成的工程数量等记录。

③表中监理情况是指监理人员检查旁站部位施工质量的情况,包括施工单位质检人员到岗情况、特殊工种人员持证情况以及施工机械、材料准备及关键部位、关键工序的施工是否按(专项)施工方案及工程建设强制性标准执行等情况。

(7)《工程款支付证书》

本表是项目监理机构收到施工单位《工程款支付申请表》后,根据施工合同约定对相关资料审查复核后签发的工程款支付证明文件。

(8)《工作联系单》

本表用于工程监理单位与工程建设有关方相互之间的日常书面工作联系,有特殊规定的除外。工作联系的内容包括:告知、督促、建议等事项。本表不需要书面回复。

8.2　建设工程监理文件资料管理职责和要求

8.2.1　管理职责

①应建立和完善监理文件资料管理制度,宜设专人管理监理文件资料。

②应及时、准确、完整地收集、整理、编制、传递监理文件资料,宜采用信息技术进行监理文件资料管理。

③应及时整理、分类汇总监理文件资料,并按规定组卷,形成监理档案。

④应根据工程特点和有关规定,保存监理档案,并应向有关单位、部门移交需要存档的监理文件资料。

8.2.2　管理要求

建设工程监理文件资料的管理要求体现在工程监理文件资料管理全过程,包括监理文件资料收发与登记、传阅、分类存放、组卷归档、验收与移交等。

工程监理文件资料的归档保存应严格遵循保存原价为主、复印件为辅和按照一定顺序归档的原则。《建设工程文件归档整理规范》(GB/T 50338—2001)规定的文件资料归档范围和保管期限如表 8.1 所示。

表 8.1　建设工程监理文件归档范围和保管期限

序号	归档文件	建设单位	监理单位	城建档案馆
1	监理规划			
①	监理规划	长期	短期	✓
②	监理实施细则	长期	短期	✓
③	监理日志	长期	长期	
2	监理月报	长期	长期	✓
3	监理会议纪要	长期	长期	✓
4	进度控制			
①	工程开工/复工审批表	长期	长期	✓
②	工程开工/复工暂停令	长期	长期	✓
5	质量控制			
①	监理工作联系单、工程暂停令/复工令	长期	长期	✓
②	质量事故报告及处理意见	长期	长期	
6	造价控制			
①	预付款报审与支付	短期		
②	月付款报审与支付	短期		

续表

序号	归档文件	建设单位	监理单位	城建档案馆
③	设计变更、洽商费用报审与签认	长期		
④	工程竣工决算审核意见书	长期		✓
7	分包资质			
①	分包单位资质材料	长期		
②	供货单位资质材料	长期		
③	试验等单位资质材料	长期		
8	监理通知及监理报告			
①	有关进度控制的监理通知	长期	长期	
②	有关质量控制的监理通知	长期	长期	
③	有关造价控制的监理通知	长期	长期	
④	监理报告	长期	长期	
9	合同与其他事项管理			
①	工程延期报告及审批	永久	长期	✓
②	费用索赔报告及审批	长期	长期	
③	合同争议、违约报告及处理意见	永久	长期	✓
④	合同变更材料	长期	长期	✓
10	监理工作总结			
①	专题总结	长期	短期	
②	工程竣工总结	长期	长期	✓
③	质量评价意见报告	长期	长期	✓
11	项目监理机构人员	长期	长期	✓

注:"✓"表示应向城建档案馆移交;

工程监理文件资料归档范围和管保期限。

复习思考题

1. 简述建设监理文档管理的重要性。

2. 一般情况下,工程建设监理文件资料可以分为哪几类?

3. 《监理月报》主要应包含哪些内容?

4. 如何正确使用《监理报告》?

5. 简述《监理工作总结》包含的内容。

第9章
设备采购与相关服务监理

本章导读

- **学习目标**　掌握工程监理设备采购、设备建造及工程监理的相关服务工作;熟悉建设工程设备采购、设备建造的基本概念;了解建设工程监理的管理理论,设备监造、建设监理相关服务。
- **本章重点**　建设工程设备建造及设备采购概念;建设工程设备监造工作程序;建设工程设备监造的要点;建设工程设备监造的依据及建设工程监理的工作方法。
- **本章难点**　建设工程设备建造的工作程序、工作方式、监造的控制内容。

9.1　设备采购监理

9.1.1　设备采购监理的概念

设备采购监理和设备监造属于建设工程的两个独立监理项目,《建设工程监理规范》(GB 50319—2013)中专门列出了设备采购监理和设备监造的规范条款。这两个项目监理工作可以独立签订委托监理合同,也可以与施工安装工程一起签订委托监理合同。

设备采购是指大型工程中集中采购成套的建设工程安装设备,如大型工程中批量采购的电梯、发电设备、消防设备和智能工程中的传输设备、交换设备、网关设备、终端设备等硬件设备及软件系统等。

9.1.2 设备采购监理工作

1)设备采购监理的准备工作

(1)组建设备采购监理机构

监理单位应依据签订的设备采购阶段的委托监理合同,成立相应项目监理机构,由总监理工程师和专业监理工程师组成的项目监理机构。监理人员应专业配套,数量应满足监理工作的需要,并应明确监理人员的分工及岗位职责。

总监理工程师应组织监理人员熟悉和掌握设计文件中拟采购设备的各项技术要求、技术说明和规范标准。包括采购设备的名称、型号、规格、数量、技术性能、适用的制造和安装验收标准、要求的交货时间及交货方式与交货地点,以及其他的技术参数、经济指标等各种资料和数据,并对存在的问题通过采购方向设计单位提出意见和建议。

(2)编设备采购方案

项目监理机构在完成上述工作之后,应根据拟采购设备的类型、数量、质量要求、制作周期要求、市场供货情况、造价控制要求等因素编制设备采购方案。采购方案应明确设备采购的原则、范围、内容、程序、方式和方法。

①设备采购的原则:向信誉良好的供货方,采购符合设计所确定的各项技术要求、标准规范的设备及配件;所采购设备的质量可靠,运行稳定性,维修能得到充分保障;所采购的设备、配件价格合理,技术先进,交货及时。

②设备采购的范围和内容:根据设计文件或委托监理合同中的要求,编制设备采购表以及相应的配件材料表,包括名称、型号、规格、数量,主要技术性能,要求的交货期等。

③设备采购的方式和方法:设备采购应以招标方式、向合格供货方订货方式为主,市场采购方式为辅。

④设备采购监理工作程序:编制通备采购计划并报建设单位审批;组织或参加市场调查;选定合格供货方并报建设单位审批;编制询价书或招标文件;报价评审和分析,选择供货方;参加技术和商务谈判;拟订设备采购订货合同的主要条款并报建设单位审批,协助签订合同。

(3)编制设备采购工作计划

在建设单位审批设备采购方案后,总监理工程师组织专业监理工程师根据工程项目总进度计划及阶段计划编制设备总采购计划和分批采购计划。

①总采购计划包含以下内容:所有拟采购设备及其配件材料的明细表;总的费用估算表及资金使用计划;满足工程项目总进度计划的设备采购进度计划;不同采购方式的设备清单;落实计划单的技术、经济措施和组织保障;总采购计划的可靠度和风险评估。

②分批采购计划包含以下内容:每类、每项或每个阶段拟采购设备及其配件材料的技术数据表及其相关技术说明;单类(单项)费用估算表和资金使用计划;设备的质量要求;交货时间和地点;检验、验收要求和标准;采购的方式和程序;设备维修及配件供应的要求;分批采购订货合同的主要条款;分批采购计划每个步骤和措施的落实;分批采购计划实施可操作

性评估。

项目监理机构应根据工程项目实施总计划实时调整采购计划并报采购方批准,保证设备及时抵运现场。

2)设备采购监理的市场调查

项目监理机构应根据批准的采购方案组织或参加市场调查,具体做法如下:

①组织或参加供货方评审。选择一个合格的供货厂商是设备采购的一个关键环节,因此在设备采购前应做好供货厂商的初步筛选和实地考察工作。

a.审查供货厂商的营业执照、生产许可证、设备试验报告或鉴定报告证书、对于承担制造并安装通信设备的供货方,则还应审查安装施工资质及人员资格证书。

b.审查供货方供货能力。包括生产能力、技术水平、工艺水平、安全管理体系、质量管理体系、售后服务及企业信誉、原材料和配套零部件及元器件采购渠道等。

c.审查供货厂商近年供应、生产、制造类似设备的情况及目前正在生产的设备情况,有安装施工的还要审查施工质量情况。

d.审查供货厂商的财务情况,如资金平衡表和资产负债表等。

e.审查实验室的资质及各种检验检测手段和方法。

②将审查合格的供货厂商汇总并进行初选(采选3家以上)上报建设单位审核。

③组织或参加入围供货方考察在确定入围供货方名单后,监理机构应和采购方一起对入围供货方进一步考察调研,提出监理的意见和建议,与采购方一起作出考察结论。

3)设备采购方式

(1)设备采购方式

建设工程设备的采购方式一般有招标采购和非招标采购。

①招标采购。设备招标是采购方在项目监理机构的协助下,就采购设备的要求发出招标书,供货方在自愿参加的基础上按招标文件的要求做出自己的承诺并以书面的形式(投标文件)在规定的时间内送达采购方,采购方按照规定的评标程序比选出一个投标单位为中标单位,作为供货方并签订设备采购合同。

②非招标采购。非招标采购也称为市场采购。这种方式局限性大,而且采购的设备质量和费用受采购人员的业务经验和工作作风的影响较大,因而一般用于小型设备和配件、材料的采购。

(2)设备采购的监理工作

在协助建设单位选择合格的供厂商、签订完整有效的设备采购订货合同的同时,控制好设备的质量、价格和交货时间等重要环节。

①掌握设计文件中对建设工程设备提出的要求,协助建设单位起草招标文件,做好投标单位的资格预审工作。

②参加对投标单位的考察调研,提出意见或建议,协助建设单位拟订考察结论。

③参加招标答疑会、询标会。

④参加评标、定标会议。评标条件可以是:投标报价的合理性、设备的先进性、可靠性、

制造质量、使用寿命和维修的难易及备件的供应、交货时间、安装调试时间、运输条件以及投标单位的生产管理、技术管理、质量管理、企业信誉、执行合同能力、投标企业提供的优惠条件等方面。

⑤协助建设单位起草合同,参加合同谈判,协助建设单位签署采购合同。

使采购合同符合有关法规的规定、合同条款准确无遗漏。

⑥协助建设单位向中标单位移交必要的技术文件。

4)设备采购监理的监理资料

设备采购监理的监理资料应包括以下内容:

①委托监理合同;

②设备采购方案计划;

③设计图纸和文件;

④市场调查、考察报告;

⑤设备采购招投标文件;

⑥设备采购订货合同;

⑦设备采购监理工作总结。设备采购监理工作结束时,监理单位应向建设单位提交设备采购监理工作总结。

9.2 设备监造监理

9.2.1 设备监造的概念

建设工程设备制造监理也称设备监造,指建设单位委托有资质的监理单位对供货厂商提供合同设备的制造过程进行监督和协调。设备监造不解除供货方对合同设备应承担的责任。

建设工程中的非标准化大型设备,需要专门加工制作,或虽然是标准设备,但技术复杂而市场需求量较小,一般没有现货供应,要由供货厂商专门进行加工制作。

9.2.2 设备监造监理工作

1)设备监造监理的工作程序

①监理单位应依据与建设单位签订的设备监造阶段的委托监理合同,成立由总监理工程师和专业监理工程师组成的项目监理机构并编制设备监造监理规划。

②总监理工程师应组织专业监理工程师熟悉设备制造图纸及有关技术说明和标准,掌握设计意图和各项设备制造的工艺规程以及设备采购订货合同中的各项规定,并应组织或参加建设单位组织的设备制造图纸的设计交底。

③总监理工程师应组织专业监理工程师编制设备监造规划,经监理单位技术负责人审核批准后,在设备制造开始前10天内报送建设单位。

④总监理工程师应审查设备制造单位报送的设备制造生产计划和工艺方案,提出审查意见。符合要求后予以批准,并报建设单位。

⑤总监理工程师应审核设备制造分包单位的资质情况、实际生产能力和质量保证体系,符合要求后予以确认。

⑥专业监理工程师应审查设备制造的检验计划和检验要求,确认各阶段的检验时间、内容、方法、标准以及检测手段、检测设备和仪器。

⑦专业监理工程师必须对设备制造过程中拟采用的新技术、新材料、新工艺的鉴定书和试验报告进行审核,并签署意见。

⑧专业监理工程师应审查主要及关键零件的生产工艺设备、操作规程和相关生产人员的上岗资格,并对设备制造和装配场所的环境进行检查。

⑨专业监理工程师应审查设备制造的原材料、外购配套件、元器件、标准件以及坯料的质量证明文件及检验报告,检查设备制造单位对外购器件、外协作加工件及材料的质量验收,并由专业监理工程师审查设备制造单位提交的报验资料,符合规定要求时予以签字确认。

⑩专业监理工程师应对设备制造过程进行监督和检查,对主要及关键零部件的制造工序应进行抽检或检验。

⑪专业监理工程师应要求设备制造单位按批准的检验计划和检验要求进行设备制造过程的检验工作,做好检验记录,并对检验结果进行审核。专业监理工程师认为不符合质量要求时,指令设备制造单位进行整改、返修或返工。当发生质量失控或重大质量事故时,必须由总监理工程师下达暂停制造指令,提出处理意见,并及时报告建设单位。

⑫专业监理工程师应检查和监督设备的装配过程,符合要求后予以签字确认。

⑬在设备制造过程中如需要对设备的原设计进行变更,专业监理工程师应审核设计变更,并审查因变更引起的费用增减和制造工期的变化。

⑭总监理工程师应组织专业监理工程师参加设备制造过程中的调试、整机性能检测和验证,符合要求后予以签字确认。

⑮在设备运往现场前,专业监理工程师应检查设备制造单位对待运设备采取的防护和包装措施,并应检查是否符合运输、装卸、储存、安装的要求,以及相关的随机文件、装箱单和附件是否齐全。

⑯设备全部运到现场后,总监理工程师应组织专业监理工程师参加由设备制造单位按合同规定与安装单位的交接工作,开箱清点、检查、验收、移交。

⑰专业监理工程师应按设备制造合同的规定,审核设备制造单位提交的进度付款单,提出审核意见,由总监理工程师签发支付证书。

⑱专业监理工程师应审查建设单位或设备制造单位提出的索赔文件,提出意见后报总监理工程师,由总监理工程师与建设单位、设备制造单位进行协商,并提出审核报告。

⑲专业监理工程师应审核设备制造单位报送的设备制造结算文件,并提出审核意见,报总监理工程师审核,由总监理工程师与建设单位、设备制造单位进行协商,并提出审核报告。

⑳在设备监造工作结束后,总监理工程师应组织编写设备监造工作总结。

2）设备监造的监理工作方式

监理工程师通过驻厂监造、巡回监控、质量点监控对设备的制造进项质量和进度控制。

（1）驻厂监造

所谓驻厂监造，是指专业监理工程师对重要的设备采取入住生产制造厂家的监理方式。采取这种方式实施设备监造时，项目监理机构应成立相应的监造小组，编制监造规划，监造人员直接进驻设备制造厂的制造现场，实施设备制造全过程的质量监控。驻厂监造人员应及时了解设备制造过程质量、制作进度的真实情况，审批设备制造工艺方案、施工进度计划，实施过程控制，进行质量检查与控制，对出厂设备签署相应的质量证明文件。

（2）巡回监控

所谓巡回监控，是指专业监理工程师对生产周期较长的设备采取定期或不定期巡回监管的控制方式。采取这种方式实施设备监造时，监理工程师的主要任务是依据设计文件及审批的设备制造方案、设备制造进度计划监督管理制造厂商不断完善质量管理体系，监督检查主要材料进厂使用的质量控制，复核专职质检人员质量检验的准确性、可靠性。检查设备制造进度计划及生产工艺安排，是否满足设备制作进度的要求。在设备制造进入某一特定部位或某一阶段时，对完成的零件、半成品的质量见证复核性检验，对主要及关键部件的制造工序进行抽检。参加整机装配及整机出厂前的检查验收，检查设备包装、运输的质量措施。做好相应记录，发现质量及时处理，发现设备制造进度滞后及时调整进度计划。

（3）见证点监控

见证点监控是指对设备制作的关键部位、关键生产环节，针对影响设备制造质量的诸多因素，设置见证控制点，做好预控及技术复核，实现设备制造质量的控制。目前大部分设备可以采取定点监控的方式。见证点应设置在对设备制造质量有明显影响的特殊或关键工序，或针对设备的主要零件、关键部件、加工制造的薄弱环节及易产生质量缺陷的工艺过程。常见的质量控制点包括：

①原材料、外购配件、零部件的进厂、出库，使用前的检查；

②零部件、半成品的检查设备、检查方法、采用的标准，试验人员岗位职责及技术水平；

③工序交接见证点；

④成品零件的标识入库、出库管理；

⑤零部件的现场装配；

⑥出厂前整机性能检测；

⑦出厂前装箱的检查确认。

3）设备监造的质量监理

（1）制造过程的监督和检验

①制造作业环境的控制。制造作业环境包括作业开始前编制的工艺卡片、工艺流程、工艺要求，对操作者进行技术交底，加工设备的完好情况和精度，加工制造车间的环境，生产调度安排，作业管理等。监理工程师应检查这些环节是否符合规定。

②工序产品的检查和控制。零部件是工序形成的产品,其加工质量是该工序的基本要求,也是设备整体质量的保证,所以在每道工序中都要进行加工质量的检验。检验是对零部件的质量特性进行测量、检查、试验和计量,并将检验的数据与设计图纸或者工艺规程规定的数据比较,判断质量特性的符合性,从而鉴别零部件是否合格。同时部件检验还要及时汇总和分析质量信息,为采取纠正措施提供依据。

监督和检查的内容有:零部件加工制造是否符合工艺规程;零部件制造是否检验合格后才转入下一道工序;主要、关键零部件的材质和主要工序是否严格执行图纸和工艺规定;零部件的加工制造进度是否符合生产计划等。监督和检查尽量结合供货方工程实际生产过程进行,不应影响正常的生产进度。

③不合格零部件的处置。专业监理工程师应掌握不合格零部件的情况,了解因不合格品而重新投料补件的加工进度,督促供货方采取措施追上生产计划安排的进度。

专业监理工程师还应掌握返修零部件的情况,检查返修工艺和返修文件的签署,检查返修的质量是否符合要求。

专业监理工程师认为不符合质量要求时,应指令供货方进行整改、返修或返工,当发生质量失控或重大质量事故时,必须报总监理工程师,下达暂停制造指令,提出处理意见,并及时报采购方。

④设计变更。在设备制造过程中,建设单位、监理单位或供货厂商对设备的设计提出的修改意见,都应经原设计单位签认并出具设计变更书。专业监理工程师审核设计变更书和变更引起的费用增减、工期变化后,由总监理工程师签字确认,并报建设单位。

(2)质量记录资料的监控

质量记录资料是设备制造过程质量状况的记录,它不但是设备出厂验收的内容,对今后的设备使用及维修也有意义。质量记录资料包括以下内容:

①制作单位质量管理检查资料;

②设备制造依据及工艺资料;

③设备制造材料的质量记录;

④零部件加工检查验收资料;

⑤监理工程师对质量记录资料的要求。

4)设备制造进度的监督

①对供货厂商在合同设备开始投料制造前提交的整套设备的生产计划进行审查并签字认可。

②每个月末供货方均应提供月报表,说明本月包括制造工艺过程和检验记录在内的实际生产进度,以及下一月的生产、检验计划。

③中间检验报告需说明检验的时间、地点、过程、试验记录,以及不一致性原因分析和改进措施。监理审查同意后,作为对制造进度控制和与其他合同及外部关系进行协调的依据。

5)设备制造投资的控制

①专业监理工程师应按设备制造合同的规定审核供货方提交的进度付款单,提出审核

意见,由总监理工程师签发支付证书。

②专业监理工程师应审核供货厂商或建设单位提出的索赔文件,提出意见后报总监理工程师,由总监理工程师与供货厂商、建设单位进行协商,并提出审核报告。

③专业监理工程师应审核供货厂商报送的设备制造结算文件,并提出审核意见,报总监理工程师审核,由总监理工程师与供货厂商、建设单位协商,并提出监理审核报告。

6)设备整机性能检测

设备的整机性能检测是设备制造质量的综合评定,是设备出厂前质量控制的重要阶段。供货厂商供应的所有合同设备、部件(包括分包和外购部分),出厂前需进行部套或整机总装试验。所有试验和总装(装配)必须有正式的记录文件,作为技术资料的一部分存档。

(1)监督设备装配过程

整机总装(装配)是指将合格的零部件和外购配套件、元器件按设计图纸的要求和装配工艺的规定进行定位和连接,装配在一起并调整模块之间的关系,使之形成具有规定的技术性能的设备。

专业监理工程师应监督整个装配过程,检查模块和整机的装配质量、零部件的定位质量、连接质量、运动件的运动精度等,当符合装配质量要求时予以签字确认。

(2)监督设备的调整测试和整机性能检测

总监理工程师应组织专业监理工程师参加设备的调整测试和整机性能检测,记录数据,验证设备是否达到合同规定的技术指标和质量要求,符合要求后予以签字确认。

9.3　设备的运输与交验监理

9.3.1　设备出厂前的检查

为了防止零部件锈蚀,使设备美观协调,或为满足其他方面的要求,供货厂商必须对零部件涂防油脂或涂、喷、烤漆料,此项工作也常穿插在零部件制造和装备中进行。

供货厂商应在随机文件中提供合格证和质量证明文件。在设备出厂前,专业监理工程师应按设计要求供货方对待运设备采取防护和包装措施,并应检查是否符合运输、装卸、储存、安装的要求,以及随机文件、装箱单和附件是否齐全;符合要求后由总监理工程师签字确认后方可出厂。

9.3.2　设备的运输监理

为保证设备的质量,供货厂商在设备运输前应做好包装工作,制订合理的运输方案。监理工程师要对设备包装质量进行检查、审查设备运输方案。

1)包装质量检查

①应采取良好的防湿、防潮、防尘、防锈和防震等保护措施,以保证运输过程中多次装卸和搬运的安全。

②必须按照国家或国际包装标准及采购订货合同规定的某些特殊运输包装条款进行包装,满足验箱机构的检验。

③应对设备放置方式、装卸起重位置等进行标识。

④运输前应核对、检查设备及其配件的相关随机文件、装箱单和附件等资料。

2）运输方案的审查

①按合同及采购进度计划审查设备运输方案,包括运输前的准备工作、运输时间、运输方式、人员安排、起重和加固方案等,尤其应关注大型、关键通信设备的运输。

②审查承运单位承运能力、运费、运输条件及服务、信誉等。

③审查办理海关、保险业务的情况。

④审查运输安全措施。

3）设备运输中重点环节的控制

①检查整个运输过程是否按审批后的运输计划执行,督促运输措施的落实。

②监督主要设备或进口设备的装卸工作并做好记录,若发现问题应及时提出并会同有关单位做好文件签署手续。

③检查运输过程中储存场所的环境和条件是否符合要求,督促保管部门定期检查和维护设备。

④在装卸、运输、储存过程中,检查是否根据包装标志的示意及存放要求处理。

4）设备的交货监理

（1）做好接货的准备工作

①供货厂商应在发运前合同约定的时间内向建设单位发出通知,监理工程师在接到发运通知后及时组织有关人员做好现场接货的准备工作,包括通行的道路、储存方案、场地清理、保管工作等。

②接到发运通知后,监理工程师应监督做好卸货的准备工作。

③当由于采购方或现场条件原因要求供货方推迟设备发货时,监理工程师应督促采购方及时通知供货方,供货方应承担推迟期间的仓储费和必要的保管费。

（2）到货检验

①货物到达目的地后,建设单位向供货厂商发出到货检验通知,监理工程师应与双方代表共同进行检验。

②货物清点。双方代表共同根据运单和装箱单对货物的包装、外观和件数进行清点。如果发现任何不符之处,经过双方代表确认属于供货方责任后,由供货方处理解决。

③开箱检验。货物运到现场后,监理工程师应尽快与供货方共同进行开箱检验,如果采购方未通知供货方而自行开箱或每一批设备到达现场后在合同规定的时间内不开箱,产生的后果由采购方承担。双方共同检验货物的数量、规格和质量,检验结果及其记录,对双方有效,并作为采购方向供货方提出索赔的证据。

5）设备监造工作的监理资料

设备监造工作的监理资料应包括以下内容：

①建设工程监理合同及设备采购合同；

②设备监造工作计划；

③设备制造工艺方案报审资料；

④设备制造的检验计划和检验要求；

⑤分包单位资格报审资料；

⑥原材料、零配件的检验报告；

⑦工程暂停令、开工或复工报审资料；

⑧检验记录及试验报告；

⑨变更资料；

⑩会议纪要；

⑪来往函件；

⑫监理通知单与工作联系单；

⑬监理日志；

⑭监理月报；

⑮质量事故处理文件；

⑯索赔文件；

⑰设备验收文件；

⑱设备交接文件；

⑲支付证书和设备制造结算审核文件；

⑳设备监造工作总结。

9.4 建设工程监理的相关服务

9.4.1 工程勘察阶段的监理工作

1）勘察监理的依据

①有关工程建设的法律、法规、政策和规定；

②有关工程勘察的规范、规程、标准和定额；

③经批准的可行性研究报告；

④依法成立的勘察合同和监理委托合同。

2）勘察监理的工作内容

（1）初测监理工作内容

①准备工作：审查勘察单位根据初测编写的工作大纲和技术要求是否符合标准、规范、

规程及合同要求。

②现场踏勘:审查勘察单位的外业勘察方案。

③控制测量:审查勘测单位确定测量控制网的精度等级、布网方式和作业方式是否符合规范要求。

对工程地质调查测绘、水文资料、区域气候特征、地震、城镇和工业园区规划、自然灾害等设计基础资料进行巡视监理,并现场抽查复核。对沿线筑路材料调查、取样进行旁站监理;并对拟定料场按 20% 的频率进行抽检试验,试验结果与勘察设计单位进行比对,以确保料场试验结果的正确性,尽量避免建设期施工阶段的料场变更。

检查地质勘探点深度、取样或原位测试深度及数量是否符合规范要求:对地质钻探工作进行旁站监理,并对其工作量和勘探资料逐孔进行签认;对其他勘探工作进行巡视和现场抽查复核,并对勘探资料进行审查签字确认。

④环境保护调查:核查勘察单位对环境保护的调查资料是否齐全。

⑤临时工程勘测与调查:核查利用原有道路和应修建便道、便桥的位置及长度,施工场地位置,可供施工利用房屋及沿线电力电信线路情况是否齐全、准确。

⑥工程经济调查:核查勘察单位对沿线筑路材料、占用土地、拆迁建筑物、沿线砍树挖根及概算资料是否齐全真实。

(2)定测监理工作内容

①准备工作:对初测搜集资料、沿线地形地貌及地物变化情况核查,对路线平面、高程控制测量进行全面抽查。

②路线中线敷设:核查中桩桩位精度、距离偏角测量闭合差是否满足规范要求。

③中桩高程测量:核查中桩高程测量精度满足规范要求。

④横断面测量:审查横断面是否符合地形地物情况。

⑤地形图测绘:审查地形图是否符合现场情况。

审查勘测水准点、导线点、GPS 点、中桩、横断面平面布置位置及数量是否满足规范要求和设计要求;对外业测量工作进行巡视监理,检查测量记录、外业测量放桩是否符合测设规定,并对其工作量进行签认;审查外业测量资料,现场按 20% 的频率抽检复核外业测量结果并签认。

检查地质勘探点深度、取样或原位测试深度及数量是否符合规范要求:对地质钻探工作进行旁站监理,并对其工作量和勘探资料逐孔进行签认;对其他勘探工作进行巡视和现场抽查复核,并对勘探资料进行审查签认。

⑥环境保护调查:进一步核查勘察单位对环保调查是否细化、齐全。

(3)一次定测监理工作内容

一次定测:根据批准的《工程项目可行性研究报告》及审批意见所确定的修建原则和基本走向方案,通过定线、平面高程测量,中桩、横断面及地形测量等资料的勘测、调查及内业工作,为编制施工图设计提供资料。

一次定测的监理工作内容与定测的相同。

3)地勘监理侧重点

（1）工程测量（布孔测量）监理的要点

①检查测量仪器是否经检定合格且其精度是否满足相应等级控制测量的要求；核对计算资料是否齐全、准确。

②随时校核勘察点、线与地形图上定位的差异，发现明显差异时及时提出，督促勘察单位查找原因并作出整改。

③工程布孔测量的监理工作以抽查为主。对重大工程、重大地质问题、重要的地质点（包括观测点、钻孔、取样点、井泉等）应到现场进行核查。

（2）工程地质调查测绘监理的要点

①核对地质界线、岩性、地质构造、地下水露头、各类不良地质、特殊岩土的调查测绘和判别是否准确，有无漏画或错判。

②检查断面图上的地质界线是否依据充分、合理，勘探和原位测试点的布置、取样及试验项目等技术要求是否符合规范，是否满足设计要求。

③地质调查测绘的监理工作以抽查为主。对重大工程、重大地质问题、重要的地质点（包括观测点、钻孔、取样点、井泉等）应到现场进行核查。

（3）钻探及简易勘探监理的要点

①检查使用的钻探及简易勘探设备是否符合勘探技术要求。

②检查孔位、孔口高程、钻进方法、钻探记录、岩性分层及描述、地下水初见和稳定水位、终孔深度。

③检查勘测单位的专业人员是否到现场鉴定、核对岩芯。

④检查孔内取样和测试设备是否满足技术要求，操作方法是否正确；检查取样及封装质量；检查测试数据。

⑤检查操作安全制度及现场执行情况。

（4）原位测试监理的要点

①检查原位测试设备是否满足勘探技术要求，是否按规定期限进行标定。

②检查孔位、孔口高程、测试方法和操作过程是否符合技术要求及相关规范要求；检查资料整理及采用的公式是否符合相关规范要求，与其他试验方法取得的参数对比是否合理。

（5）物探工作中监理的要点

①检查所采用的物探方法与勘探目的是否匹配，是否经过试验，是否能满足技术要求。

②检查使用的仪器设备是否符合有关技术标准。

③检查布线位置是否与设计位置相符。

④检查作业过程是否符合操作规程，数据的采集、观测及记录是否齐全、符合规范。

⑤检查资料的整理和解释是否符合相关规范要求，成果资料应与其他物探方法和勘探手段进行对比、修正。

（6）室内试验监理的要点

①检查样品验收和试样制备是否符合规定。

②检查试验操作过程是否符合相关规程的规定。

③检查试验成果的整理、分析是否符合相关规范要求,计算是否准确无误,提交的成果资料是否签署齐全。

（7）水文地质调查监理的要点

①核查主要含水层和拟开采地下水含水层的岩性、含水体的补给、径流、排泄条件、涌水量预测、水质试验等的分析、计算资料是否齐全、准确。

②核查地下水类型、含水层分布、补给排泄特征、季节性变化规律等是否准确。

③检查勘探点的布置、取样及试验等技术要求是否满足工程设置及规范的要求。

④检查勘探、试验资料及分析计算是否满足相关规范和设计的要求。

（8）勘察资料整编监理的要点

①检查现场填绘的地质图件是否齐全,内容是否翔实、可靠。

②检查控制性测量、重大工程和不良地质、特殊岩土的勘探测试资料是否齐全、真实并满足勘察设计要求。

③检查勘察资料的综合分析、土工试验数据的统计分析。设计参数的取值是否符合相关规范的要求,工程地质评价及工程措施建议是否合理。

④检查图件、计算资料与说明是否吻合,有无差、错、漏、碰问题。

⑤重点对重大工程、主要不良地质和特殊岩土的成果资料进行详细核查。

（9）各类建筑物工程监理应重点核查的内容

①各类建筑物所处地质环境的调查是否准确,依据是否充分。

②勘探点的布置、取样、试验是否符合相关规范的规定,满足勘察计划和勘察技术要求。

③工程措施建议、设计参数的提供是否依据充分、合理。

④对沿线一般工程设置地段,注意检查地质调查测绘的精度、地质点的密度、工程设置的合理性及勘探测试资料的综合分析情况等。

（10）不良地质勘察监理的要点

①根据特殊的地质条件,检查不良地质的范围、类型和性质,产生不良地质的地质条件、发生和发展规律及对公路工程的影响;

②检查勘察方案、勘探点的布置和数量、勘探方法是否符合规范要求(特别是强制性条文的执行情况);

③检查取样位置及数量、试验方法是否符合规范要求;

④检查相关计算、场地评价依据是否充分,工程措施意见是否合理;

⑤开挖试坑与钻探过程的安全措施和保障;

⑥对不良地质工点地质条件的核查应在现场进行。

（11）特殊性岩土勘察监理的要点

①检查特殊性岩土的性质、分布的范围、类型、成因、地层结构、地下水水位和水质,及对

公路工程的影响。

②检查勘探点布置的数量和勘探深度、勘探方法的选用是否符合规范要求;深厚软土路段应增加十字板剪切。

③检查取样位置和数量、试验方法是否符合相关规范要求;检查相关计算和场地评价的依据是否充分,工程措施建议是否合理。

④对于软弱地基土勘察监理的重点是核查软弱地基土沿路线纵向与横向垂直向的分布范围和层次位置;软弱地基土取样设备、方法、试验、原位测试;提供建筑物沉降控制及稳定性设计的技术指标。

项目监理完成后编写勘察阶段监理工作总结报告,并报送建设项目业主。

9.4.2　工程设计阶段的监理工作

1)工程设计阶段监理的主要依据

①现行的有关工程设计、工程建设的法律、法规、规程和规范及相关政策;

②本建设项目的工程设计合同和监理委托合同;

③已批准的建设项目可行性研究报告;

④已批准的选址报告;

⑤城市规划管理部门及有关主管部门对本工程项目的批文;

⑥建设项目业主提供的有关工程设计阶段的工程地质、水文地质勘察报告,以及1/5 000～1/10 000地形测量图;

⑦地区气象、地震等自然条件等资料;

⑧设计需要的其他资料及技术标准、规范、定额。

2)工程设计阶段监理的工作流程

设计监理既不是自行设计,也不是监督设计单位,其主要工作是:

①尽可能将业主的建设意图和要求反映到设计中;

②及时按图估计,了解业主匡算投资执行情况;

③对结构方案等进行经济分析,协助改进设计经济性;

④参与安排并检查设计进度,确保设计按期完成;

⑤审查设计文件的质量;

⑥协调各设计单位之间的关系;

⑦协调设计与外部有关部门之间的工作。

通常,一个项目的设计包括建筑,结构,水、暖、电,设备,工艺等多种专业设计,因此,监理班子应由各专业工程师构成,当然,他们可根据需要逐步就位,无须一步到齐。

工程设计阶段监理的工作流程如图9.1所示。

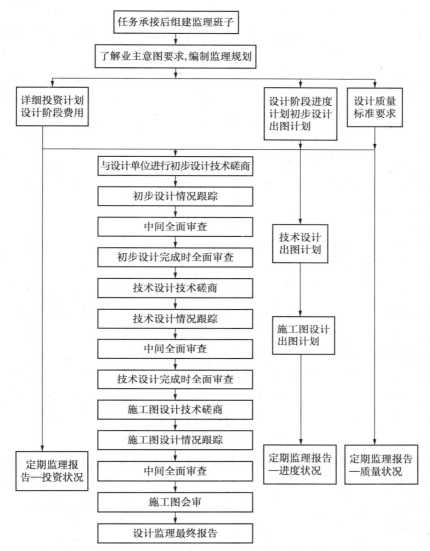

图9.1　设计阶段监理的工作流程

3）工程设计阶段监理工作的方法

（1）设计阶段投资控制的方法

项目设计阶段投资控制的中心思想是采取预控制手段,促使设计在满足质量及功能要求的前提下,不超过计划投资,并尽可能地节约投资。为了不超投资,就要以初步设计开始前的项目计划投资(估算)为目标,使得初步设计完成时的概算不超过估算;技术设计完成时的修正概算不超过概算;施工图完成时的预算不超过修正概算。为此,在设计过程中,一方面要及时对设计图纸工程内容进行估价和设计跟踪,审查概算、修正概算和预算,如发现超出投资,要向业主提出建议,在业主的支持下通知设计单位修改设计;另一方面,监理工程师要对设计进行技术经济比较,通过比较进行挖潜。

设计阶段投资控制的含义包括:依据计划投资使各专业工程师进行限额设计,并采取措施确保设计投资不超过计划投资;控制设计阶段费用支出。

①限额设计。按照设计任务书批准的投资估算额进行初步设计,再按照初步设计的概算造价进行施工图设计,然后按照施工图预算对施工图设计的各个专业设计文件作出决策。

②应用价值分析对设计进行技术经济比较。目前的工程设计方法通常是各个专业工种依据业主的要求套用各自的设计规范和技术标准,采用本专业的最高安全系数进行设计的。它十分重视局部系统的效能,但是,有牺牲总体系统效能可能,局部虽然得到了优化,但对全寿命周期的总体状况缺乏应有的考虑。

在设计进展过程中,设计监理要应用价值分析方法进行项目全寿命分析,不仅要考虑建设投资,还要考虑项目启用后的经常性费用。如:某工艺流程设计一次性投资少,单投入使用后经常费用多,而另一方案则相反,对此,监理工程师要全面考虑。

③控制设计变更:

a. 设计监理在审查设计时,如果发现超出投资,可以提出代换结构形式或设备,也可以向业主提出降低装饰标准来修改设计,以达到降低投资的目的。

b. 在设计进展过程中,经常会因业主的项目构思变化或其他方面的因素而要求变更设计。对此,设计监理要慎重对待,认真分析,要充分研究设计变更对投资和进度带来的影响,并把分析结果提交业主,由业主最后审定是否要变更设计。同时,设计监理要认真作好变更记录,并向业主提供月(季)设计变更报告。

④参与主要材料、设备的选用。主要设备,材料的投资往往占整个工程的1/4甚至更多,稍微疏忽,投资就会出现偏差。设计监理要全面分析主要材料、设备的用途和功能,了解业主的需求,以便使主要材料、设备的选用及采购经济合理,既能满足业主对功能要求,又能价格最优惠。

⑤控制阶段支出。项目建设的过程就是投资支出的过程,资金的适用计划、编制、修改贯穿于项目实施的各个阶段,通常施工阶段是投资支出最大的阶段。为了便于整个资金的筹措和及时到位,编制资金计划就显得十分重要。资金早到位会增加利息,减少受益;资金晚到位会影响资金的使用,拖延项目工期。

监理工程师要负责投资计划的执行,包括复核一切资金账单、对照实际支出和计划支出、及时调整资金计划,避免造成超支现象。

(2)设计阶段进度控制的方法

设计阶段进度控制的主要任务是出图控制,也就是要采取有效措施促使设计人员如期完成初步设计、技术设计、施工图设计图纸。为此,设计监理要审定设计单位的工作计划和各工种的出图计划,并经常检查计划执行情况,对照实际进度与计划进度,并及时调整进度计划。如发现出图进度拖后,设计监理要敦促设计方加班加点,增加设计力量,加强相互协调与配合来加快设计进度。

①制订进度计划。设计监理要会同有关设计负责人依据总的设计时间来安排初步设计。技术设计、施工图设计完成时间,在确定此三个主要关键的时间后,监理工程师就要检查督促或会同设计单位安排详细的初步设计出图计划,分析各专业工种设计的图纸工作量和非图纸工作量及各专业设计的工作顺序,审查设计单位安排的初步设计和各工种设计,包

括建筑,结构,水、电、暖工艺设计的出图计划的可行性、合理性,如果发现设计单位各出图计划存在问题应及时提出,并要求增加设计力量或加强相互协作。

进入技术设计、施工图设计同样要考虑各阶段的特点和各工种设计的难易程度、复杂程度并及时做出调整。在审核设计单位提出的各工种设计出图计划时,一定要仔细分析各自的工作量是否满足进度要求,不要前松后紧,导致赶工,影响工程质量。

②设计进度控制。对于设计监理来说,不是代替设计单位制订各专业的进度计划,而是根据项目总进度安排,参与、审核设计单位主要设计进度节点的计划开始时间、计划结束时间,审核各专业设计进度计划的合理性、可行性,满足设计总极度要求。

设计监理在进度控制中的具体措施有以下几种:

a.落实项目监理班子中专门负责设计进度控制的人员,按照合同要求对设计进度进行严格监控。

b.对设计进度的监控实施动态控制,工作内容包括:在设计工作开始前,审查设计单位编制的进度计划的合理性和可行性;进度计划实施过程中定期检查设计工作的实际完成情况,并与计划进度进行比较分析,出现偏差及时纠正。

c.要求设计单位在设计的初步阶段、技术设计阶段、施工图设计阶段和专业进度设计阶段要落实到每张图纸。

d.对设计单位填写的设计图进度表进行审核分析,提出自己的见解,将设计阶段的每一张图纸的进度纳入监控范围。

③采购进度控制。采购进度控制是指主要材料、设备的采购进度控制,它是项目按期开工和施工顺利进行的重要前提之一,该工作通常是从设计阶段开始一直持续到施工结束。设计单位在完成施工图后要编制一份主要材料、设备清单,设计监理要精心审核,并分析主要材料、设备的采购所需要的时间,与业主协商后,确定采购方式。如果是自行采购,就要考虑采购周期、施工要求,安排采购计划并及时检查执行情况。如果是进行采购招标,就要落实招标计划,以便及时采购到满意的材料设备。

(3)设计阶段质量控制的方法

工程质量主要取决于设计质量、材料设备质量和施工质量,在设计过程中及设计完成时,设计监理要加强对建设项目设计图纸的结构安全、抗震性能、屋面防水、空间布置、施工工艺流程的审核、检查,必要时邀请有关方面的专家进行专家会审。

①设计质量目标。设计质量总的目标通常是:在经济性好的前提下,建筑造型、使用功能及设计标准满足业主的要求;结构安全可靠,符合城市规划、公用设施等部门的规定。

设计监理要充分了解业主的意图和要求,将设计意图和要求转化成有关的设计语言详细地描述到有关文件中去。如果在设计过程中也已通过有关工程师函指示设计人员,但是一定要提前作出指示,否则贻误设计任务。

②设计质量的控制方法。为了有效地控制设计质量,就必须对设计进行质量跟踪。但是,跟踪不是监督设计人员画图,而是定期地对设计进行检查,发现不符合质量标准和要求的情况要指示设计人员进行修改,直至符合要求和标准为止。必须指出的是,不是有了设计监理对设计文件的监督,设计单位就可以不要逐级审核制度了,相反,这种校审制度还要加

强,尽量减少设计监理中出现的问题。

　　a. 工作依据。设计监理审查设计文件并确定文件是否符合要求,即设计监理对设计文件进行审查验收,验收未通过则需要整改或返工。设计监理对设计文件进行审核和验收的主要依据是:设计招标文件(含设计任务书、地质勘查报告、选址报告);设计合同;城市规划和建设管理部门的有关批文;地区气象、地震等自然条件;建设监理合同;其他有关资料文件等。

　　b. 控制方法。控制设计质量的主要手段是进行设计质量跟踪,对设计文件进行细致的审查,审查的主要内容是:

　　● 图纸的规范性:审查图纸是否规范、标准。如图纸的便函、名称、设计人、校核人、审定人、日期、版次等栏目是否齐全。

　　● 建筑造型与立面设计:考察选定的设计方案进行正式设计阶段在建筑造型与立面设计方面具体体现情况。

　　● 平面设计:包括房间的布置、面积的分配、楼梯的布置、总面积满足情况。

　　● 空间设计:包括层高、空间利用情况。

　　● 装修设计:包括外墙、内墙、楼地面、天花板装修设计标准及协调性,满足业主装修情况。

　　● 结构设计:审核结构方案的可靠性、经济性及配筋情况。

　　● 工艺流程设计:流程实际是否具有合理性、可行性、先进性。

　　● 设备设计:包括设备的布置、选型等。

　　● 水电、自控设计:包括给排水、强电、弱电、消防、自动控制等是否具有合理性、可行性、先进性。

　　● 城规、环境、消防、卫生等部门的满足情况。

　　● 各专业设计的协调一致情况。

　　● 施工的可行性情况。

　　对以上的审核有不符合要求和标准的地方,设计监理应要求设计单位进行修改,直至符合标准和要求为止。

4)工程设计阶段监理工作的内容

　　①根据已批准的建设项目可行性研究报告、当地规划部门批准的规划要求和当地有关主管部门的要求,编制"设计要求"文件或"方案设计竞赛"文件。

　　②协助建设项目业主组织方案设计竞赛或招标,参与方案设计的评选或评标。

　　③协助建设项目业主与选定的工程设计单位签订设计委托合同。

　　④监督工程设计单位进行初步设计,协助组织并参与审查初步设计文件和概(预)算。

　　⑤根据已审查通过并经上级主管部门批准的初步设计文件,监督设计单位按委托设计合同的规定,保质、保量、按时完成施工图设计。

　　⑥协助组织并参与审查施工图和概(预)算,使其满足"设计要求"文件的规定;如有规定,还应将施工图交当地政府建设行政主管部门指定的施工图审查单位进行审查,并取得批准。

⑦签发设计费用支付凭证。

⑧编写设计阶段监理工作总结报告,并报送建设项目业主。

9.4.3 工程保修阶段的监理工作服务

①承担工程保修阶段的服务工作时,工程监理单位应定期回访。

②对建设单位或使用单位提出的工程质量缺陷,工程监理单位应安排监理人员进行检查和记录,要求施工单位分析原因后提出处理方案,对处理方案进行审查,提出审查意见。处理方案经建设/使用单位、设计单位审查确认后,施工单位按确认的方案予以修复,监理人员监督实施,合格后予以签认。

③工程监理单位应对工程质量缺陷原因进行调查,并应与建设单位、施工单位协商确定责任归属。对非施工单位原因造成的工程质量缺陷,应核实施工单位申报的修复工程费用,并应签认工程款支付证书,同时应报建设单位。

复习思考题

1. 简述设备监造的质量控制要点。

2. 设备监造过程中应从哪几个方面进行控制?

3. 建设工程监理的相关服务包含哪些方面?

参考文献

[1] 中商情报网. 2014—2018 年中国工程监理市场调查与发展前景分析研究报告,2014.

[2] 中国建设监理协会. 建设工程监理概论[M]. 北京:中国建筑工业出版社,2014.

[3] 徐锡权,金从. 建设工程监理概论[M]. 北京:北京大学出版社,2008.

[4] 庄民权,林密. 建设监理概论[M]. 北京:中国电力出版社,2004.

[5] 中国建设监理协会. 建设工程质量控制[M]. 北京:中国建筑工业出版社,2011.

[6] 柯国军. 建筑材料质量控制监理[M]. 北京:中国建筑工业出版社,2012.

[7] 全国监理培训教材编写委员会. 工程建设进度控制[M]. 北京:中国建筑工业出版社,2013.

[8] 建设部干部学院. 建筑工程质量事故分析与处理[M]. 武汉:华中科技大学出版社,2009.

[9] 罗娜. 工程进度监理[M]. 北京:人民交通出版社,2007.

[10] 雷艺君、钱昆润. 实用工程建设监理手册[M]. 北京:中国建筑工业出版社,2003.

[11] 郭劲光、吕方泉. 建设工程安全监理务实手册[M]. 北京:中国建材工业出版社,2014.

[12] 王战果. 建设工程安全监理[M]. 北京:中国建筑工业出版社,2011.

[13] 中国建设监理协会.《建设工程施工合同(示范文本)》GF-2013-0201.

[14] 贾彦芳. 建设工程合同管理[M]. 北京:中国建筑出版社,2014.

[15] 中华人民共和国国家标准.《建设工程监理规范》(GB/T 50328—2013).

[16] 中华人民共和国国家标准.《建设工程文件归档整理规范》(GB/T 50338—2001).

[17]《中华人民共和国招标投标法》及其实施条例,法律出版社,2012.

[18] 李治平. 监理概论[M]. 北京:人民交通出版社,2006.

[19] 2015 年监理工程师教材.

［20］2014 年造价工程师教材.

［21］建设工程投资控制.4 版.全国监理工程师培训考试用书.中国建设监理协会组织编写.